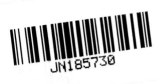

ドリルと演習シリーズ

基礎生物学

川村　康文　編著

電 気 書 院

「ドリルと演習シリーズ　基礎生物学」を推薦します

20世紀に一番大きな変貌を遂げた学問が生物学であると言えるでしょう。それまでは経験的な知識であった遺伝の法則や発生の仕組みが，分子の振る舞いとして説明できるようになり，細胞や個体を望む方向に変えていく技術も出現しました。21世紀はこうした進歩の上に，生物のもつ不思議への挑戦がさらに続きます。

未解明の問題はいくつもあります。原始生命体はいかにして生み出されてきたのか。細胞の基本的な仕組みは同じなのに生物が非常に多様な形態や生活様式をとるのはなぜか。異種生物の共生や，社会性を示すような生き物はどのように進化してきたのか。脳はどのように刺激を知覚し，行動を決定し，経験を記憶しているのか，などなど。このような問題が深く研究され，新しい理解が進んでいくことでしょう。

生物学はまさに日進月歩です。生物学を学ぶことによって，実生活に役立つ健康や医療などの知識が増えるだけでなく，我々自身を含めた生命というものの本質をより深く知ることができ，生き物としてあるべき生き方とはどういうものなのかということにも思索が広がっていくに違いありません。

どうか生物学をしっかりと学んでください。

元日本分子生物学会会長
東京大学名誉教授
基礎生物学研究所所長
山　本　　正　幸

ま　え　が　き

本書で学ぶみなさんへ

山中伸弥教授のiPS細胞でのノーベル賞の受賞は，日本中の人々の目を生物学に向けたかと思います。もちろん，日本だけでなく世界中の人々にとっても大きな関心事です。

どの科学の分野でも日進月歩の発展を遂げてはいますが，とりわけ生物学の発展は，目をみはるものがあります。一方で，古くからの伝統的な学習内容も多いため，きちんと整理をしながら学ばなければなりません。

本書は，そのようなみなさんを応援するために用意されました。きっと，みなさんの頼れる1冊となることでしょう。大学に入ってから，生物学の基礎をきちんとおさらいをしたいという方にとっては，まさに強い味方となることでしょう。また，高校時代に生物学をやってこなかった人にも，最初の一歩から，広く生物学の全体像を学べるようになっています。高校生や高等専門学校のみなさんで，少し発展的な内容や専門的な生物学の内容に深く触れてみたいという方にも，本書は，進むべき道を照らしだしてくれることでしょう。自学自習で，生物学の基礎的内容を習得することができます。

授業の教材として本書を活用される先生方へ

本書は，ドリルの形になっています。

学生に，裏側ページの演習問題を直接，本書の解答欄に解答させることができます。授業でのレポート課題のように扱う場合，そのまま，そのページを点線で切り取って提出させることができます。後日，返却すると，学生は，返却されたものを，ファイルに綴じ直すと，1冊の綴じられたファイルとして，学生の手元に残ることになります。このように，学生に積極的に学習する機会を与えるシステムになっています。是非，ご活用頂ければ幸いです。

執筆者代表　東京理科大学理学部

教　授　**川村　康文**

ドリルと演習シリーズ

基礎生物学　　目　次

序．生物の基礎と特徴

1．微視的生物学・生化学

2．細胞の構造とはたらき

3．生命活動とエネルギー・代謝

4. 遺伝・遺伝子・遺伝情報の発現

5. 生 物 の 発 生

6．体の成り立ちと反応

7．免　　疫

8. 進　　化

9. 生態系・生物と環境

10. 人間生活と生物学

解　答　編

序　生物の基礎と特徴

序．1　物理化学的基礎　1　原　　子（atom）

物質の基本的性質，特性が元素であり，各元素の性質を維持する最小単位粒子が原子であることがいえる。各元素の性質は陽子の数によるといえる。

原子は，陽子と中性子から成る**原子核**が中心にあり，その周りを**電子**が回っている微小な粒子である。陽子の質量は 1.6726×10^{-27} kg，中性子の質量は 1.6749×10^{-27} kg，電子の質量は 9.1093×10^{-31} kg である。電子の質量は陽子や中性子の約 1840 分の 1 である。陽子は 1 価の正電荷を持ち，電子は 1 価の負電荷を持つ。原子を構成する陽子の数と電子の数は等しく，原子は電気的には中性である。電子は原子核の周りの軌道を回るモデル（**図 1**）や，電子雲として存在確率を表示したモデル（**図 2**）などがある。

一般の化学反応では，原子核は変化せず，周りの電子が反応に関わる。電子対を共有する共有結合，陽子数より電子が少なく正電荷をもつ陽イオンや，電子を余分に持ち負電荷の陰イオン，あるいは不対電子をもち不安定なラジカルなどがある。

一部の原子は，原子核が崩壊し，大きなエネルギーを放出する。原子核が崩壊する核種が放射能を有する**放射性同位元素**であり，このエネルギーが放射線である。原子核から陽子が飛び出す陽子線，中性子が飛び出す中性子線，陽子 2 個と中性子 2 個が一緒に飛び出す α 線，原子核の中性子の一部分由来の電子が飛び出す β 線，電磁波である γ 線などがある。また，原子核が分裂する核分裂では，元の放射性同位元素の原子が別の原子になり，多くの放射性物質と放射線，膨大なエネルギーを放出する。

例；水素原子 H と水素分子 H_2

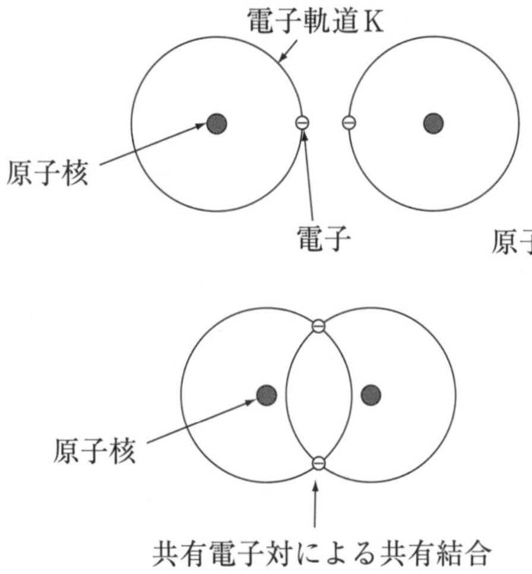

図 1　モデル 1

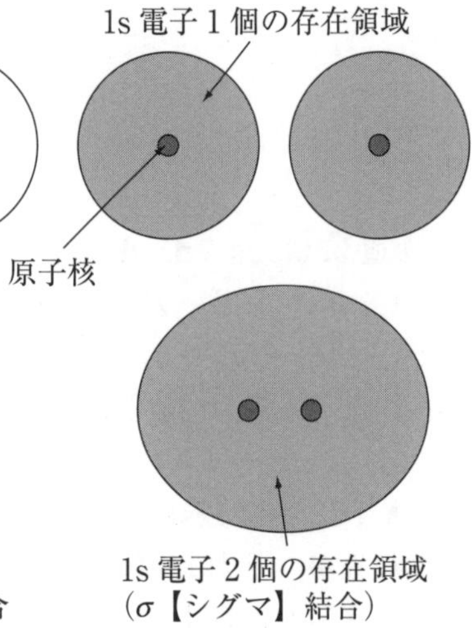

図 2　モデル 2

例題 1　陽子の質量は 1.6726×10^{-27}kg，中性子の質量は 1.6749×10^{-27}kg，電子の質量は 9.1093×10^{-31}kg である。これらの値を用いて，陽子の質量は電子の質量の何倍か計算せよ。

解答　$\dfrac{1.6726 \times 10^{-27}}{9.1093 \times 10^{-31}} = 1836.1$　　約 1840 倍である。

ドリル No. 1	Class		No.		Name	

問題　1.1　元素の性質を決定するのは，陽子，中性子，電子の数のうち，どれか。

問題　1.2　体重50kgの人の質量を，陽子あるいは中性子【約1.67×10^{-27}kgとする】に換算すると何個になるか。

問題　1.3　原子核から電子が飛び出すのは，α，β，γ線のうちのどれか。

問題　1.4　原子内の電子が同心円状に存在する考え方では，内側からK，L，M，N，O，P殻と呼ばれる電子殻に，各$2n^2$の電子が入る事ができるとされる。K殻は主電子数$n=1$で2個の電子が存在しうる。水素原子はK殻に1個，ヘリウム原子はK殻に2個の電子をもつ。K～P各電子殻に入りうる電子数を答えなさい。

問題　1.5　電子軌道には，s，p，d，f軌道などがあり，形状とエネルギーレベルから，1s,2s,2pなどと呼ばれ，エネルギーの低い方から次のような順になる。1s→2s→2p→3s→3p→4s→3d→4p→5s→4d→5p→6s→4f…　K殻は1s軌道の2個の電子からなる。L殻は2s(2個)と2p(6個)の計8個，M殻は3s(2)3p(6)3d(10)の計18個，N殻は4s(2)4p(6)4d(10)4f(14)の計32個である。

カルシウムCaの電子は1s(2)2s(2)2p(6)3s(2)3p(6)4s(2)の計20個である。カルシウムまではすべて典型元素であるが，それ以降の周期表には遷移元素が現れる。典型元素と遷移元素の性質の違いを与える要因は何か説明しなさい。

チェック項目	月　日	月　日
原子やそれを構成する陽子，中性子，電子などの粒子で物質や反応が説明できたか。		

序　生物の基礎と特徴

序．2　物理化学的基礎　[2]　分　　　子（molecule）

> 生命維持に必要な分子や生物の身体を構成している生体高分子を構成する分子について特徴が説明できる。

　原子の最も外側の電子（**最外殻電子**）の軌道が，すべて電子で埋まって満員（**閉殻**）であれば，その原子は安定に存在しうる。しかし，閉殻でないと不安定なため，他の原子と電子を共有して安定化を図り，形成した粒子が分子である。

　1対の共有電子対が，1本の共有結合に相当する。水素分子は2個の水素原子が互いに1個の電子を共有し，1本の共有結合でつながった物質である。構造式では共有結合は1本の直線で表示され，水素分子 H_2 は H − H と表記される。2つの原子間で2対の電子対を共有すれば，2本の共有結合を持つことになり，二重結合として2本線で表示される。二酸化炭素 CO_2 は O = C = O と表記される。共有結合が3本ならば三重結合である。窒素分子 N_2 は N ≡ N である。

　18族の希ガスは，最外殻電子の軌道が閉殻で，単原子分子として存在可能である。

　分子は分子全体では電気的に中性である。しかし，共有電子対の電子に偏りがある場合，分子に**極性**が生ずる。水 H_2O は，共有結合の電子が酸素原子側に引き寄せられ，酸素原子がわずかに負，水素原子がわずかに正の**極性分子**である。また，原子の安定化の他の方法として，**イオン**がある。閉殻よりも電子が多めの原子が，電子を放出すれば陽イオンとなり，閉殻には電子が不足している原子が，他から電子を受け取れば陰イオンとなる。例；ナトリウムは1価の陽イオン Na^+，塩素は1価の陰イオン Cl^- となりやすい。（**図1**）

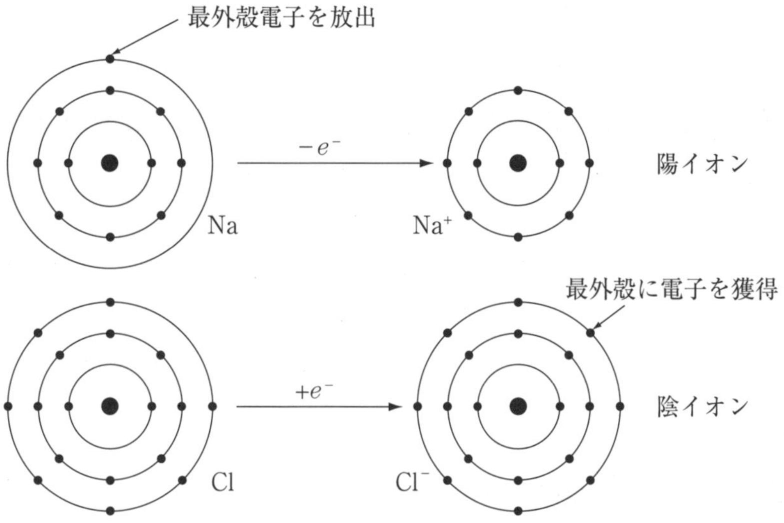

図1　原子とイオン

　共有電子対を形成する2個の電子が，1個ずつに離れる場合がある。電子は対でないと不安定で，不対電子をもつ**ラジカル**は，高い反応性をもつ。

例題 2　次の化学式は何を表すか。名称と電子式を書きなさい（電子式は最外殻電子を点で表記したもの）。

　　ア　OH^-　　　イ　$\cdot OH$

解答

ア　水酸化物イオン

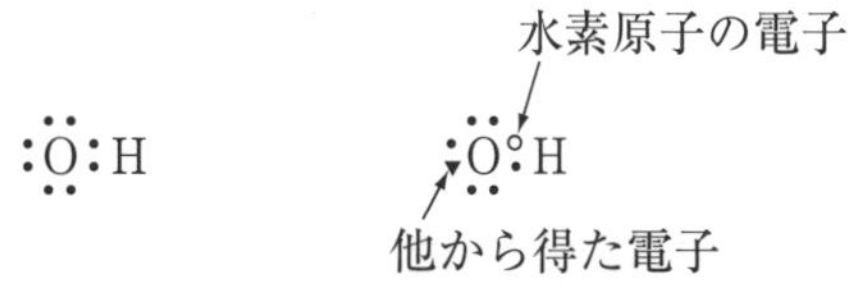

イ　ヒドロキシラジカル

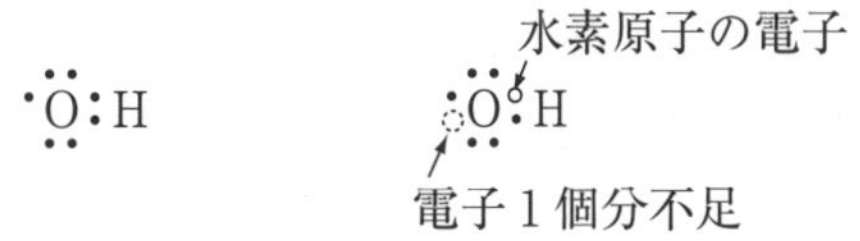

ドリル No. 2	Class		No.		Name	

問題　2.1　水分子は極性をもつ。水分子の構造式を書き，水素部分と酸素部分それぞれの電荷の偏りを，$\delta+$ と $\delta-$ で示しなさい。また，推定される分子の構造を模式的に描きなさい。

注：（δ はギリシア文字デルタ，「三角」や「微」の意味，微分 $\frac{dx}{dt}$ の d に通ずる。）

問題　2.2　水分子が極性を持つことで，水分子間に緩やかな結合が生じる。この結合の名称を答えなさい。

問題　2.3　水の特徴を例示しなさい。

チェック項目	月　日	月　日
生命維持に必要な分子や，生物の身体を構成している生体高分子について特徴が説明できたか。		

序　生物の基礎と特徴　　序．3　細　　胞（cell）

細胞の発見の歴史と，細胞は生物が共通してもつ基本単位であることがいえる。

ロバート・フックは，その著書『ミクログラフィア』（1665年）の中で自作の顕微鏡（**図1**）を用いてコルクの細部構造を観察し，コルクが細かい小胞でできていることを発見した（**図2**）。フックはその小胞に「小部屋」を意味する「cell」という名前を与えた。これが後の**細胞**である。フックが最初に観察したのは，死んだ植物細胞の細胞壁に過ぎなかったが，後に生きた植物組織においても同様の構造を観察している。

その後，顕微鏡が徐々に改良され，多くの解剖学者や生理学者によって細胞の観察がなされるようになり，19世紀に**マティアス・シュライデン**（1838年）と**テオドール・シュワン**（1839年）によって，**細胞説**が提唱され，細胞が生物に共通して存在する基本的な構造であることが明らかになった。

一方，日本で最初に「細胞」という言葉が用いられたのは，江戸時代の本草学者**宇田川榕菴**《ようあん》による『理学入門植学啓原』（1834年）においてである（**図3**）。宇田川榕菴による茎の断面図において，外皮の内側に存在する小胞に「細胞」という名があてられている。

細胞説が提唱されて以降，すべての生物は細胞を構成単位として成り立っていることが多くの生物学者によって認められていった。19世紀後半には**ルドルフ・フィルヒョー**（1855年）が「すべての細胞は細胞から生じる（Omnis cellula e cellula）」と述べ，細胞説の考え方が補完されると共に，**エドアルド・シュトラスブルガー**ら（1875年）による細胞分裂の研究もあって，細胞の基本的特徴である「すべての生物は細胞から成り，細胞はその“親”となる細胞の分裂によって生じる」という概念が認知されるにいたった。

図1　フック自作の顕微鏡

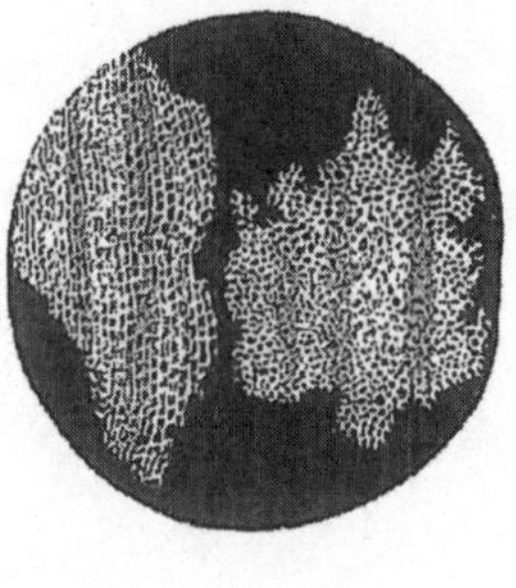

図2　フックが観察したコルクの“cell”

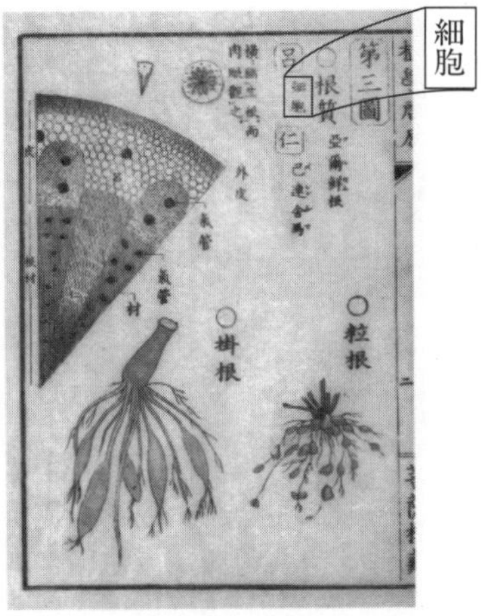

図3　宇田川榕菴による「細胞」

例題 **3**　細胞説について説明しなさい。

解答 すべての生物は細胞からできており，すべての細胞は細胞から生じるとする考え方である。19世紀に顕微鏡が徐々に改良され，発展するのに伴い，生物の微細構造が観察できるようになり，シュライデンとシュワンによって最初に提唱された。後にフィルヒョーによって「すべての細胞は細胞から生じる」ことが提唱された。

ドリル No. 3	Class		No.		Name	

問題　3.1　すべての生物は細胞からできていることを，ヒト，サクラ，キノコ類，アメーバ，大腸菌を例にとって説明せよ。

問題　3.2　すべての生物が細胞からできていることは，どのようにして明らかにされてきたか。科学者の名前と業績も明記して，簡単に説明せよ。

問題　3.3　Omnis cellula e cellula とはどういう意味か，そのしくみも含めて説明せよ。

チェック項目	月　日	月　日
細胞はすべての生物に共通する基本単位であることが説明できたか。		

進化が，生物に共通する特徴であることがいえる。

すべての生物は**進化**することができる。進化とは，生物のある集団中の遺伝子頻度が変化して，その集団に属する生物の形や性質などが変化することをいう（**図1**）。

かつては，この地球上に存在する生物は，そのすべてが別個に創り出されたとする考え方が支配的であった。これには，神が地球上のすべての事物を創造したとするキリスト教の影響が大きかったとされる。現在においてもなお，欧米の一部などではそうした考え（**創造論**）が根強く残っているが，生物学では，生物はある共通の祖先から，徐々に形を変えながらさまざまなものに変化してきたと考える**進化論**が，ほぼ定着した理論となっている。

生物の進化という考え方は，19 世紀前半からすでに複数の学者によって提起されていたが，生物進化の考えを本格的に体系化した最初の人物はフランスの生物学者**ラマルク**である。ラマルクの進化論は**用不用説**，**獲得形質の遺伝**などの用語として知られる（動物哲学，1809 年）。とりわけ獲得形質の遺伝は現在では誤りとされており，それによってラマルクの進化論者としての評価は低いが，生物進化という考え方を誰よりも先んじて世に問うた先駆者としての評価は高い。

その後，イギリスの博物学者**チャールズ・ダーウィン**が唱えた生物進化の理論である**自然選択説**（種の起源，1859 年）は，同時期の博物学者**アルフレッド・ウォレス**も同様の理論を唱え，現在の生物進化の考え方の中核をなしている（自然選択説については第８章で詳述する）。

生物が進化したことは，さまざまな状況証拠から明らかである。現存する生物の中間的な特徴をもつ生物の**化石**が存在することや，ある生物の発見されている化石を年代順に並べると徐々に大型化してきたことがわかることなど，化石記録は進化の証拠を示している。また発生学的見地からは，脊椎動物は，発生した個体，すなわち成体では形態的な差は歴然だが，初期胚の形態は非常に類似している。また，哺乳類では有胎盤類と有袋類が**適応放散**した結果，ユーラシア大陸における有胎盤類の種類や生態的地位と，オーストラリア大陸におけるカンガルーなどの有袋類の種類や生態的地位は類似している。

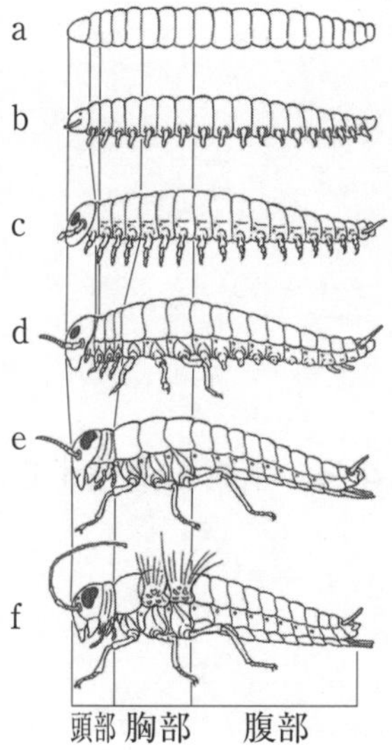

図1　節足動物の進化
（出典：石川良輔著『昆虫の誕生』，中公新書）

こうした種々の事例が，生物の進化を裏付けていると言える。

例題 4　進化について，身近な例を用いて説明しなさい。

解答 進化とは，生物のある集団中の遺伝子頻度が変化して，その集団に属する生物の形や性質などが変化することをいう。生物が地球上に誕生して以来，現在に至るまで変遷し続けてきたと考えられている。私たち人類は，500 ～ 130 万年前のアウストラロピテクスから，現在のホモ・サピエンスまで，脳容量や身長，生活様式などを徐々に変化させながら進化してきたと考えられている。

ドリル No. 4	Class		No.		Name	

問題　4.1　創造論と進化論の違いについて説明せよ。

問題　4.2　ラマルクとダーウィンの生物進化の考え方の違いについて説明せよ。

問題　4.3　生物が進化することの根拠を複数挙げよ。

チェック項目	月　日	月　日
進化がすべての生物に共通する特徴であることがいえたか。		

生物の特徴は，共通性をもちながらも多様性をもつことがいえる。

この地球上にはさまざまな生物が生息し，その種の数は少なくとも300万種以上の生物がいることが知られている。未発見の**種**が今後発見されれば数千万種にも達するのではないかともいわれる。

さまざまな生物のグループの中でも特に種数が多いのが，動物と植物に含まれる生物であり，その中の特定の「門」（第8章参照）に含まれる生物種がとりわけ多いことが知られている。すべての生物の「門」のうち最も種数が多いのが節足動物（門）であり，その中でもとりわけ昆虫類が最多で，現在知られているだけでも100万種以上存在する。節足動物に次いで種数が多いのが被子植物（門）でおよそ23万種，次いでイカ，タコ，貝などが含まれる軟体動物（門）でおよそ11万種である。私たちヒトが含まれる脊索動物（門）はおよそ45000種であり，そのうち魚類は25000種，両生類は2000種，爬虫類は5000種，鳥類は9000種，そして哺乳類は4500種ほどである。

このように，生物は極めて**多様性**をもつ存在であるが，その一方において，すべての生物に共通する特徴もある。たとえば，生命の維持に用いられる方法や，生物の構造に関する特徴において，すべての生物にあてはまる**共通性**が存在する（**図1**）。

その第1が，前項でも学んだ**細胞**に関することで，すべての生物は**細胞膜**をもち，自分自身と外界とを隔てている。

第2に，すべての生物は**遺伝情報**を担うDNAをもち，自分と同じ構造をもった個体をつくって遺伝情報を子孫に伝える**遺伝**のしくみを持っている。

第3に，すべての生物はエネルギーを利用して，さまざまな生命活動を行っている。

第4に，すべての生物は自分の体の状態を一定に保つため**代謝**のしくみをもっている。

このように，生物は共通性をもちながらも多様性を併せ持つ存在である。

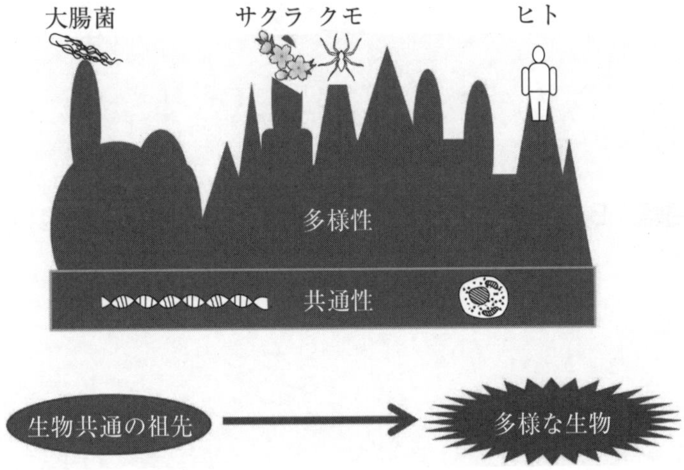

図1　生物は多様でありながらも共通性を併せ持つ

例題 5　生物の多様性と共通性について説明しなさい。

解答 多様性とは，地球上に生息する生物の体，生態，性質，遺伝子などが様々であるさまをいい，共通性とは，そうしたさまざまな生物であっても，その基本には共通するしくみがあることをいう。生物の特徴は，共通性をもちながらも多様性をあわせ持つことである。

ドリル No. 5	Class		No.		Name	

問題　5.1　多様性について，実例を挙げて説明せよ。

問題　5.2　共通性について，実例を挙げて説明せよ。

問題　5.3　サクラとヒトの共通点と相違点を，細胞の構造の観点からいくつかあげよ。

チェック項目	月　日	月　日
生物の特徴として共通性をもちながらも多様性をもつことがいえたか。		

1.1　生物を構成する元素（element）

生物を構成する主要元素の種類と，おもな微量元素とその役割の概略について説明できる。

地球上には100種類以上の元素があり，そのうち生体を構成する元素の種類は限られていて，約20種類である。主要元素としては**水素**（H），**炭素**（C），**窒素**（N），**酸素**（O）の4元素で，これらで，生体を構成するタンパク質や核酸，脂質，糖質（炭水化物）などの**有機物**と，水などの**無機物**の大部分を占めている。

微量元素としては，ナトリウム（Na），マグネシウム（Mg），リン（P），硫黄（S），塩素（Cl），カリウム（K），カルシウム（Ca），マンガン（Mn），鉄（Fe）などが必須元素である（**表1**）。

その他，生物の種類によっては，ケイ素（Si），バナジウム（V），モリブデン（Mo），セレン（Se），ホウ素（B）などが必要な場合がある。

表1　生物の構成元素

種　類	元　素		原子番号	おもな成分，機能
主要元素	水　素	H	1	有機物の成分，水分子
	炭　素	C	6	有機物の成分
	窒　素	N	7	有機物の成分
	酸　素	O	8	有機物の成分，水分子
微量元素	ナトリウム	Na	11	細胞の浸透圧，神経興奮の伝導
	マグネシウム	Mg	12	酵素の補助因子，植物の光合成色素
	リン	P	15	エネルギー代謝，生体膜，骨組織，核酸の成分
	硫黄	S	16	タンパク質の成分
	塩素	Cl	17	細胞の浸透圧
	カリウム	K	19	細胞の浸透圧，神経興奮の伝導
	カルシウム	Ca	20	脊椎動物の骨格成分，筋収縮
	マンガン	Mn	25	酵素の補助因子
	鉄	Fe	26	脊椎動物の血液成分，酵素の補助因子

生物を構成しない元素としては，アルミニウム（Al），金（Au），銀（Ag）などがあり，生物体に入ると有害な元素としては，クロム（Cr），ヒ素（As），カドミウム（Cd），水銀（Hg），鉛（Pb）などがある。毒性の程度は，化合物の種類や量によって異なる。

例題 6　人体を構成する有機物を大きく分類するとどのような種類があるか。おもな4種類についてのべ，そのうち高分子化合物として存在するものはどれか。

解答　タンパク質，核酸，脂質，糖質（炭水化物）など。

高分子化合物として存在しているのは，タンパク質，核酸などで，糖質や脂質はタンパク質などと結合して複合分子となり高分子化合物となる場合がある。その他，グリコーゲンなどの糖質の一部も高分子で存在する。

ドリル No. 6	Class		No.		Name	

問題　6.1　タンパク質と核酸を構成するおもな元素について述べ，比較しなさい。

問題　6.2　糖質と脂質を構成するおもな元素について，比較しなさい。

問題　6.3　リン（P）の生体内での役割について述べなさい。

問題　6.4　生物には，表１に記した微量元素の他に，どのような微量元素が必要であろうか。そのうち３種類を選んでそれらの生体における役割について述べなさい。

問題　6.5　脊椎動物の骨組織を構成する主な成分とその元素組成について述べなさい。

問題　6.6　脊椎動物の血液中の赤血球に含まれる色素とはなにか。また，その色素を構成する元素，微量金属と，色素の生体内における役割について述べなさい。

問題　6.7　植物の光合成に関与する緑色の色素とはなにか。また，その色素を構成する元素，微量金属について述べなさい。

チェック項目	月　日	月　日
生物を構成する主要元素と，おもな微量元素とその役割の概略について説明できたか。		

1.2　生物に必要な低分子物質 (low molecular substance)

生物に必要な低分子物質は，多くは生理活性を持っていて，動物や植物，微生物によって異なることがいえる。

脊椎動物では，活性物質としてビタミンやホルモン類，神経伝達物質などがあげられる。

ビタミンは，ビタミンA，ビタミンB類，ビタミンC，ビタミンDなどに分けられる。生体内では，チアミン（ビタミンB_1），リボフラビン（ビタミンB_2），ピリドキシン（ビタミンB_6）などのビタミンからは酵素の補酵素が合成され，代謝に重要な役割を果たしている（**表1**）。　ビタミン類は，ヒトでは自ら合成できないので，食物から取り入れなければならない必須栄養素となっている。

表1　ビタミンの種類

種　　類		役　　割
ビタミンB_1	チアミン	脱炭酸酵素の補酵素となる。欠乏症；脚気
ビタミンB_2	リボフラビン	脱水素酵素の補酵素FADとなる
ビタミンB_6	ピリドキシン	転移酵素の補酵素となる
ニコチン酸		脱水素酵素の補酵素となる
パントテン酸		補酵素A（CoA）となる
ビオチン		脱炭酸酵素の補酵素
葉酸		酸化還元酵素などの補酵素となる，貧血の予防
ビタミンB_{12}	コバラミン	転移酵素の補酵素となる
ビタミンA		眼の感光物質ロドプシンの色素成分
ビタミンC	アスコルビン酸	ヒトの壊血病の予防
ビタミンD		カルシウムの吸収を促進

ホルモンは内分泌腺で作られ，血液を通して標的器官に送られ，それらの働きを調節する。たとえば，脳下垂体前葉からは甲状腺刺激ホルモンが生成され，甲状腺を刺激しチロキシンを分泌する。チロキシンは体の成長を促進する。また，インスリンはすい臓から分泌され，血糖量を調節する。ホルモンは，化学的にはタンパク質やポリペプチド系と，アミノ酸の誘導体，ステロイド類に分けられる。

ホルモンと共に生体の調節に働くのは神経である。刺激があると，その興奮は神経細胞（ニューロン）に伝えられる。刺激は，ニューロンからシナプスを介して神経伝達物質によって次のニューロンに伝達される。神経伝達物質には，アセチルコリン，アドレナリン，ノルアドレナリン，セロトニン，ドーパミンなどがある。

植物に必要な生理活性のある低分子物質としては植物ホルモン（植物成長ホルモン）がある。おもな植物ホルモンには，オーキシン（インドール酢酸）やジベレリン，アブシジン酸，エチレンなどがあり，植物の成長や発芽，開花などを調節している。

例題 7　酵素と補酵素について説明しなさい。

解答　酵素はタンパク質で構成されて生体触媒として働くが，低分子物質の補酵素と弱く結合することによって活性を持つことが多い。

ドリル No. 7	Class		No.		Name	

問題 7.1 ビタミンAは脂溶性で，どのような物質から生成されるか。また，ビタミンAが不足すると，ヒトではどのようなことが起こるか。

問題 7.2 ビタミンB類にはどのようなものがあり，生体内でどのような役割をはたしているか。

問題 7.3 ビタミンCは水溶性で，どのような物質で，どのような食物に含まれるか。また，不足すると，ヒトではどのようなことが起こるか。

問題 7.4 ホルモンの一種，インスリン（インシュリン）は，21個のアミノ酸から成るA鎖と30個のアミノ酸から成るB鎖が2か所でS-S結合した化学構造をしているが，どの臓器で作られ，どのような働きをしているか。

問題 7.5 ホルモンの一種，アドレナリンはアミノ酸の脱炭酸によって生じるアミン類であるが，どのような臓器で作られ，どのような働きをしているか。

問題 7.6 神経伝達物質のアセチルコリンは，おもに運動神経や副交感神経で使われているが，どのような働きをしているか。また，交感神経で使われている物質にはおもにどのようなものがあり，どのような働きをしているか。

チェック項目	月　日	月　日
おもなビタミン，ホルモン，神経伝達物質について説明できたか。		

1　微視的生物学・生化学

1．3　タンパク質（protein）と酵素（enzyme）

タンパク質の種類と機能，ならびに酵素の基本的なしくみがいえる。

動物の筋肉の主成分であり，牛乳や卵，大豆などの食品中に大量に含まれる栄養素として知られる**タンパク質**は，細胞の内外においてさまざまな生命活動に関与する主要な生体高分子であり，20 種の**アミノ酸**をその基本単位として成り立っている。

ヒトの体には数万～十万種類ものタンパク質が存在すると考えられており，その働きによって分類すると，およそ次の７つに分類することができる。

① **酵素タンパク質**：細胞の内外で行われる化学反応の触媒として働くタンパク質。全タンパク質の種類の半分は酵素タンパク質であると考えられている。
② **構造タンパク質**：生物の体を支える役割をもつタンパク質。コラーゲンなど。
③ **貯蔵タンパク質**：栄養物質などを蓄える役割をもつタンパク質。フェリチンなど。
④ **収縮タンパク質**：筋肉の収縮をもたらすタンパク質。ミオシン，アクチンなど。
⑤ **防御タンパク質**：生物の体を防御する役割をもつタンパク質。免疫系で働く抗体など。
⑥ **調節タンパク質**：生命活動を調節する役割をもつタンパク質。遺伝子発現に関わる転写因子など。
⑦ **輸送タンパク質**：栄養物質などを運ぶ役割をもつタンパク質。アルブミンなど。

酵素タンパク質（以下，**酵素**）は，①酸化還元酵素，②転移酵素，③加水分解酵素，④除去付加酵素，⑤異性化酵素，⑥合成酵素に分けられる。

酵素の化学反応の一般式は，「E＋S → ES → P＋E」と表される。ここで E は酵素，S は**基質**（酵素が働く物質），ES は**酵素―基質複合体**，P は**反応生成物**である。酵素が関わる化学反応においては，その対象となる基質が決まっている。たとえばデンプンとセルロースは，共にグルコースを構成単位とする多糖類だが，その結合様式が違うため，**アミラーゼ**という酵素はデンプンには作用するがセルロースには作用しない。一方**セルラーゼ**という酵素はセルロースには作用するが，デンプンには作用しない。酵素のもつこうした性質のことを**基質特異性**という（**図１**）。

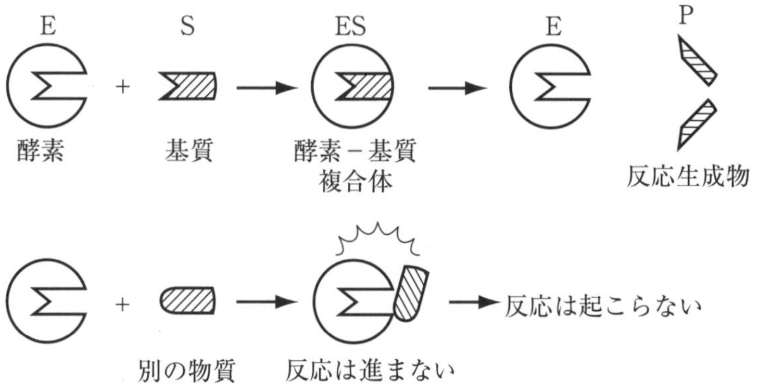

図１　酵素の基質特異性

例題　**８**　酵素の役割について例を１つ挙げて説明しなさい。

解答　酵素は，生体内での化学反応の触媒として働くタンパク質である。酸化還元酵素，加水分解酵素など，その触媒の様式によって６つのタイプに分けられる。たとえば，消化酵素の一つ，ペプシンは，タンパク質を分解する加水分解酵素である。酵素は働く基質が決まっており，他の基質とは複合体を形成しないため，反応は起こらない。

ドリル No. 8	Class		No.		Name	

問題 8.1 タンパク質の種類を大きく７つに分け，それぞれの役割を簡単に説明せよ。

問題 8.2 酵素の基質特異性について説明せよ。

問題 8.3 なぜ私たちは栄養素としてタンパク質を摂取する必要があるのか説明せよ。

チェック項目	月　日	月　日
タンパク質の種類と機能，ならびに酵素の基本的なしくみがいえたか。		

核酸の発見の歴史と，その基本的な構造がいえる。

核酸は，真核細胞の核から抽出された酸性物質として名付けられたが，核だけではなく細胞質にも，また核（核膜）のない原核細胞にも存在する生体高分子である。1869年，**フリードリヒ・ミーシャー**によって白血球の核からはじめて単離され，**ヌクレイン**と名付けられたが，1889年，**リヒャルト・アルトマン**によって核酸と名付けられた。**フィーバス・レヴィーン**によって1909年に**RNA（リボ核酸）**が，同じく1929年に**DNA（デオキシリボ核酸）**が見出された。

核酸の構成単位は**ヌクレオチド**と呼ばれる物質である（**図1**）。**塩基**（核酸塩基）と**糖**が，N－グリコシド結合によりつながった化合物をヌクレオシドといい，糖の一部が**リン酸**エステルとなった化合物がヌクレオチドである。ヌクレオチドのうち，糖が**D-リボース**であるものを**リボヌクレオチド**といい，一方，糖が**D-2′-デオキシリボース**であるものを**デオキシリボヌクレオチド**という。リボヌクレオチドはRNAの，デオキシリボヌクレオチドはDNAの，それぞれ構成単位となる。DNAやRNAはヌクレオチドのリン酸と糖との間で生じる**ホスホジエステル結合**により長くつながったものである。

核酸を構成する塩基には**アデニン(A)**，**グアニン(G)**，**シトシン(C)**，**チミン(T)**，**ウラシル(U)**の5種類があり，アデニン，グアニン，シトシンはDNAとRNAに共通の塩基である（図1）。チミンはDNAにのみ，ウラシルはRNAにのみ存在する。これら塩基は水素結合を通じて対合する性質があり，アデニンとチミン，アデニンとウラシル，グアニンとシトシンとの間で，それぞれ水素結合が形成されるため，二本鎖となるDNAでは一方の塩基配列が決まれば，自動的にもう一方のDNAの塩基配列が決まる。核酸のこのような性質を**相補性**といい，遺伝の分子生物学的基盤となっている。

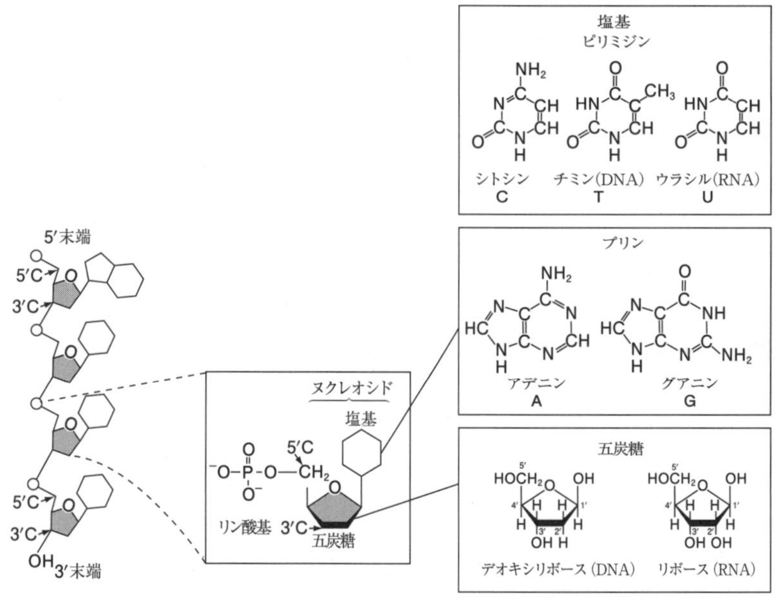

(A) ポリヌクレオチドまたは核酸　(B) ヌクレオチド　(C) ヌクレオシド成分

図1　核酸の構造とヌクレオチド，塩基

（出典：『キャンベル生物学』，丸善）

例題 9　核酸の構造を，DNAとRNAに分けて説明しなさい。

解答 DNAはデオキシリボヌクレオチドを，RNAはリボヌクレオチドを構成単位とし，それらがホスホジエステル結合によって長く連なった構造をしている。ヌクレオチドはリン酸，デオキシリボース（DNA）またはリボース（RNA），ならびに塩基からなる。塩基としてはDNAではアデニン，グアニン，シトシン，チミンが，RNAではアデニン，グアニン，シトシン，ウラシルが，それぞれ用いられる。

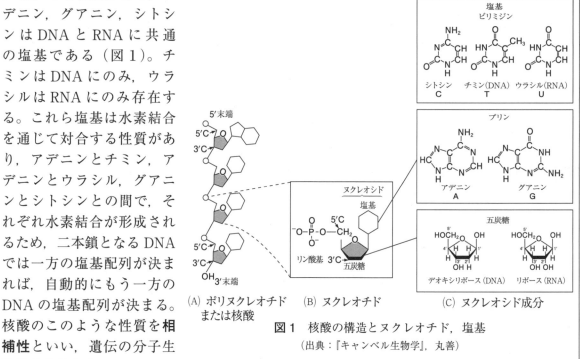

ドリル No. 9	Class		No.		Name	

問題　9.1　「核酸」という名の由来を説明せよ。

問題　9.2　核酸の構造を，DNA と RNA の違いを明確にして説明せよ。

問題　9.3　生物の遺伝における核酸の重要性を，その構造をもとに説明せよ。

チェック項目	月　日	月　日
核酸の発見の歴史と，その基本的な構造がいえたか。		

1　微視的生物学・生化学　　1.5　糖　　質（carbohydrate）

糖質は生物の重要なエネルギー源であり，植物では構造を維持する重要な成分であることがいえる。

糖質は**炭水化物**ともいう。一般式は $C_n(H_2O)_m$ と表され，**単糖類**，**二糖類**，**オリゴ糖類**，**多糖類**などに分けられる。多くは水に可溶であるが，多糖類では一般に不溶である。単糖類には**グルコース**（**ブドウ糖**），フルクトース（**果糖**），ガラクトース，リボースなど，**二糖類**には，**スクロース**（**ショ糖**），**マルトース**（麦芽糖），**ラクトース**（乳糖）など，多糖類にはデンプン（スターチ），グリコーゲン，セルロースなどがある（**図1**）。

グルコースは，細胞呼吸における解糖系の出発物質であるため，生体エネルギー源として重要である。**スクロース**は代表的な甘味料で，サトウキビやサトウダイコンなどから得られる。**デンプン**は植物の光合成同化産物で，イネや小麦などの作物では種子に，ジャガイモでは塊茎に貯蔵している。デンプンはグルコースが多数結合したもので，多くは直鎖型のアミロース〔α(1→4) 結合〕と枝分かれ型のアミロペクチン〔α(1→6) 結合を含む〕の二種類の分子が混在している。動物の肝臓に蓄積されているグリコーゲンは，同じくグルコースが多数結合したもので，さらに枝分かれの多い構造を特徴としている。セルロースはデンプンやグリコーゲンとは異なる β(1→4) 結合でグルコースが直鎖状に多数つながっている。植物細胞では，セルロースは細胞壁の主成分で，特に茎では木部の構造を維持する上で重要である。

その他，タンパク質や脂質と結合し，**複合糖質**として細胞壁の構成成分となっているものもある。

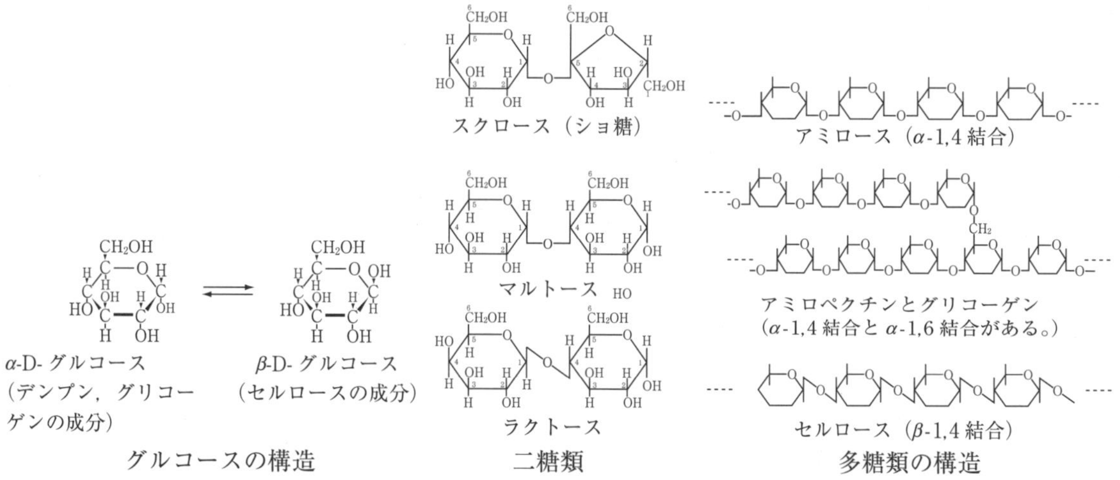

図1　糖質の種類と構造

例題 10　グルコースの化学構造を示し，α－D－グルコースとβ－D－グルコースの違いについて述べなさい。

解答 グルコースはブドウ糖ともいい，生物の代謝にとって最も重要な六単糖の一種で $C_6H_{12}O_6$ で表される。立体構造で表すと，α－D 型では C_1 の水酸基（－OH）が下側に，β－D 型では，C_1 の水酸基（－OH）が上側に結合している（図1）。D 型は旋光度が＋，L 型は旋光度が－で，通常，グルコースは D 型である。

ドリル No.10	Class		No.		Name	

問題　10.1　グルコースは単独でも存在するが，他の糖類と結合している場合，どのような糖類の構成糖となっているか。

問題　10.2　二糖類のスクロースとラクトースの構成糖について述べなさい。また，それらはおもにどのような動物や植物の成分となっているか。

問題　10.3　二糖類のマルトースの化学構造と，その作成方法とおもな利用状況について述べなさい。

問題　10.4　多糖類のデンプンとグリコーゲンの分子構造の違いについて述べなさい。

問題　10.5　セルロースの化学構造について述べなさい。また，セルロースはどのような細胞のどの部分に存在しているか。また，どのように利用されているか。

問題　10.6　セルロースはヒトにとっては栄養源にならないのはなぜか。また，セルロースを栄養源として利用できる生物はなにか。

チェック項目	月　日	月　日
糖質は生物の重要なエネルギー源であり，植物では構造を維持する重要な成分であることがいえたか。		

1 微視的生物学・生化学　1.6 脂　質 (lipid)

脂質は水に不溶で有機溶媒に可溶な有機物で，生体エネルギー源になると共に，生体膜の重要な成分となっていることがいえる。

　水に不溶で，エーテル，アセトンなどの有機溶媒に可溶な有機化合物で，グリセリン（グリセロール）と脂肪酸のエステル（グリセリド）を**単純脂質**といい，単に脂肪ともいう。脂肪酸には分子内に二重結合を持たない**飽和脂肪酸**と二重結合を持つ**不飽和脂肪酸**がある。炭素数が18の飽和脂肪酸にはステアリン酸があり，炭素数が18の不飽和脂肪酸には，オレイン酸，リノール酸，リノレン酸がある。多くの飽和脂肪酸は常温（20℃）では固体，不飽和脂肪酸は液体となっている（**表1**）。リノール酸やリノレン酸などの不飽和脂肪酸はヒトの血液中のコレステロール値を下げる効果があるとされている。

　脂肪にリン酸や糖などが結合したものを**複合脂質**といい，**リン脂質**，**糖脂質**などがある。リン脂質には**レシチン**やスフィンゴミエリンがあり，生体膜の重要な成分となっている。糖脂質には，神経組織などに存在するセレブロシドなどがある。

　その他，コレステロールなどのステロイドやカロテノイドも脂質に含まれる。コレステロールはエストロゲンなどの性ホルモンや副腎皮質ホルモンなどのステロイドホルモンの原料になるが，血管内に蓄積すると動脈硬化の原因となるとされている

　食物として動物に摂取された脂質は，消化酵素のリパーゼなどにより脂肪酸とグリセリンに分解され，それらは，さらに炭水化物の分解系（解糖系やTCA回路）に組み込まれて二酸化炭素と水に分解され，ATPが生成される。したがって，脂質は，特に動物にとって生体エネルギー源として重要な物質である。

表1　おもな脂肪酸

脂肪酸	炭素の数	構造	融点(℃)
飽和脂肪酸			
ラウリン酸	12	$CH_3(CH_2)_{10}COOH$	44
パルミチン酸	16	$CH_3(CH_2)_{14}COOH$	63
ステアリン酸	18	$CH_3(CH_2)_{16}COOH$	70
不飽和脂肪酸			
オレイン酸	18	$CH_3(CH_2)_7CH=CH(CH_2)_7COOH$	13
リノール酸	18	$CH_3(CH_2)_4CH=CHCH_2CH=CH(CH_2)_7COOH$	−5
リノレン酸	18	$CH_3CH_2(CH=CHCH_2)_3(CH_2)_6COOH$	−11

$$
\begin{array}{c}
CH_2-OH \quad HO\cdot OC\cdot R_1 \\
| \\
CH-OH \quad HO\cdot OC\cdot R_2 \\
| \\
CH_2-OH \quad HO\cdot OC\cdot R_3
\end{array}
\rightarrow
\begin{array}{c}
CH_2-O\cdot OC\cdot R_1 \\
| \\
CH-OH \\
| \\
CH_2-OH
\end{array}
\rightarrow
\begin{array}{c}
CH_2-O\cdot OC\cdot R_1 \\
| \\
CH-O\cdot OC\cdot R_2 \\
| \\
CH_2OH
\end{array}
\rightarrow
\begin{array}{c}
CH_2-O\cdot OC\cdot R_1 \\
| \\
CH-O\cdot OC\cdot R_2 \\
| \\
CH_2-O\cdot OC\cdot R_3
\end{array}
$$

　　　　　　　　　　　　　　　　モノグリセリド　　ジグリセリド　　トリグリセリド

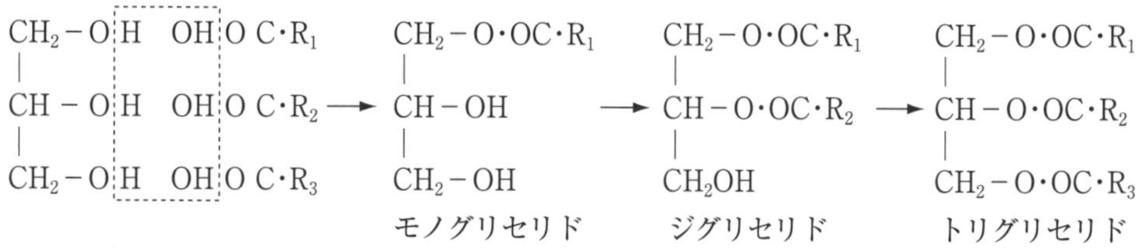

図1　グリセリドの構造　　（出典：『図説 生物の世界 三訂版』遠山益著，裳華房）

例題 11　飽和脂肪酸のステアリン酸は炭素数が18個である。炭素数18個の不飽和脂肪酸を3つ上げ，それらの化学構造上の違いと，栄養学上の役割について述べなさい。

解答　炭素数が18個の不飽和脂肪酸には，オレイン酸，リノール酸，リノレン酸があり，それぞれ1個，2個，3個の二重結合を持っている。リノール酸やリノレン酸は多くの植物油に含まれるが，動物体内では合成されないので，ヒトにとっては必須脂肪酸である。

ドリル No.11	Class		No.		Name	

問題　11.1　多くの飽和脂肪酸は室温 20℃では固体（固形）であるが，不飽和脂肪酸は液体（液状）が多い。それはなぜか。

問題　11.2　脂質のグリセリド構造について説明しなさい。

問題　11.3　リン脂質は生体内ではどのような構造に含まれ，どのような生理的役割を果たしているか。

問題　11.4　高等動物に見られるコレステロールは，生体内ではどのような生理的役割を果たしているか。

問題　11.5　カロテノイドはどのような化学構造をしていて，どのような生物のどのような組織に含まれるか。また，その役割について述べなさい。

問題　11.6　動物の体内で，脂肪酸が分解される代謝過程を簡単に説明しなさい。

チェック項目	月　日	月　日
脂質の種類とそれらの生体内における役割についていえたか。		

2　細胞の構造とはたらき

2.1　原核細胞・原核生物（prokaryote）

原核細胞の基本構造は，細胞質中に核膜に包まれることなく核様体として存在するDNAと，細胞膜および細胞質からできていることがいえる。

原核生物には細菌類やシアノバクテリア（藍藻類）(**図1**）および古細菌が含まれる。後述の真核生物との相違点は，核をはじめとして細胞内膜系を持たない点である。一般に単細胞から成る。

ゲノムとして環状二本鎖DNAを持つ。このゲノムDNAは基本的に一組なので，**原核細胞**は一倍体（n）である。また，細胞質には原核細胞型の**リボソーム**(70S）を有し，タンパク質合成を担う。細胞膜の外側は**細胞壁**で覆われている。細胞壁の組成はペプチドグリカンなどであり，真核細胞の場合とは異なる。進化的には真核生物よりも原始的とみなされる。

原核生物は自己増殖し，細胞膜を介した物質輸送やエネルギーの変換系をもつ。1個の細胞が1個体として完成していて，それ自体見事な生物である。生殖方法は**無性生殖**であり，**分裂**で増える。ただし大腸菌の接合のように，一時的に細胞が線毛を介してつながり，一部の遺伝情報を伝達することもある。細胞内に膜系を持たず，物質の輸送の多くを拡散に頼るため，大きさには限界があり，一般に小型である。

大腸菌は，モデル生物として非常に重要で動物の腸内に寄生している。一倍体のため，遺伝的変異がすぐに表現型に現れ，解析に役立っている。大きさは$1 \times 2\mu$m程度である。

一部の原核生物は，真核細胞のミトコンドリアや葉緑体などの細胞小器官の起源とみなされている（2.3，2.4参照）。

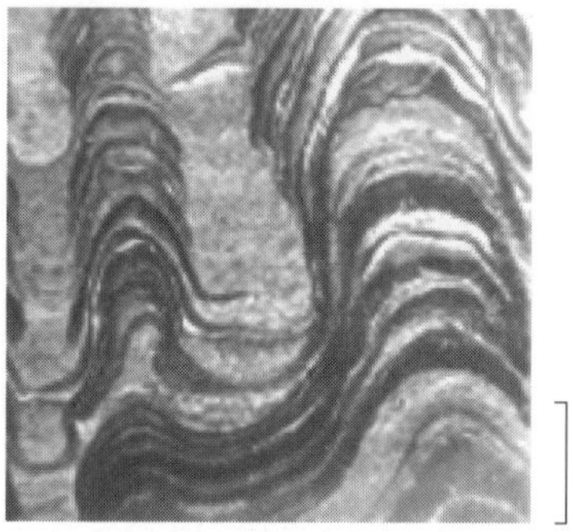

ストロマトライトはシアノバクテリアの一種で，最古の光合成生物との説がある。シアノバクテリアと堆積物の層状構造を形成する。現生ストロマトライトも知られており，古代から現代まで連綿と続く「生きた化石」と考えられる。

図1　ストロマトライト化石

例題 12　大腸菌は4.5×10^6塩基対の環状二本鎖DNAをゲノムとしてもつ。DNAは10塩基対で1ピッチであり，**二重らせん**が1回ねじれる。大腸菌ゲノムDNAは計算上何回のねじれを有するか。

解答　$\dfrac{4.5\times10^6}{10}=4.5\times10^5$　45万回である。実際はねじれを緩和するため，スーパーコイル構造をとっている。

ドリル No.12	Class		No.		Name	

問題　12.1　一般に原核生物の増殖様式を答えなさい。

問題　12.2　大腸菌の分裂の際，DNA はどのように分配されるか。

問題　12.3　大腸菌が大きさ 1 ～ 2μm であるように，原核生物は小型である。理由を考察しなさい。

問題　12.4　最初に発見された抗生物質としてペニシリンが知られている。真核生物には影響を与えず，原核生物を攻撃する新薬として，発見当初は期待された。何故原核生物を攻撃し，真核生物には害を為さないと考えられたのか。

チェック項目	月　日	月　日
原核細胞の基本構造は，細胞質中に核様体として存在する DNA と，細胞膜および細胞質からできていることがいえたか。		

2　細胞の構造とはたらき

2.2　真核細胞・真核生物（eukaryote）

真核細胞は核膜で包まれた核を持ち，細胞内膜系が発達し，原核細胞よりも複雑な構造と高度な機能をもつことがいえる。

真核細胞は，リン脂質を主成分とする脂質二重層から成る**細胞膜**で囲まれ，さらに細胞内にはゲノムDNAを含む**核**がある。**核膜**は2枚の膜から成り，内外の核膜を貫く**核膜孔**が散在する。細胞質には細胞質基質とミトコンドリアや葉緑体などの**細胞小器官**（**オルガネラ**）がある。また，小胞体やゴルジ体などの**細胞内膜系**が発達し，細胞内での分業と統合が高度に制御されている。細胞質には原核細胞同様リボソームがあるが，両者ではリボソームの型が異なる（原核は70S，真核は80S）（注；Sは**沈降係数**で，大きさの目安となる）。

原核生物が基本的に単細胞であるのに対して，**真核生物**では**多細胞生物**への発達が見られる。真核生物にも酵母や原生動物のような**単細胞生物**も存在するが，多細胞生物となることで，高度な細胞の分化と，個体の大型化や，種の多様性が導かれた。主要現存生物の多くが真核生物である。

真核細胞の**ゲノム**は線状二本鎖DNAであり，タンパク質ヒストンとヌクレオソームを形成し，さらに高次の染色体構造を構築する。染色体の分配や維持に必要なセントロメアと，DNA複製の際に短縮していくDNAの5′末端問題の解消と染色体の保護のために，両端にテロメア構造を有する。

細胞内膜系の発達により，原核生物には無い高次の機能の発達や形態的分化が可能になった。しかし，核膜の存在はゲノムDNAの安定的保持には効果的だが，DNA複製，RNAへの転写，タンパク質への翻訳という，原核細胞では同一区画で起こる情報の流れが，核膜で分断されることとなった。これらを克服するため，高度の進化へとつながった。

また，微小管や微小繊維などの**細胞骨格系**が発達し，細胞内の物質の輸送や運動などに関与している。**細胞接着機構**や，分泌する物質などにより，細胞間の相互作用が緊密に行われている。

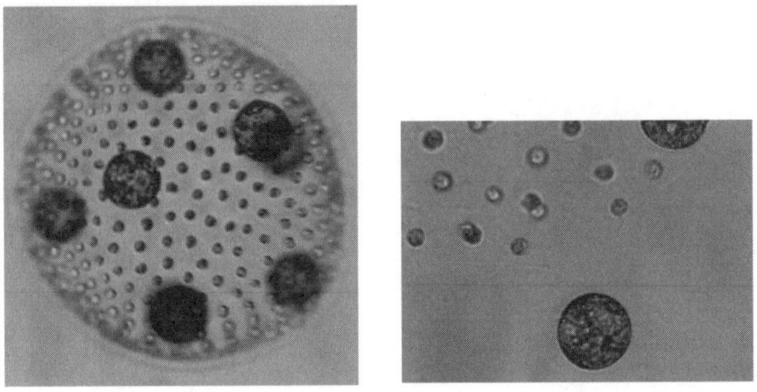

図1　ボルボックス

数千個の細胞からなり，単細胞生物から多細胞生物への移行段階の細胞群体の例とされる。左図は子の代を内包した成体ボルボックス（直径約0.5mm），右図は親の代の群体から出た子のボルボックス。

例題　13　真核細胞を特徴付ける，最も重要な細胞内構造は何か。

解答　核膜で囲まれた核

ドリル No.13	Class		No.		Name	

問題　13.1　真核細胞・真核生物を特徴付ける核について説明しなさい。

問題　13.2　大腸菌など原核生物に変異原を作用させ，突然変異体を分離する実験を組んだ場合と，マウスなど真核生物の培養細胞に同様の処理をした場合を比較しなさい。どちらが突然変異体を単離しやすいと予想されるか。

チェック項目	月　日	月　日
真核細胞は核膜で包まれた核を持ち，細胞内膜系が発達し，原核細胞よりも複雑な構造と高度な機能をもつことがいえたか。		

2　細胞の構造とはたらき

2.3　オルガネラ（細胞小器官）（organelle）

オルガネラは，真核生物の細胞質に存在する種々の構造物の総称であり，高度に制御されたさまざまな機能を担うことがいえる。

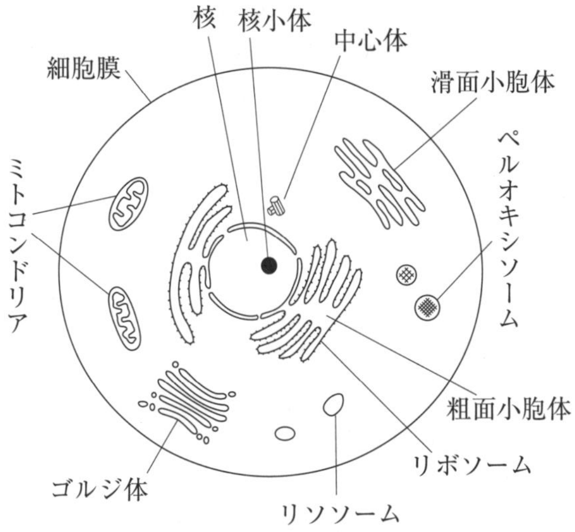

図1　動物細胞
（遊離リボソームは省略）

① **核**：2枚の膜から成る核膜に包まれ，遺伝情報の担い手のゲノムDNAを含む。

② **ミトコンドリア**：好気呼吸に関与。2枚の膜で包まれ，自身の環状DNAを持ち，独自に分裂する。

③ **小胞体**：滑面小胞体と粗面小胞体があり，前者はステロイドホルモンの合成，Ca^{2+}の貯蔵，グリコーゲンからグルコースへの変換などに関与。後者はリボソームが付着するため粗面と称され，分泌型タンパク質の合成と輸送や，糖鎖付加などに関わる。また，小胞体では膜の合成も行われ，内在する**分子シャペロン**（介添え役のタンパク質）によって不完全な異常タンパク質の分解にも関与する。

④ **ゴルジ体**：扁平な袋状構造が積み重なった形態。タンパク質や脂質への糖鎖付加と物質の分泌や移動に関与。

⑤ **リソソーム**：酸性の加水分解酵素を含む。溶解 lysis が名称の由来。動物細胞に存在。

⑥ **葉緑体**：光合成を行う。植物や藻類の細胞に存在。内外2枚の膜に包まれ，内部にチラコイドの膜系を持ち光合成色素を有する。自身の環状DNAを持ち独自に分裂する。

⑦ **液胞**：1枚の膜で包まれた液体を満たした構造物。植物細胞の細胞質では多くの部分を占める。養分や代謝産物の貯蔵，動物細胞のリソソームに対応する細胞内消化を担う。

⑧ **ペルオキシソーム**：1枚の膜で囲まれた小胞。内部に結晶構造が見られることもある。過酸化水素の分解酵素ペルオキシダーゼ（カタラーゼ）を含み，過酸化水素の代謝に関与することに由来する名称。有毒物質の酸化を行う。

⑨ **リボソーム**：タンパク質合成の場である。タンパク質とRNAからなる粒子状構造物で，大小2つのサブユニットからなり膜はない。合成するタンパク質の性質や局在様式によって，細胞質基質に遊離している場合と，粗面小胞体表面に存在する場合がある。（リボソームは膜系がなく，原核生物にも存在するため，オルガネラに分類しない場合がある。）

例題 14.1　真核細胞のオルガネラのうち，2枚の膜で囲まれているものを答えなさい。

解答　核，ミトコンドリア，葉緑体。（核をオルガネラに含めず，別格扱いの場合もある。）

例題 14.2　オルガネラの2枚の膜の由来を説明しなさい。

解答　核は，細胞膜が陥入してDNAを包み込む2枚の核膜になった。ミトコンドリアと葉緑体では，内側の膜は元の生物の細胞膜由来，外側は食作用の際の祖先細胞の細胞膜由来と考えられる。

ドリル No.14	Class		No.		Name	

問題　14.1　次の図は，ミトコンドリアと葉緑体の各部の pH の違いを示している。ミトコンドリア内膜およびクリステの膜からマトリックス側に突出した構造物と，葉緑体のチラコイドからストロマ側に突出した構造物は，ATP 合成酵素である。

(1)　ミトコンドリアで H^+濃度が高いのは次の(ア)，(イ)のどの部分か。

(ア)　膜間スペース

(イ)　マトリックス

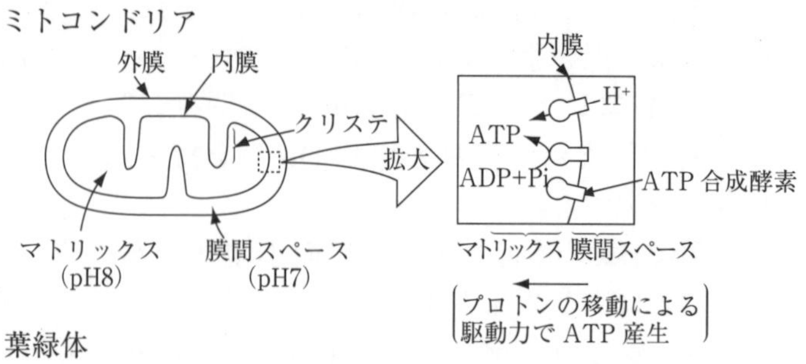

(2)　葉緑体で H^+濃度が高いのは次の(ア)〜(ウ)のどの部分か。

(ア)　内外膜間部

(イ)　ストロマ

(ウ)　チラコイド内腔

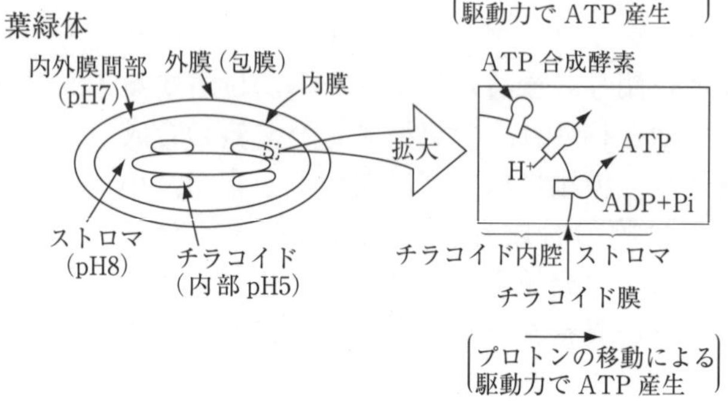

(3)　ATP 合成酵素の駆動力は何か。

問題　14.2　リボソームは膜系を持たないが重要な構造物である。構成成分と機能について答えなさい。

問題　14.3　リボソームには，細胞質基質に遊離しているものと，小胞体に付着して粗面小胞体を構成しているものがある。両者の特徴を説明しなさい。

チェック項目	月　日	月　日
オルガネラは，真核生物の細胞質に存在する種々の構造物の総称であり，高度に制御された様々な機能を担うことがいえたか。		

2　細胞の構造とはたらき

2.4　細胞内共生説（endosymbiont theory）

共生説によると，ミトコンドリアと葉緑体の起源が，過去の真正細菌やシアノバクテリアの細胞内共生に由来することがいえる。

細胞内共生説（共生説）は，真核生物の起源が，祖先細胞への他の原核細胞の取り込みと，それに続く共生に起因するとの説で，**リン・マーグリス**が提唱した（1967）。真核細胞の祖先細胞が，細菌やシアノバクテリア（藍藻）を食作用で細胞内に取り込み，その後，取り込まれた生物が独立して生きる事を止め，細胞の一部分として存続する道をたどったと考える仮説である。動物植物共にミトコンドリアを有し，葉緑体は植物特有であることから，順序としては，まず好気的細菌が取り込まれ，その後，光合成を行うシアノバクテリアが取り込まれたと考えられる。

真核生物のオルガネラのうち，**ミトコンドリア**と**葉緑体**が，2枚の膜に囲まれ，固有の環状二本鎖DNAを持つことなどが有力な証拠とされ，一般に認められる説となった。次に主な根拠と解説を示す。

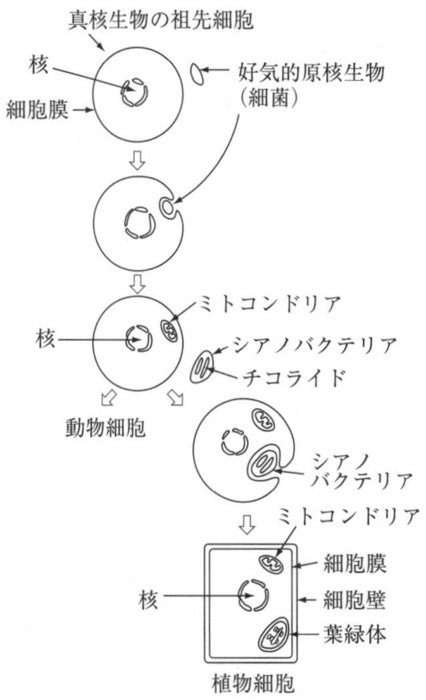

図1　細胞内共生説

①　2枚の膜に囲まれている；ゴルジ体など他のオルガネラは1枚の膜から成るのに対して，ミトコンドリアは内外2枚の膜，葉緑体は外膜（包膜）と内膜の2枚の膜で囲まれた内部にチラコイド膜を持つ。外側の膜は，かつての食作用の際の宿主の細胞膜由来であり，内側の膜はかつて取り込まれた生物の細胞膜由来と考えられる。

②　固有の環状二本鎖DNAを持つ；環状DNAは原核生物のゲノムに類似している。真核生物のゲノムDNAは線状である。

③　葉緑体のリボソームRNA（rRNA）の塩基配列；葉緑体のrRNAは，真核生物の細胞質のリボソームのものよりも，シアノバクテリアの方に類似している。

④　コドン使用頻度codon usageの比較；コドンは縮重しており，コドンとアミノ酸の対応関係は真核，原核生物で異なっている。コドン使用頻度は核よりも原核生物に類似している。

⑤　ATP合成酵素の存在様式；大腸菌のATP合成酵素は細胞膜の内側に突出しており，合成したATPを細胞内に保有する。ミトコンドリア内膜のATP合成酵素は，内膜の内側のマトリックス方向に突出し，大腸菌の細胞膜での方向性と同一である。

例題 15　原生動物ミドリゾウリムシと緑藻クロレラを例に，共生について論じなさい。

解答　原生動物ゾウリムシの一種であるミドリゾウリムシは，細胞内に数百個の緑藻クロレラを保有し，共生関係にある。葉緑体との類似性から，細胞内共生説との関連が研究されている。ただし，細胞内共生説との相違点は，①クロレラは真核生物であり，その葉緑体の起源とされるシアノバクテリアは原核生物であること，②また共生クロレラを除去したミドリゾウリムシも，ミドリゾウリムシ外に存在するクロレラも生存可能なことである。

葉緑体を失えば植物は生存できず，細胞から取り出した葉緑体はもはや独立した生物ではなく，細胞外では生存できない。

ドリル No.15	Class		No.		Name	

問題　15.1　ミトコンドリアや葉緑体に関する共生説の根拠を簡潔に示しなさい。

問題　15.2　現存の真核細胞から，ミトコンドリアや葉緑体を取り出すと，独立の生物として生存できるか。理由も書きなさい。

問題　15.3　ミトコンドリアと葉緑体はどちらが先に細胞内に共生することになったと考えられるか。理由も書きなさい。

チェック項目	月　日	月　日
オルガネラのうち，ミトコンドリアと葉緑体の独自性がいえたか。		

2.5 ウイルス（virus）とバクテリオファージ（bacteriophage）

ウィルスとバクテリオファージは，遺伝情報を担う核酸をタンパク質の殻で包み，非細胞性構造であることがいえる。

ウイルスも**バクテリオファージ**も基本構造は核酸（DNA，またはRNA）とタンパク質の殻のみで，細胞構造を持たない。生物と認めない考えもあるが，単純化された究極の生命ともいえる。**宿主細胞**に感染し，すべて宿主の細胞系を借りて増殖する。細菌を濾過して除いても残る，**濾過性病原体**として発見されたように，大きさは数十 nm 程度と小さいものが多い。

真核細胞を宿主とするものをウイルス，原核細胞を宿主とするものをバクテリオファージあるいは単に**ファージ**と総称する。感染のための標的の受容体の種類，感染後に自身の核酸を複製するための酵素群などの制約から，宿主域が決まると考えられる。

細胞外で**ウイルス粒子**やバクテリオファージ粒子単独では増殖することはできない。適切な宿主細胞に感染することにより，DNA 複製，RNA への転写，タンパク質合成など宿主の酵素を横取りし，宿主細胞の機構を用いてウイルスやファージ自身を作り上げる。宿主細胞は，ウイルスやファージ合成の工場のようになる。増殖の方法は，ウイルス粒子を一つずつ完成させるのではなく，ゲノムやタンパク質を宿主細胞内で個別に合成し，それらを部品として，自身を組み立てるものである。完成したウイルスやファージ粒子が一挙に放出され，1 個が数百個あるいはそれ以上に増える（一段増殖）。この量は**バーストサイズ**と呼ばれる。ウイルス感染直後にウイルス粒子が検出されない時期があるのは，この感染とバーストの間の暗黒期に対応する。

感染後，宿主細胞内から独立した粒子として外部に放出され，さらに次の感染サイクルを始める場合と，**プロウイルス**あるいは**プロファージ**として宿主ゲノムに挿入された状態で存在する場合がある。また宿主ゲノムの一部として内在性ウイルスあるいはその痕跡として存在する場合がある。

また，ウイルスには，宿主細胞から出る際に，タンパク質の殻の外側に，宿主細胞の細胞膜を被った**エンベロープ**を持つタイプのものもある。

ゲノムとして RNA をもつウィルスに**レトロウィルス**がある。レトロウイルスは，ゲノム RNA が DNA に変換される。このため，ウイルスゲノムに**逆転写酵素**をコードし，ウイルス粒子内に逆転写酵素を持ち，感染時に宿主に酵素を持ち込み，ウイルスの増殖を可能にする。後天性免疫不全症候群（エイズ AIDS）の原因ウイルスの**ヒト免疫不全ウイルス**（HIV）は，エンベロープを持ち，ゲノムが＋鎖 RNA のレトロウイルスの一種である。ここで，ゲノムが mRNA として機能し得る場合を＋鎖，相補鎖の場合を－鎖と称する。エンベロープを持つウイルスは，宿主細胞から出芽，放出される。

例題 16.1　ウイルスとバクテリオファージの共通の基本成分は何か。

解答　核酸とタンパク質である。

例題 16.2　次の疾患の中から，ウイルスが原因のものを選びなさい。
赤痢，インフルエンザ，麻疹（はしか），流行性耳下腺炎（おたふくかぜ），マラリア，天然痘

解答　インフルエンザ，麻疹，流行性耳下腺炎，天然痘がウイルスによる疾病。なお，赤痢は赤痢菌（細菌），マラリアはマラリア原虫（原生動物）による。

ドリル No.16	Class		No.		Name	

問題　16.1　レトロウイルスの一種であるヒト免疫不全ウイルスは，プラス鎖の一本鎖 RNA（single-stranded RNA，ssRNA）をゲノムとして持つ。タバコモザイクウイルスもプラス鎖一本鎖 RNA をゲノムとして持つ。しかし両者の増殖様式には大きな違いがある。相違点を説明しなさい。

問題　16.2　ウイルスは宿主の系を横取りして自身を作り上げる。しかし，レトロウイルスの増殖に必要な逆転写酵素は，通常の体細胞には存在しないため，宿主の系を使うことができない。レトロウイルスの方策を答えなさい。

問題　16.3　ウイルスやバクテリオファージのゲノムとして，可能性のあるものをあげなさい。

問題　16.4　バクテリオファージの頭部に見られる正三角形が 20 個集まった正二十面体構造は，主に 2 種類の基本タンパク質の組み合わせから成る。1 つは六量体を作るが，もう 1 種類は何を作るタンパク質か。次の(ア)～(オ)から 1 つ選べ。

(ア)　一量体　　(イ)　二量体　　(ウ)　三量体　　(エ)　四量体　　(オ)　五量体

また，正二十面体の頂点を切ると，正三角形の面が正六角形になり，さらに 12 個の正五角形の面が増えた切頂二十面体となる。身の回りでこの構造に近いものを示しなさい。

チェック項目	月　日	月　日
ウィルスとバクテリオファージは，遺伝情報を担う核酸をタンパク質の殻で包み，非細胞性構造であることがいえたか。		

3　生命活動とエネルギー・代謝

3．1　独立栄養生物（autotroph）と従属栄養生物（heterotroph）

動物や植物が自然環境の中で，相互に関わりを保ちながら生きていることがいえる。

生物は外界からいろいろな物質をとり入れて，これをもとにして生きていくのに必要な体の成分を合成している(同化)。一方では，合成された物質や養分としてとり入れた物質を分解し，その際に放出されるエネルギーを利用して生命活動を行っている(異化)。生物体でのこのような物質の合成や分解の過程を**代謝**という(**図 1**)。

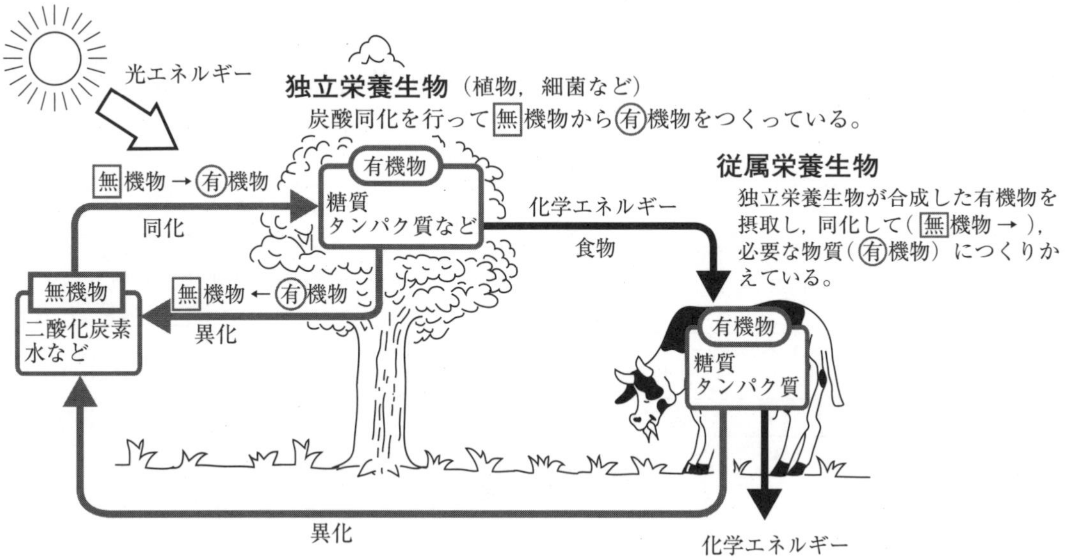

図 1　代謝とエネルギー代謝

緑色植物や一部の細菌は，炭酸同化を行って無機物から有機物を合成している。このような生物を**独立栄養生物**という。

これに対して，動物や菌類および多くの細菌などは，自分で無機物から有機物を合成することができないので，独立栄養生物が合成した有機物を直接または間接に摂取し，これを同化して，それぞれの生物に必要な物質につくりかえている。このような生物を**従属栄養生物**という。

例題 17　次の図は生物をとりまく環境を生態ピラミッドとして示している。底辺に行くほど生物量は多い。これについて，後の設問に答えなさい。

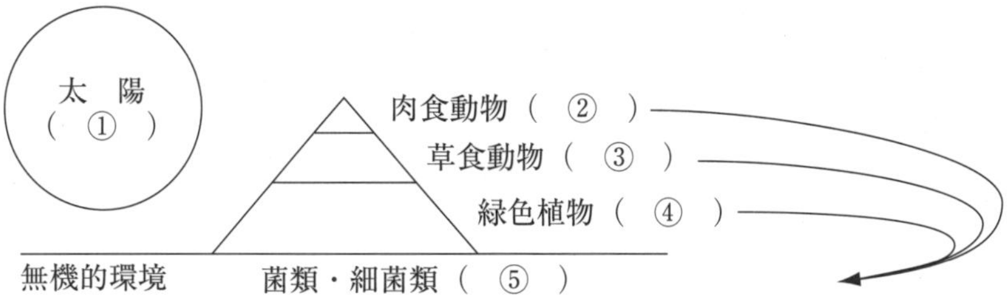

(1)　図中の（　　）にあてはまる適語を語群から選びなさい。
　a.　エネルギー源　b.　生産者　c.　分解者　d.　一次消費者　e.　二次消費者
(2)　無機環境（生物以外の要素）とは，光以外にどのようなものがあるか。4つあげよ。
(3)　環境における緑色植物の働きを簡単に述べよ。

解答　(1)　①a　②e　③d　④b　⑤c　(2)　水，空気，温度，土壌
　(3)　太陽のエネルギーを使って無機物から有機物を合成する。

ドリル No.17	Class		No.		Name	

問題　17.1　代謝とエネルギー代謝について，文中の空欄に適切な言葉を入れよ。

(1)　(①　　　　　)のように炭酸同化し有機物を合成することのできる生物を(②　　　　　)といい，(③　　　　　)のように，自らは有機物を合成できないため他の生物を摂食して生存している生物を(④　　　　)という。

(2)　植物は(⑤　　　　　)エネルギーを吸収して空気中の(⑥　　　　　)と土中の(⑦　　　　　)を用いて無機物から有機物につくりかえている。このように植物の緑葉で行われる有機物の合成の過程を(⑧　　　　　)という。

問題　17.2　次の代謝とエネルギー代謝の模式図の空欄に適切な言葉を入れよ。

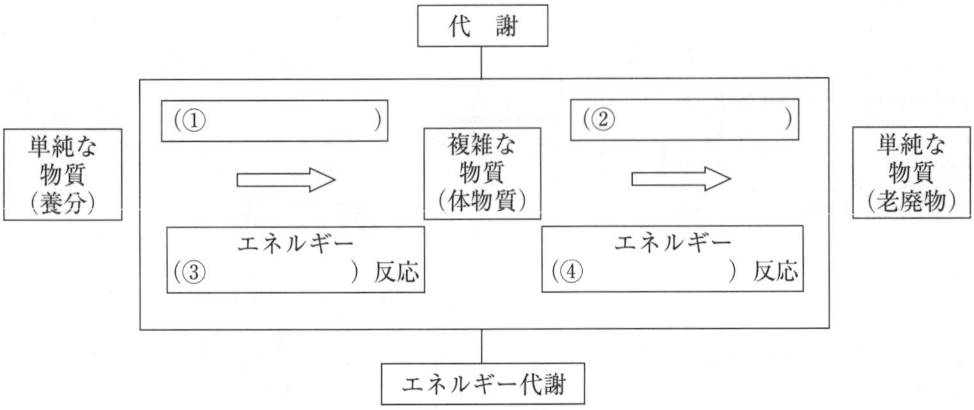

問題　17.3　生物が生活するためには，生物自身のからだの構成物質となり，生活活動のエネルギー源ともなる物質をつくる必要がある。同化のしくみには，大きく分けて，①独立栄養型と②従属栄養型の２つがある。これについて，次の問いに答えよ。

(1)　①，②２つの型のしくみの違いを説明せよ。

①　独立栄養型

②　従属栄養型

(2)　①，②それぞれに属する生物名を１つずつあげよ。

①　独立栄養型生物（　　　　　　　　　）

②　従属栄養型生物（　　　　　　　　　）

(3)　食物連鎖に基づく生態ピラミッドからみた栄養段階では，これら２つの型はそれぞれ何とよばれるか。

①　独立栄養型（　　　　　　　　　　）

②　従属栄養型（　　　　　　　　　　）

チェック項目	月　日	月　日
動物や植物が自然環境の中で，相互に関わりを保ちながら生きていることがいえたか。		

3　生命活動とエネルギー・代謝

3.2　太陽エネルギー（solar energy）

生命活動における太陽エネルギーの役割がいえる。

エネルギーの流れ　植物は，光合成の際，太陽の**光エネルギー**を**化学エネルギー**に変えて，細胞中の有機化合物に取りこむ。この化学エネルギーは，有機化合物にふくまれた状態で，動物に食べられる。生物に取り込まれたエネルギーは，それぞれの生物の活動に使われた後，生物の遺体や排せつ物を通して，細菌類や菌類へ移る。また，これらの全過程で，呼吸作用により，**熱エネルギー**として放出される（**図 1**）。最終的に放出される熱エネルギーは，大気中へ放出された後，赤外線という形で宇宙空間へ逃げる。このように，太陽の光エネルギーは，循環することはない。

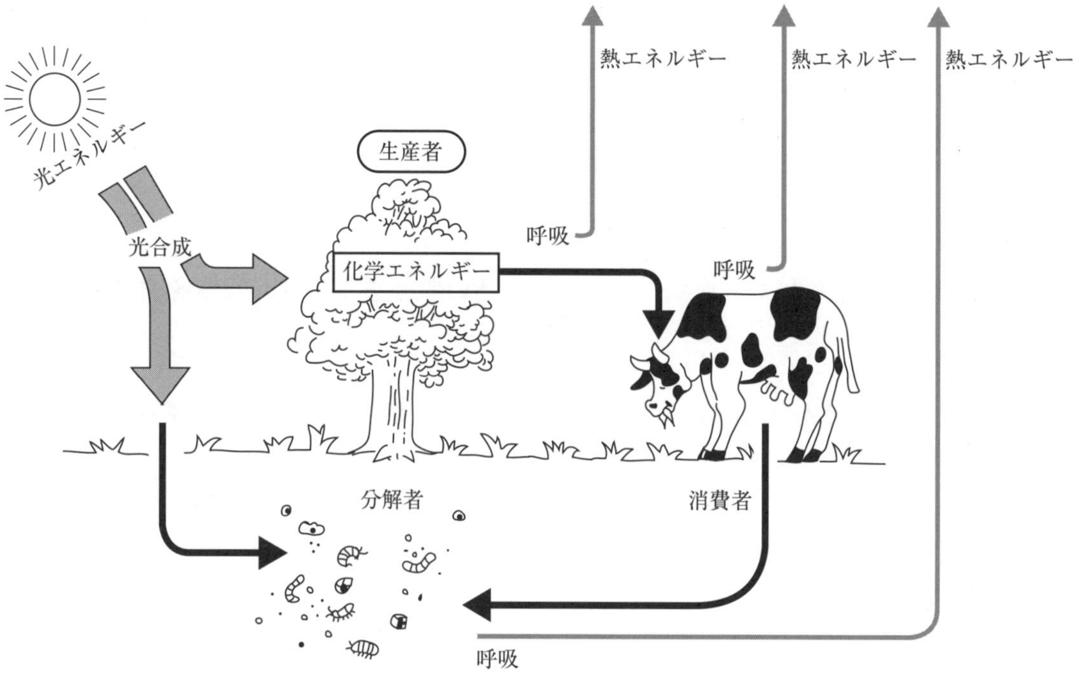

図 1　生態系とエネルギーの流れ

例題 18　次の（　）に適当な語句を入れなさい。

生産者は光合成によって，太陽の（①　　　　）エネルギーを（②　　　　）エネルギーに変換する。それを有機物の中に蓄えている。生態系内ではエネルギーは循環せずに，最終的には（③　　　　）エネルギーとなって生態系外へ放出される。

すなわち，生態系内において，物質の流れにともなってエネルギーも流れていくが，物質は生態系内を（④　　　　）のに対して，エネルギーは（⑤　　　　）。

解答　①　光　②　化学　③　熱　④　循環する　⑤　循環しない

ドリル No.18	Class		No.		Name	

問題　18.1　光-光合成曲線について，文中の空欄に適切な言葉を入れよ。

グラフから，光が弱いと，二酸化炭素吸収速度は(①　　　　)となることがわかる。これは，光が弱いと光合成によって(②　　　　)される二酸化炭素量よりも，(③　　　　)によって(④　　　　)される二酸化炭素量のほうが大きいためである。

光の強さを0からしだいに強くすると，二酸化炭素の出入りがなくなって見かけの光合成速度が0になるところがある。このときの光の強さを(⑤　　　　)という。

光合成速度は光の強さとともに増加するが，ある強さ以上では一定になり，それ以上は増えなくなる。このときの光の強さを(⑥　　　　)という。

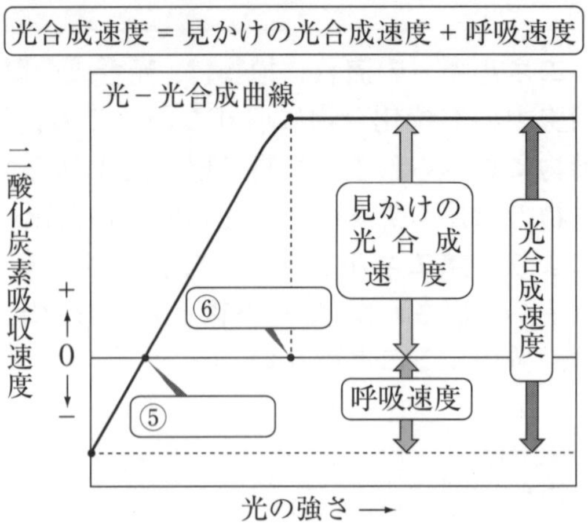

問題　18.2　次の生態系とエネルギーに関する記述の誤りを正して、文章を書き直して、訂正した箇所を下線で示せ。

生産者としての植物は光合成によって，太陽の熱エネルギーを化学エネルギーに変換する。それを有機物の中に蓄えていて，消費者としての動物が消費する。したがって，生態系内ではエネルギーは循環していて，最終的には生物の体内から熱エネルギーとなって大気中（生態系内）に放出される。

問題　18.3　日当たりのよい所でよく生育する陽生植物と，日陰で生育する陰生植物について，下記の表を完成させよ。

空欄に，大・小・高・低 の語を入れよ。

陽生植物と陰生植物の比較

	陽生植物	陰生植物
補償点		
呼吸速度		
光飽和点		
光合成速度（強光下）		

チェック項目	月　日	月　日
生態系におけるエネルギーの変遷がいえたか。		

生体内のエネルギー代謝ではATPという物質が重要な働きをしていることがいえる。

生体内のエネルギー代謝では，**ATP**（アデノシン三リン酸）とよばれる物質がその仲立ちとして働いている。ATPは**アデニン（塩基）**と**リボース**（糖）が結合したアデノシンにリン酸3個が直列に結合した化合物で，リン酸どうしの結合が切れると多量のエネルギーを放出する（**図1**）。このリン酸どうしの結合を**高エネルギーリン酸結合**という。

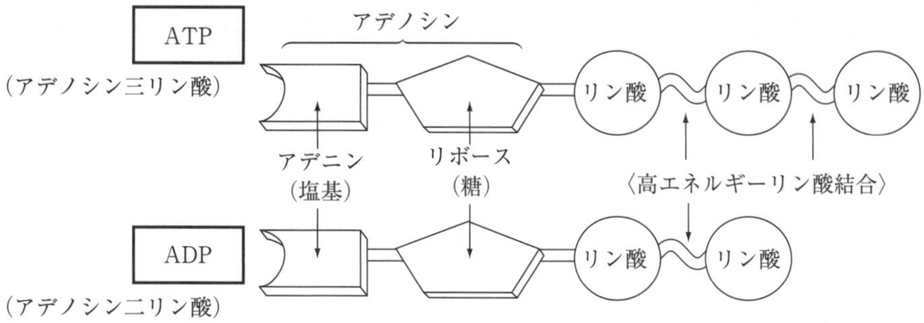

図1　ATPとADP

ATPは，生体内での物質の合成・筋収縮・能動輸送に使われるほか，発電や発光などさまざまな生活活動にエネルギーを直接供給する物質であり，生物界に広く通用する「エネルギーの通貨」にたとえられ，エネルギー代謝に重要な役割を果たしている（**図2**）。

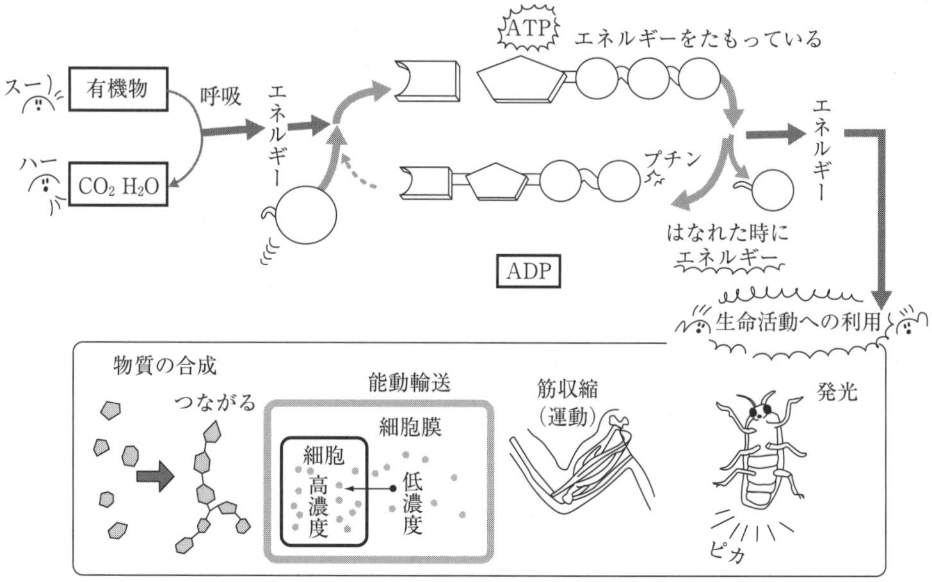

図2　エネルギーの通貨

例題 19　次の文中の空欄に適語を入れよ。

ATPは，（①　　　　）という塩基とリボースという糖が結合した（②　　　　）に，（③　　　　）が3分子結合した高エネルギーリン酸結合をもつ物質で，ADPとリン酸からエネルギーを吸収または消費して合成される。ATPのエネルギーは，筋肉運動の機械的エネルギー，体物質の合成の（④　　　　）エネルギー，体温維持の（⑤　　　　）エネルギーなどに変換され，種々の生命活動に利用される。

解答　①　アデニン　　②　アデノシン　　③　リン酸　　④　化学　　⑤　熱

ドリル No.19	Class		No.		Name	

問題　19.1　右の図は，生物における物質の代謝とエネルギーの流れの模式図である。空欄①～⑪に適する語を選択肢から選んで入れよ。ただし，同じものを何回選んでもよい。

〈選択肢〉

同化，異化，化学エネルギー，光エネルギー，ATP，ADP，有機物，無機物

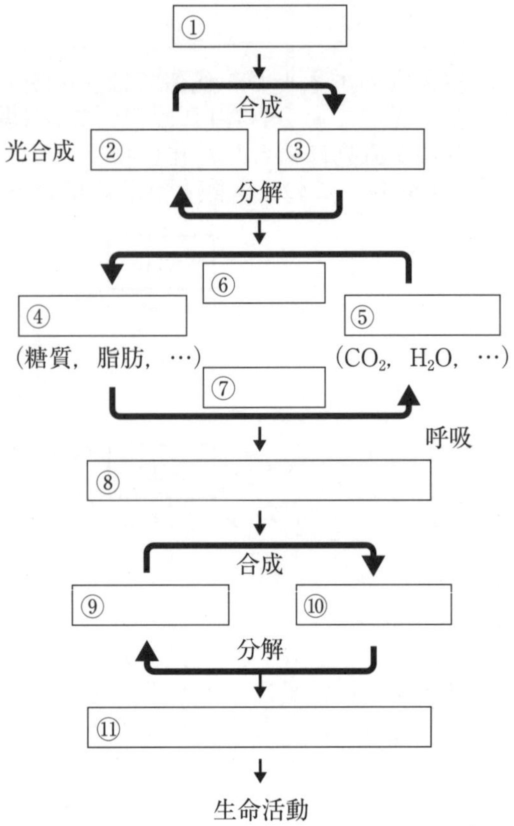

問題　19.2　下図はATPの構造を示している。各問いに答えよ。

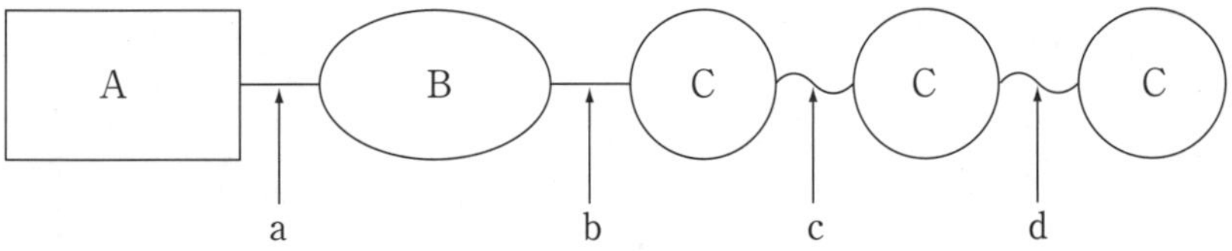

(1)　ATPの化学物質としての正式な名称は何か。(答　　　　　　　　　　　　)

(2)　A～Cにあてはまる物質名を語群から選べ。

〈語　群〉リボース，デオキシリボース，アデノシン，アデニン，リン酸，ヌクレオチド

(A；　　　　　　　　)　(B；　　　　　　　　)　(C；　　　　　　　　)

(3)　AとBを合わせて何というか。(2)の選択肢から選べ。(答　　　　　　　　　　　　)

(4)　多量のエネルギーを蓄えることができる図のcとdの結合を何というか。(答　　　　　　)

(5)　ATPが分解して生じる物質名を2つあげよ。(答　　　　　　　　　　　　)

チェック項目	月　日	月　日
生命活動に必要なエネルギーをつくりだす過程がいえたか。		

3.4　光　合　成（photosynthesis）

光合成は光に依存する反応と光に依存しない反応があり，相互に関連していることがいえる。

緑色植物や藻類の光合成は，細胞内の**葉緑体**に含まれる**クロロフィル**などの光合成色素により光エネルギーを吸収し，二酸化炭素 CO_2 と水 H_2O から**グルコース**（ブドウ糖）$C_6H_{12}O_6$ を合成し，酸素 O_2 を放出する反応である。グルコースは，さらにショ糖やデンプンへと合成される。原核生物であるシアノバクテリア（藍藻）の光合成は同様の反応であるが，葉緑体は持たないので細胞内のチラコイドを含め細胞全体で行われる。

光合成反応は光に依存する光化学系と，光に依存しない反応から成る。光化学系は，さらに系Ⅱと系Ⅰ，**電子伝達系**に分けられる（**図 1**）。縦軸は酸化還元電位を表し，上方ほど低く，エネルギーは高い。系Ⅱではクロロフィルが光で励起されると水分子が分解され，電子 e^- とプロトン H^+，それに酸素 O_2 が生成される。続く系Ⅰでは，もう一度光で励起される。これらの過程は葉緑体中の**チラコイド**上で行われ，還元力（NADPH）と ATP が生成される。葉緑体内の**ストロマ**では，チラコイド上で生成された NADPH と ATP を利用して，**カルビン回路**により CO_2 が還元されて，最終的にグルコースになる（C_3 植物）（**図 2**）。

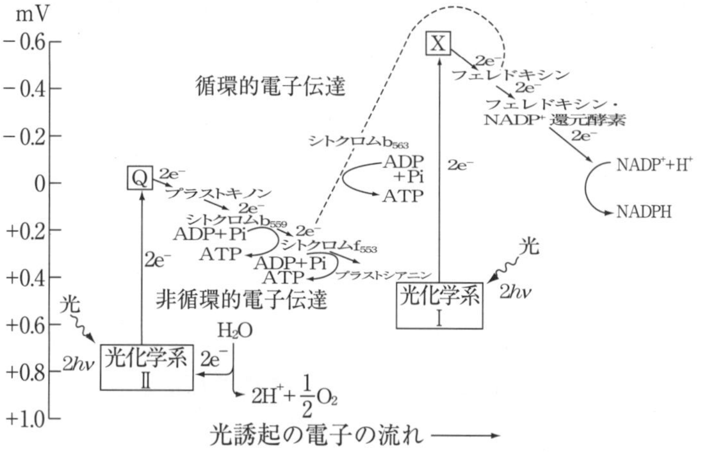

図 1　光合成の光化学系（葉緑体のチラコイド上）

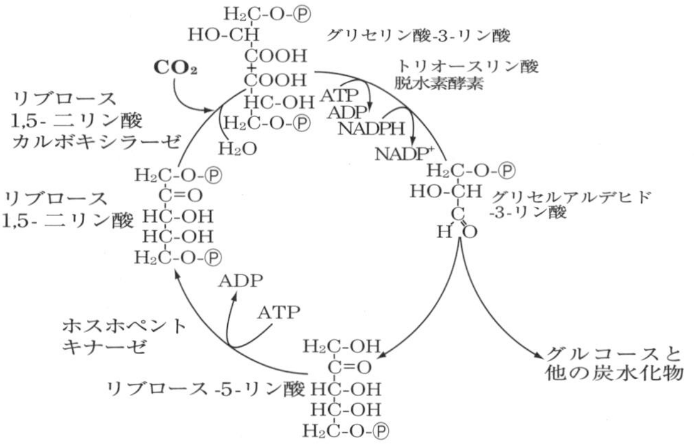

図 2　光合成のカルビン回路（葉緑体のストロマ内）
（出典：遠山益著『図説生物の世界三訂版』，裳華房）

トウモロコシやサトウキビなど熱帯地方原産の植物は C_4 植物といって，カルビン回路の他に **C_4 回路**を持ち，高温や乾燥で CO_2 濃度が不足しがちな環境でも有機物生産を低下させないようにしている。

紅色硫黄細菌などの光合成細菌の光合成では，緑色植物や藻類と異なり，光により水分子を分解する代わりに硫化水素分子 H_2S を分解するので酸素は発生しない。光合成色素はクロロフィルではなく，**バクテリオクロロフィル**である。

例題 20　光合成反応は，エネルギー代謝という観点で見ると，どのように説明できるか。

解答　光合成は，緑色植物が光エネルギーを利用してグルコースなどの有機物を生成する反応であるので，光エネルギーを化学エネルギーに変換する反応と見ることができる。

ドリル No.20	Class		No.		Name	

問題 20.1 光合成の一般式を示し，光合成に必要な物質と最終的に生成される物質について述べなさい。

問題 20.2 光化学系ⅠとⅡの過程で，ATP が生成される仕組みについて述べなさい。また，その ATP はどのような反応に利用されるか述べなさい。

問題 20.3 葉緑体のストロマ内で起きる反応は，CO_2 がグルコース $C_6H_{12}O_6$ に還元される過程である。この還元力はどのように供給されたか述べなさい。

問題 20.4 光合成速度は，学校などで簡易装置を使う場合，どのようにして測定するか述べなさい。

問題 20.5 シアノバクテリア（藍藻）と光合成細菌（紅色硫黄細菌）の光合成反応を比較し，相違点について述べなさい。

チェック項目	月　日	月　日
光合成は光に依存する反応と光に依存しない反応があり，相互に関連していることがいえたか。		

3　生命活動とエネルギー・代謝　　3.5　呼　吸（respiration）

好気呼吸と嫌気呼吸の特徴を区別し，呼吸の仕組みがいえる。

　動物は一般に，肺や鰓《えら》などによって酸素を吸収し，二酸化炭素を排出する。とり入れられた酸素は，それぞれの細胞に運ばれる。動物や植物の細胞内のミトコンドリアでは，酸素は有機物質の分解に使われる。その際，有機物中に貯えられていた化学エネルギーがとり出される。この過程を**細胞呼吸**という。

　細胞によって分解される有機物は呼吸基質とよばれ，各細胞ではとり出されたエネルギーを使って ATP が合成されている。このように酸素を利用する細胞呼吸を**好気呼吸**という。好気呼吸は，**解糖系**，**クエン酸回路**，**電子伝達系**の三つの反応過程に分けられる（**図 1**）。

① **解糖系**（細胞質基質）

$C_6H_{12}O_6$（グルコース）→ $2C_3H_4O_3$（ピルビン酸）＋ 4H　（2ATP）

② **クエン酸回路**（ミトコンドリアのマトリクス）

$2C_3H_4O_3$（ピルビン酸）＋ $6H_2O$ → $6CO_2$ ＋ 20H　（2ATP）

③ **電子伝達系**（ミトコンドリアの内膜）

20H ＋ $6O_2$ → $12H_2O$　（34ATP）

①，②，③をまとめた好気呼吸の収支

$C_6H_{12}O_6$（グルコース）＋ $6O_2$ ＋ $6H_2O$ → $6CO_2$ ＋ $12H_2O$　（38ATP）

図1　好気呼吸の反応段階　各反応段階の始めと終わりで示してある。

グルコース		酸素		水		二酸化炭素		水		エネルギー
$C_6H_{12}O_6$	＋	$6O_2$	＋	$6H_2O$	→	$6CO_2$	＋	$12H_2O$	＋	38ATP

　細胞呼吸には酸素を利用しない**嫌気呼吸**がある。

　乳酸菌は，ヨーグルトや漬物の製造などに利用されており，グルコースを乳酸に変える**乳酸発酵**を行って ATP を生成する。

グルコース		乳酸		エネルギー
$C_6H_{12}O_6$	→	$2C_3H_6O_3$	＋	2ATP

　菌類の**酵母**は，酒類の製造やパンをふくらませるのに利用され，酸素がないときにはグルコースをエタノールと二酸化炭素に分解する**アルコール発酵**を行って ATP を生成する。

グルコース		エタノール		二酸化炭素		エネルギー
$C_6H_{12}O_6$	→	$2C_2H_6O$	＋	$2CO_2$	＋	2ATP

　乳酸発酵，アルコール発酵ともに，グルコース 1 分子はピルビン酸 2 分子に変化する。このピルビン酸までの過程は解糖系とよばれ，好気呼吸と共通の過程である。

例題 21　呼吸によってグルコースが完全に分解される過程の反応全体をまとめた下の式の空欄に下記の語群から適当なものを選び，記号を入れよ。

（①　　　）（グルコース）＋（②　　　）→（③　　　）＋（④　　　）

（⑤　　　）＋（⑥　　　）→（⑦　　　）

ア　H_2O　　イ　CO_2　　ウ　O_2　　エ　$C_6H_{12}O_6$　　オ　リン酸
カ　DNA　　キ　ADP　　ク　ATP

解答　①　エ　②　ウ　③　ア，イ　④　イ，ア　⑤　オ，キ　⑥　キ，オ　⑦　ク
呼吸は，ふつう酸素を使って有機物を二酸化炭素と水に分解する働きで，その過程で ADP とリン酸から ATP がつくられる。

ドリル No.21	Class		No.		Name	

問題　21.1　呼吸に関する記述の空欄を埋めて完成させよ。

(1)　酸素を用いてグルコースなどの(①　　　　　)を(②　　　　　)にまで分解し，そのとき解放されたエネルギーを用いてATPを生成する働きを(③　　　　　)といい，(④　　　　　)・(⑤　　　　　)・(⑥　　　　　)の3段階に分けられる。

(2)　酸素がない環境条件のもとで，グルコースなどの有機物を分解してエネルギーを取り出す働きを(⑦　　　　　)といい，(⑧　　　　　)や(⑨　　　　　)などがある。

(3)　呼吸によって分解される物質を(⑩　　　　　)といい，主に炭水化物と脂肪が使われるが，それらが不足すると，(⑪　　　　　)が用いられる。好気呼吸で発生する二酸化炭素と消費した酸素の体積比（CO_2 ／ O_2）を(⑫　　　　　)という。

問題　21.2　呼吸の反応に関する次の問いに答えよ。

(1)　次の図の空欄に適語を入れよ。

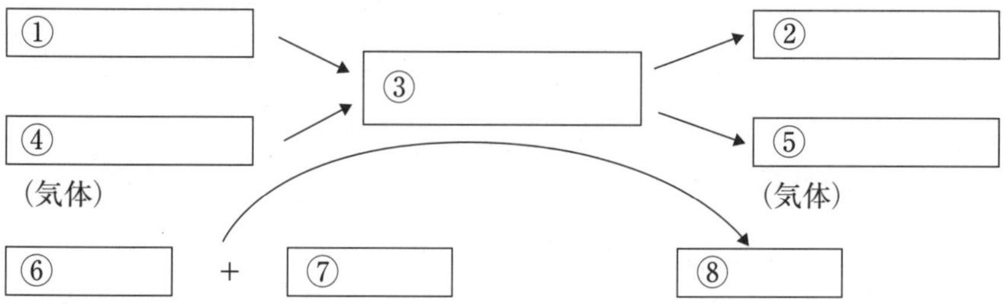

〔注〕　③は真核生物の細胞内で呼吸の反応を行う細胞小器官である。⑥～⑧はエネルギー生成系である。

(2)　呼吸によって分解される上図の ① にはいろいろなものがある。

⑨　呼吸によって分解される①は何と総称されるか。(　　　　　　　　　)

⑩　呼吸によって分解される①として代表的な物質は何か。(　　　　　　　　　)

⑪　⑩の物質の化学式を書け。(　　　　　　　　　)

問題　21.3　図は呼吸に関する細胞小器官の構造の断面図を模式的に示している。

(1)　この細胞小器官の名称を答えよ。(①　　　　　)

(2)　図の②～⑤の名称を図中（　　　　　）の内に記せ。

ただし，④は②の膜が内部に向かってひだ状に落ち込んだ構造を示している。.

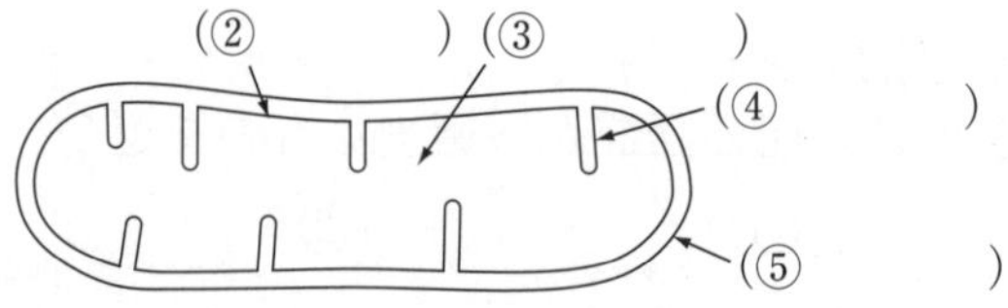

(3)　有機物が完全に分解される呼吸の過程と燃焼の過程の違いについて，簡単に説明せよ。

チェック項目	月　日	月　日
呼吸の種類とその機構がいえたか。		

3.6　クロロフィル（chlorophyll）と光合成色素（photosynthetic pigment）

光合成色素には，クロロフィル類の他にカロテノイドやフィコビリン色素などの補助色素があり，さまざまな波長領域の光を吸収することがいえる。

緑色植物の光合成では，光エネルギーを吸収する**光合成色素**として緑色の**クロロフィル**を利用する。クロロフィルにはクロロフィル a, b, c などがあり，その分布は生物の種類によって異なる。緑色植物と緑藻はクロロフィル a と b を持っているが，褐藻類や珪《ケイ》藻類などはクロロフィル a と c を，紅藻類や藍《ラン》藻類（シアノバクテリア）はクロロフィル a しか持たない。これらの色素は葉緑体中の**チラコイド**という膜構造に含まれている。光合成細菌ではクロロフィルではなく，バクテリオクロロフィルを持っている（**表 1**）。

陸上植物や藻類は補助色素として，カロテノイド類のカロテン（橙色）やキサントフィル（黄色）をもつ。紅藻類や藍藻類はクロロフィル a の他にフィコビリン色素である紅色のフィコエリトリンや青色のフィコシアニンをもつので，紅色や青緑色に見える（表 1）。

クロロフィルはポルフィリン環の中心部にマグネシウムを配位し，フィトールという 21 個の炭素鎖を持つ（**図 1**）。葉緑体のチラコイド上にあり，短波長（青色光）と長波長（赤色光）の光をよく吸収する。補助色素類は，さらに，さまざまな波長領域を吸収し，それらの吸収エネルギーはクロロフィル a の反応中心に移され，光化学系，電子伝達系へと移行する。

クロロフィル a　$R=CH_3$
クロロフィル b　$R=CHO$

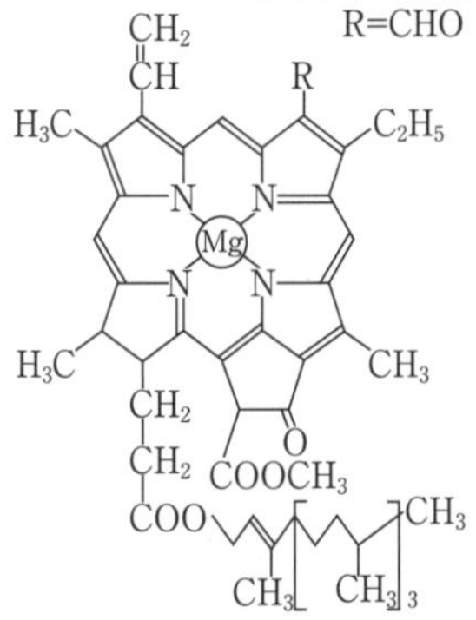

図 1　クロロフィルの構造

表 1　光合成色素の種類と分布　（○は存在を示す）

色素		色	植物	緑藻類	褐藻類	ケイ藻類	紅藻類	ラン藻類	光合成細菌
クロロフィル（葉緑素）	a	青緑	○	○	○	○	○	○	
	b	黄緑	○	○					
	c	緑			○	○			
	バクテリオクロロフィル	紫緑							○
カロテノイド	カロテン	橙	○	○	○	○	○	○	
	キサントフィル	黄	○	○	○	○	○		
フィコビリン	フィコエリトリン	紅					○	○	
	フィコシアニン	青					○	○	

C3 植物には，クロロフィル a とクロロフィル b がおよそ 3：1 の割合で含まれている。
カロテノイドとフィコビリンは，集光を補助する働きをもつので，補助色素とも呼ばれる。カロテンには α カロテン，β カロテンなどがある。
キサントフィルには，ルテイン，フコキサンチンなどがある。

例題 22　植物の葉は，肉眼では緑色に見えるのはなぜか。

解答　植物細胞の葉緑体に含まれるクロロフィルは，短波長（青色光）や長波長（赤色光）の光を吸収するが，その他の緑色光などは反射・透過するので，肉眼では緑色に見える。

ドリル No.22	Class		No.		Name	

問題　22.1　光合成を行う生物は，光合成細菌を除いてすべてクロロフィル a を持っているが，それはなぜか。

問題　22.2　ワカメやコンブなどの褐藻類は褐色に見えるが，それはなぜか。

問題　22.3　秋にモミジなどのカエデ類の葉が紅葉し，イチョウの葉が黄葉するが，それらの現象はどのように説明できるか。

問題　22.4　陸上植物では，光合成色素は葉の細胞にある葉緑体中に存在しているが，藍藻（シアノバクテリア）の細胞では，どのように存在しているか。

問題　22.5　レタスなどの野菜を人工の液体肥料を用い，LED ライトの青色，赤色単独，あるいは両方の光を適量あてて栽培したとき，野菜は育つか。また，蛍光灯を緑色のセロファンで被ってから光を当てたとき，野菜は育つだろうか。また，その理由を述べなさい。

チェック項目	月　日	月　日
光合成色素には，クロロフィル類の他にカロテノイドやフィコビリン色素などの補助色素があり，さまざまな波長領域の光を吸収することがいえたか。		

3.7 ヘモグロビン (hemoglobin)

脊椎動物における組織への酸素の運搬についていえる。

ヘモグロビンは脊椎動物の赤血球に含まれるタンパク質で，酸素と結合して，からだの各組織へ酸素を運んでいる。

ヘモグロビンは，O_2 分圧が高く，CO_2 分圧が低い肺では酸素と結合しやすく，O_2 分圧が低く，CO_2 分圧が高い肺以外の組織では酸素と離れやすい性質をもっている。そのため，肺から酸素を他の組織へ運搬することができる。酸素と結合したヘモグロビンは鮮やかな赤色の**酸素ヘモグロビン**となり，酸素を離したヘモグロビンは暗赤色にもどる。

$$\text{ヘモグロビン (Hb)} + O_2 \underset{\text{組織}}{\overset{\text{肺胞}}{\rightleftarrows}} \text{酸素ヘモグロビン } (HbO_2)$$

（暗赤色）　　　　（鮮紅色）

肺以外の組織では，酸素を消費して二酸化炭素を放出する呼吸が行われており，放出された二酸化炭素は，そのほとんどが重炭酸イオンとなって血漿《けっしょう》中に溶けて肺まで運ばれる。

肺胞で A%の HbO_2 が生じ，ある器官での酸素ヘモグロビンの割合が B%であれば，(A − B) %に相当する HbO_2 が O_2 を解離して組織に O_2 を与える(**図 1**)。

古くなった赤血球や異常な赤血球は，主に脾臓《ひぞう》と肝臓で分解される。ヘモグロビンは脾臓で**ヘム**（色素体）と**グロビン**（タンパク質）に分解される。ヘムから Fe がはずれ，酸化されてビリルビン（胆汁色素）となり排泄される。Fe は骨髄に運ばれて赤血球形成に使われる。

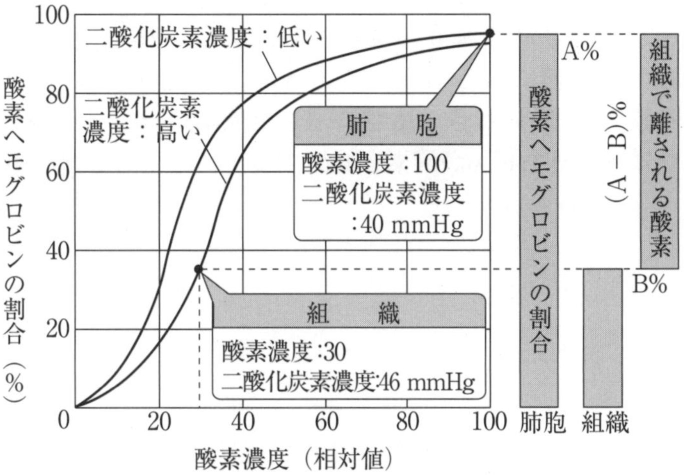

図 1　酸素解離曲線

横軸の酸素濃度を（相対値）としているが，一般には単位を〔mmHg〕として表す。

例題 23　上のグラフは，ヒトの血液中のヘモグロビンが酸素と結合する割合を示している。O_2 分圧が 100 mmHg，CO_2 分圧が 40 mmHg の動脈血が，ある器官を通って静脈に出てきた時，血液中の酸素は，血液 100 mL あたり 6 mL であった。この時の静脈血の CO_2 分圧が 46 mmHg であった。なお，血液は 100 mL あたり最大 15 mL の酸素と結合できるものとする。

(1)　この静脈血の O_2 分圧はおよそ何 mmHg になるか。

(2)　この器官を通る間に動脈血にあった酸素ヘモグロビンの何%が酸素を離したか。答は四捨五入して整数で答えよ。

解答 (1)　およそ 30 mmHg　　(2)　68 %

(1)　静脈血の酸素ヘモグロビンの割合は，(6 ÷ 15) × 100 = 40 %となる。組織での酸素解離曲線で酸素ヘモグロビンの割合が 40 %になるのは，グラフからおよそ 30 ～ 31 %と読み取れる。

(2)　動脈血にあった酸素ヘモグロビンの割合はグラフよりおよそ 95%と読み取れる。酸素を離したヘモグロビン（95 − 30 = 65 %）の割合は，(65 ÷ 95) × 100 = 68.4 % になる。

ドリル No.23	Class		No.		Name	

問題　23.1　表はヒトの血液の組成と主な働きを示している。空欄①～⑩を埋めよ。

成　分	核の有無	数〔/mm^3〕または成分	働　き
赤血球	②	男　410万～530万 女　380万～480万	⑦
白血球	③	4000～9000	⑧
血小板	④	20万～40万	⑨
①	⑤	⑥	⑩

問題　23.2　ある哺乳類の母体bと胎児aのヘモグロビンの酸素解離曲線で，測定時の二酸化炭素濃度は，この哺乳類の胎盤と同じ濃度とした。母体の血液の酸素ヘモグロビンの割合は，胎盤に入る前96%であった。胎盤の酸素濃度が30のとき，胎盤に達した酸素ヘモグロビンのうち何%が酸素を放出するか。

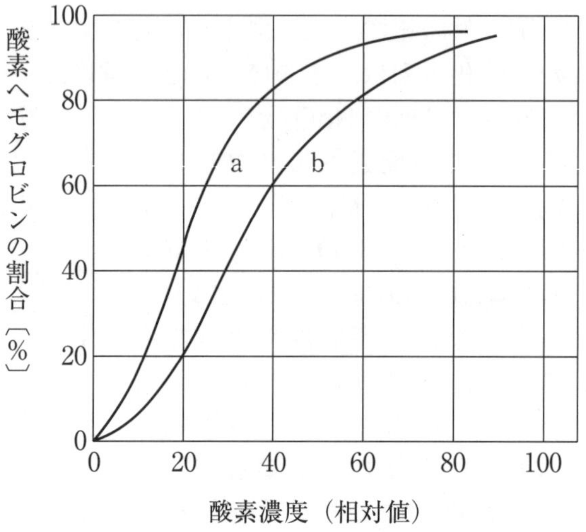

問題　23.3　ヘモグロビンに関する記述について，空欄①～⑫を埋めて完成せよ。

ヘモグロビンは酸素と結合すると，その色は（①　　　　）から（②　　　　）に変わる。ヘモグロビンはO_2分圧が高く，CO_2分圧が低い肺では（③　　　　）と結合しやすく，O_2分圧が低く，CO_2分圧が高い肺以外の組織では（④　　　　）と離れやすい。

赤血球の寿命は（⑤　　　　）で，主に（⑥　　　　）と（⑦　　　　）で分解される。ヘモグロビンは，（⑥　　　　）で（⑧　　　　）（色素体）と（⑨　　　　）（タンパク質）に分解される。（⑧　　　　）から（⑩　　　　）がはずれ，酸化されて（⑪　　　　）となって，（⑦　　　　）から十二指腸へ排出される。（⑩　　　　）は（⑫　　　　）に運ばれて赤血球形成に使われる。

チェック項目	月　日	月　日
ヘモグロビンの酸素解離曲線を読み取ることができたか。		

3.8 消化 (digestion)・吸収 (absorption)

動物における消化と吸収についていえる。

消化とは，生物が体外の有機物を自分の栄養とするために**吸収**できるように，より低分子の状態に分解することである。

動物や菌類は，自分以外の生物などの有機物を取り込んで生活している。しかし，生物や遺体などを構成する有機物には細胞膜を透過するには大きすぎるものが多いため，それらの物質を低分子に分解する必要がある。この働きが消化である。

さて，消化を行うためには，まずは，有機物を小さく砕く必要がある。多くの動物では，**咀嚼**《そしゃく》という機械的消化が行われる。そして消化器に運ばれ，**消化酵素**を分泌し有機物を分解する。

人間の場合は，次のような臓器(**図 1**) で消化酵素により化学的消化が行われる。

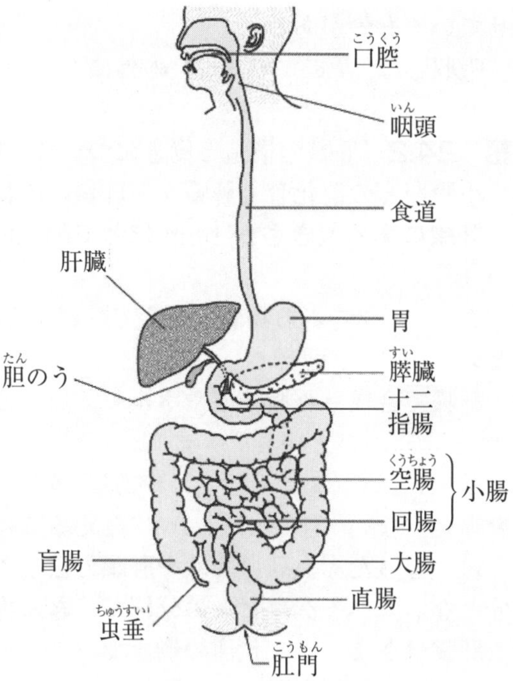

図 1 ヒトの消化器系

唾液《だえき》：唾液に含まれるアミラーゼによってデンプンがマルトースとデキストリンに分解される。米をかみ続けると甘く感じるのはマルトースの影響である。

胃液：胃液に含まれるペプシノーゲンが塩酸と反応してペプシンとなり，タンパク質をペプトンに分解する。

胆汁：胆汁は脂肪を乳化し，消化しやすくする。

膵《すい》**液**：膵液はアミラーゼ，マルターゼ，トリプシン，ペプチダーゼ，リパーゼなどの消化酵素を含み，三大栄養素全ての消化に関わる。アミラーゼがデキストリンをマルトースに分解し，さらにマルターゼがマルトースをグルコースに分解する。トリプシンがペプトンをアミノ酸に分解し，ペプチダーゼがポリペプチドをアミノ酸に分解する。リパーゼが脂肪をグリセリンと脂肪酸に分解する。

腸液：腸液に含まれるマルターゼがマルトースをグルコースに分解する。また，スクラーゼがスクロースをフルクトースとグルコースに分解する。また，ラクターゼがラクトースをグルコースとガラクトースに分解する。

ところで，ある種の動物では自らは消化できないものを分解するために，腸内に微生物などを共生させているものがある。この場合，その動物は微生物に分解させた物質を吸収し栄養としている。

例題 24 次の物質は消化により，一般的にどのような物質になるか。

(1) 糖質　(2) タンパク質　(3) 脂肪

解答 (1) グルコース (2) アミノ酸 (3) 脂肪酸・グリセロール

ドリル No.24	Class		No.		Name	

問題　24.1　消化器系について空欄①～⑤を埋めなさい。

(1)　消化には，（①　　　　）や（②　　　　）などの機械的なものと，（③　　　　）などの化学的なものがある。また，自らは消化できないものを分解するために，微生物などを（④　　　　）させているものがある。

(2)　吸収とは，（⑤　　　　）の外にある物質を（⑤　　　　）内に取り込む過程である。

問題　24.2　肝臓の構造と働きについて，空欄①～⑨を埋めなさい。

(1)　小腸などの消化管と脾臓から肝臓へ流れ込む血管を（①　　　　）という。

(2)　肝臓にある大きさが1mmほどで約50万の肝細胞が集まった基本単位を（②　　　　）という。

(3)　グルコースをある物質に変えて貯蔵することで血糖量の調節に働く。その物質は（③　　　　）という。

(4)　肝臓で合成され脂肪酸やホルモンなどと結合し，これらを全身に運ぶ血漿中のタンパク質を（④　　　　）という。

(5)　肝臓には，（⑤　　　　）がある。タンパク質やアミノ酸の分解で生じる体に有害な（⑥　　　　）を害の少ない（⑦　　　　）に変えることもこの働きの一つである。

(6)　古くなった赤血球は脾臓や肝臓で破壊され，赤血球中のヘモグロビンの分解産物は胆汁の成分となる。ヘモグロビンの分解でできる物質を（⑧　　　　）という。

(7)　肝臓はさまざまな代謝の働きで（⑨　　　　）を発生し，これが体温維持に役立っている。

問題　24.3　消化と吸収について空欄①～⑬を埋め，次の表を完成させよ。

	消化〈消化酵素〉	吸収{吸収する細胞}	【輸送経路】
［糖質（デンプン，グリコーゲン）］	〈（①　　　　）〉等 →	（③　　　　） {単糖（②　　　　）}	→ ［（④　　　　）］
［タンパク質］	〈（⑤　　　　）〉等 →	（⑦　　　　） （⑥　　　　）	→ ［（⑧　　　　）］
［脂質（脂肪）］	〈（⑨　　　　）〉等 →	（⑫　　　　） {（⑩　　　　） （　　　　） （⑪　　　　）}	→ ［（⑬　　　　）］

チェック項目	月　日	月　日
消化器系の一連の機能を整理していえたか。		

3　生命活動とエネルギー・代謝

3.9　異化（catabolism）と同化（anabolism）

代謝について理解し，異化と同化についていえる。

生物は，生きていくために，体外から必要な物質を取り入れ，それを分解したり，さまざまな形に作り替えている。生体内における物質のこの化学変化を**代謝**という。代謝に伴って，エネルギーが生命体の内外に出入りしたり，その形態が変化したりすることがある。このことをエネルギー代謝という。

代謝は**同化**と**異化**に大別される（**図1**）。

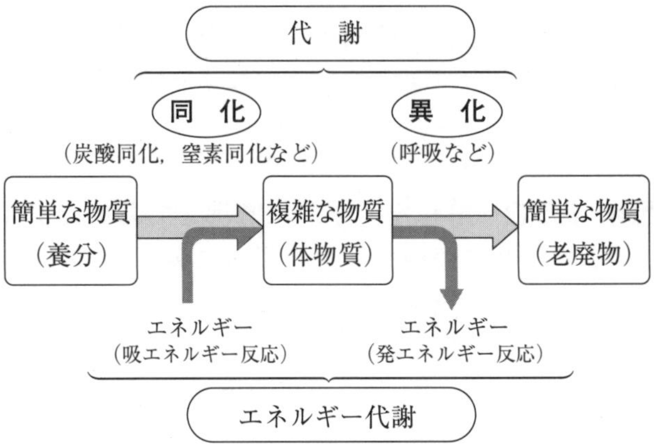

図1　代謝と異化・同化

同化とは，比較的単純な物質から，からだに有用で複雑な物質を合成する反応をいう。同化の具体例は，炭酸同化（光合成や化学合成）・窒素同化である。同化はエネルギーを消費する過程である（**表1**）。

一方，異化は，比較的複雑な物質を分解して，単純な物質を生成する反応のことをいう。異化の具体例は，好気呼吸や嫌気呼吸である。好気呼吸は，酸素を必要とする反応，嫌気呼吸は，酵母によるアルコール発酵や乳酸菌による乳酸発酵など，酸素を必要としない反応である。異化はエネルギーを発生する反応である（**表1**）。

表1　異化と同化の比較

	異　　化	同　　化
反応の進行	複雑な物質 →単純な物質	単純な物質 →複雑な物質
エネルギー	エネルギーを発生	エネルギーを消費
例	好気呼吸 嫌気呼吸（アルコール発酵や乳酸発酵）	炭酸同化（光合成や化学合成） 窒素同化

例題 25　次の問いに答えよ。

(1)　異化の具体的な例をあげよ。

(2)　同化の具体的な例をあげよ。

解答 (1)　好気呼吸，嫌気呼吸

(2)　炭酸同化（光合成や化学合成），窒素同化

ドリル No.25	Class		No.		Name	

問題　25.1　次の窒素の循環について述べた記述の空欄①～④に適語を入れよ。

土壌中の無機窒素化合物は，生産者による（①　　　　　）で有機窒素化合物となって利用される。さらに，根粒菌やシアノバクテリアなどによる（②　　　　　）の働きによって，大気中の窒素がアンモニウムイオンに変えられえる。さらには，（③　　　　　）によって硝酸イオンに変えられる。また，土壌中の（④　　　　　）によって無機窒素化合物が分解されて窒素を生成し，大気に放出される。

問題　25.2　酵母を，事前に煮沸しておいたグルコース溶液中でアルコール発酵の実験を行った。このことについて，次の問いに答えよ。

(1)　発酵の際に発生する気体は何か。

(2)　発酵液に NaOH とヨウ素溶液を加えて加熱すると何を検出できるか。

(3)　用いるグルコース溶液を事前に煮沸しておく理由は何か。

問題　25.3　炭酸同化について下記の問いに答えよ。

(1)　炭酸同化に光エネルギーを利用する場合を何というか。

(2)　1770 年代に行ったプリーストリーとインゲンホウスの実験について，下表の空欄を埋めよ。

２つの密閉容器，緑色植物，燃えているろうそく，ネズミ，明るい所・暗い所を準備して，下記の組合せで実験を行った。

結果欄には，ろうそくが燃え続ける場合は「○」／まもなく消える場合は「×」を，ネズミが生き続ける場合は「○」／まもなく死ぬ場合には「×」を予測せよ。この結果より，緑色植物の酸素放出の有無を考察せよ。

実　験	緑色植物の有無	明るさ	被検体	結　果	酸素放出
A	無	明	ろうそく		
			ネズミ		
B	有	明	ろうそく		
			ネズミ		
C	有	暗	ろうそく		
			ネズミ		

(3)　上の実験Ｂで光エネルギーの他に必要なものを２つあげよ。

(4)　上の実験Ｂで生成されるものを２つあげよ。

チェック項目	月　日	月　日
異化・同化に関わる現象や反応が説明いえたか。		

4　遺伝・遺伝子・遺伝情報の発現

4.1　メンデルの法則（Mendel's law）

優性（dominant）・劣性（recessive）の概念，減数分裂での配偶子の分離，異なる染色体上の遺伝子は連鎖せず独立であることがいえる。

1865 年**グレゴール・メンデル**（Gregor Mendel）によって発表された**遺伝の法則**では，遺伝子の概念が提唱された。染色体や細胞分裂に関する知見が乏しい時代に，統計的解析を用いた先駆的研究であった。マメ科エンドウ（$2n$=14）を実験材料に選び，まず自家受精を繰り返し，7 対の対立形質に関して遺伝的背景の等しい**純系**を確立した。これら純系を，交配実験に用い，何百株，何千粒，という対象を解析して数学的に処理した。メンデルは「1 万株以上」を調べたと自著で述べている。

解析に用いた形質のうち，2 対は子葉の色や形に関するもので，交配後，結実した種子の観察から表現型を明らかにできる。他の 5 対の形質，種皮や莢《さや》の色や形，花の付き方，草丈などは種子を蒔いて植物体を育てなければ観察出来ないのに比べて，子葉の形質の選択は実験操作や解析過程を軽減する一助であり，着眼の見事さが感じられる。

メンデルの遺伝の法則は「**優性の法則**」「**分離の法則**」「**独立の法則**」の 3 つとされる。対象が二倍体であることが前提であり，染色体の存在が実証されていなかった時代には画期的な概念であった。

優性遺伝子を大文字，劣性遺伝子を小文字で表すと，「**優性の法則**」では純系 AA と aa の交配から生じた**雑種第一代（F_1）Aa** の表現型は純系 AA と同じであった。F_1 に現れる形質が優性である。

「**分離の法則**」は数学の二項定理を連想させる。$(A+a)^2=AA+2Aa+aa$　純系 AA と aa の交雑から生じた雑種第一代 Aa の自家受精からは，AA：Aa：aa が 1：2：1 の割合で生じる。表現型は優性：劣性が 3：1 となる。A+a の表記で明らかなように，Aa の A と a は「分離」するのである。

「**独立の法則**」2 対以上の対立形質が互いに独立して遺伝することをいい，それらの遺伝子は別々の染色体上にある。独立の法則を発見するには，連鎖していない遺伝子を選び解析する必要があった。これは偶然なのか，メンデルの洞察力なのか，選ばれた 7 対の解析が独立の法則を導いた。それに対し，2 つ以上の遺伝子が同一染色体上にある場合，互いに連鎖しているといい，独立の法則はあてはまらない。

現在ではヒトには体細胞あたり $2n$=46 の染色体があり，ゲノムには約 2 万 6800 個の遺伝子があることもわかっている。このような多くの複雑な遺伝を考えるにも，メンデルの遺伝の法則が重要な基礎となる。

ただし，メンデル生存中，研究内容は評価されず「いつか自分の時代が来る」と思いつつ世を去った。その後のコレンス，ド・フリース，チェルマクの 3 人によるメンデルの法則の再発見は 1900 年のことである。

例題 26　マメ科植物を実験材料にする利点を，メンデルが指摘した以外にあれば述べなさい。

解答　マメ科植物の根には，根粒菌が共生し，窒素固定を行っている。そのため，マメ科植物は痩せた土地にも生育しやすい。栽培が容易なことが理由の一つである。

ドリル No.26	Class		No.		Name	

問題　26.1　エンドウの純系の子葉の色を黄色にする遺伝子を A，緑にする遺伝子を a とする。親の遺伝子型はどのように表されるか。また，それらをかけ合わせた雑種第一代 F_1 の遺伝子型と表現型を書きなさい。

問題　26.2　前問の雑種第一代 F_1 を自家受精させた場合を数式で書きなさい。また生じる雑種第二代 F_2 の遺伝子型と表現型を，それぞれの比率とともに答えなさい。

問題　26.3　「優性は優れた性質，劣性は劣った性質である」という文章は正しいか。

問題　26.4　メンデルの実験で莢《さや》の形が「膨れ」か「くびれ」の対立形質の交雑実験がある。「膨れ」が優性形質，「くびれ」が劣性形質である。「膨れ」の純系のめしべに「くびれ」の純系の花粉を受粉させてできた豆は「膨れ」の莢に入っている。逆に「くびれ」の純系のめしべに「膨れ」の純系の花粉をかけると莢は「くびれ」となる。この結果は，「膨れ」と「くびれ」の F_1 は「膨れ」の莢になるというメンデルの優性の法則と矛盾するか。理由も答えなさい。

チェック項目	月　日	月　日
優性・劣性の概念，減数分裂での配偶子の分離，異なる染色体の遺伝子は連鎖せず独立であることがいえたか。		

生物は細胞から成り，細胞は細胞から生じるという細胞説で示されるように，生物の基本は細胞であり，細胞は細胞分裂で増えることがいえる。

細胞分裂には分裂前後で染色体数が変わらない**体細胞分裂**と，染色体数が半減する**減数分裂**の2種類がある。減数分裂は生殖細胞を作る際の重要な分裂様式である。また，細胞分裂の過程には，染色体を分ける核分裂とそれに続く細胞質分裂がある。

細胞内のDNAはタンパク質のヒストンと結合し，ヌクレオソーム，さらに染色体を形成している。細胞分裂に際しては凝縮して分配に備える。DNAは1ピッチ10塩基対が3.4 nmであり，ヒトゲノムが30億（3.0×10^9）塩基対であることから，ヒト体細胞1個のDNAを繋ぐと半数体あたり1 m，二倍体では2 mにもなる。細胞の大きさが直径数μm～数十μmであることを考慮すると，DNAの長さの方が細胞の直径より百万倍も長いことになる。

細胞周期の**間期**にDNA複製が行われ，分裂の準備が整うと**分裂期**に入る。間期にDNA量が倍増しても，**姉妹染色分体**間に両者を保持するタンパク質が存在し，分裂期まで姉妹染色分体が離れないように機能する。分裂期には，核膜は分散し，染色体は凝縮して光学顕微鏡レベルで見えるようになる。細胞分裂像として眼にする機会の多いX字型の染色体は，セントロメア配列に対応した**動原体**のくびれがX字型の交点に相当する。セントロメア部分が比較的端にある場合は，Λ字型に見える。動原体には**紡錘糸**が付着し，分裂の準備が整った後，染色体を過不足なく娘細胞に分配する。染色体の移動には**紡錘体**の微小管の消長が関与する(**図1**)。

細胞質分裂は，動物細胞の場合，細胞膜が収縮環でくびれて細胞質が分かれる。植物細胞は細胞膜の外側にさらにセルロースを主成分とする細胞壁を持ち，細胞膜と細胞壁を新生する必要がある。そのため細胞の間に**細胞板**が成長して新たな細胞膜と細胞壁になる。細胞板は，細胞壁成分が膜に包まれた小胞が融合して形成される(**図2**)。

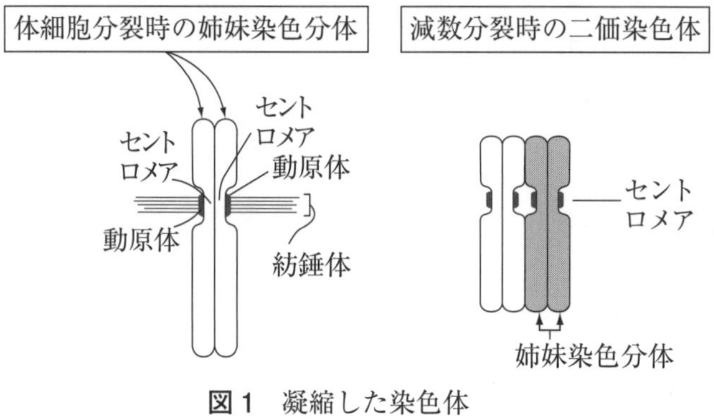

図1　凝縮した染色体

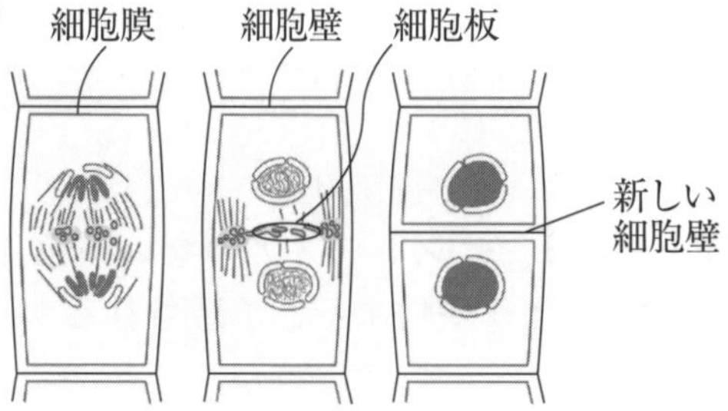

図2　植物の細胞壁形成過程

例題 27　ヒト体細胞は23対46本（$2n=46$）の染色体を持ち，細胞1個の受精卵から，約60兆個の細胞をもつ成人個体へと体細胞分裂を行う必要がある。1個の細胞が次々と分裂し続けると仮定すると，何回の分裂が行われたと考えられるか。

解答　60兆$=6.0 \times 10^{13}$，$2^{45}=35{,}184{,}372{,}088{,}832=3.5 \times 10^{13}$，$2^{46}=70{,}368{,}744{,}177{,}664=7.0 \times 10^{13}$であるため，46回。

ドリル No.27	Class		No.		Name	

問題 27.1 DNA 二重らせんの幅は 2 nm，1 ピッチ（10 塩基対）は長さ 3.4 nm で，らせん 1 回りに相当する。ヒトのゲノム DNA は半数体（$n = 23$）あたり 3.0×10^9 塩基対であるとすると，ヒトの細胞 1 個の半数体あたりの DNA 全長を計算しなさい。答は小数点以下第一位を四捨五入して，簡潔な単位で表しなさい。なお，1 nm=10^{-9} m である。

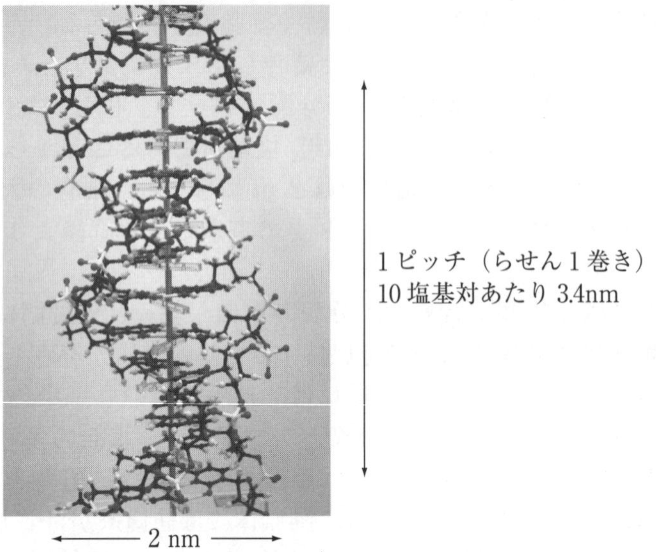

問題 27.2 生体内では DNA の二重らせんの向きは基本的に右巻きである。図はゴムひもの簡単な二重らせんのモデルである。図の左右のモデルのらせんの向きを答えなさい。

問題 27.3 セントロメアのない染色体あるいは逆にセントロメアが複数個ある染色体は，細胞分裂時にどう挙動すると予想されるか。

チェック項目	月 日	月 日
生物は細胞から成り，細胞は細胞から生じるという細胞説で示されるように，生物の基本は細胞であり，細胞は細胞分裂で増えることがいえたか。		

4　遺伝・遺伝子・遺伝情報の発現

4.3　染色体の分配（chromosome separation）

細胞分裂の際，染色体は過不足なく正確に分配されなければならないことがいえる。

体細胞分裂では元の細胞と同じ染色体数になり，減数分裂では染色体数が半減する。

細胞周期の間期では，DNA は密にパッケージされず伸びた状態で，DNA への制御タンパク質や酵素の接近や結合に対して，開かれている必要がある。しかし，細胞分裂に際しては，複製された DNA を正確に分けなければならない。このため，分裂期には染色体の**凝縮**が起こり，分裂中期には，染色体が赤道面に並び，正確な**分配**を期す。

染色体の分配には，染色体の凝縮と伸展，**姉妹染色分体**の維持と分離，紡錘糸の重合と脱重合などの相反する反応が，適切に制御されねばならない。分配のために，染色体が両極に移動する速度は毎分約 1 μm とされる。

細胞分裂で染色体が両極に分かれるには，染色体のセントロメア部分に対応する動原体に紡錘糸が付着する必要がある。セントロメアには DNA の反復配列があり，動原体のタンパク質が結合し，そこに紡錘糸が付着する。

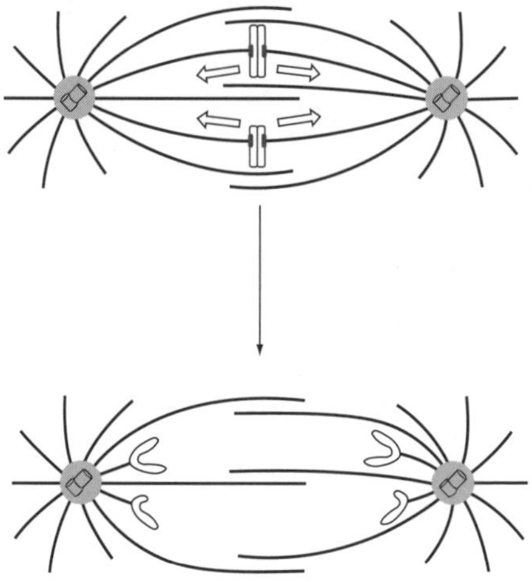

図 1

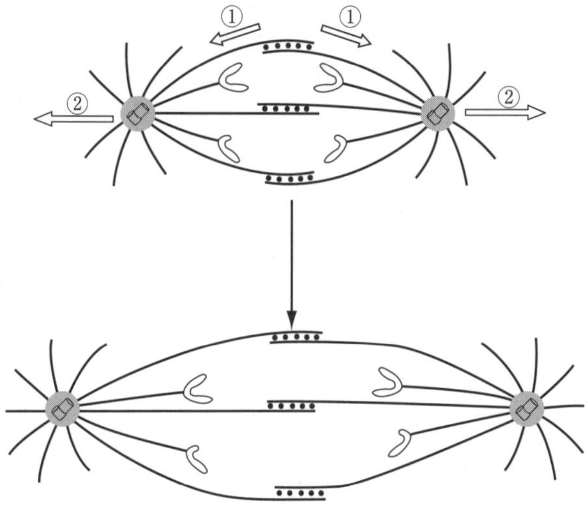

図 2

染色体の分配の原動力の一つは，**モータータンパク質**による，紡錘体に沿った染色体の移動である（**図 2**①）。もう一つは，紡錘糸を形成する微小管の脱重合による長さの変化が，結果的に染色体を移動させるものである（**図 1**）。紐を引っ張るか，紐そのものが短くなるかに例えられよう。さらに，紡錘体の両極が互いに細胞膜方向に離れる（**図 2**②）。実際にはこれらの機構が協同して，作用すると考えられる。

例題 28　アルカロイドの一種コルヒチンによって，紡錘体を構成する微小管チューブリンの脱重合をおこすことができる。体細胞分裂の分裂期途中でコルヒチン処理を行うと，細胞はどのような変化をすると予想されるか。

解答 DNA 複製後の染色体が，細胞分裂で両極に分配されないため，染色体が倍化した細胞になる。二倍体の細胞であれば，四倍体となる。

ドリル No.28	Class		No.		Name	

問題　28.1　セントロメアとは何か。

問題　28.2　染色体の不分離により，分配が不正確となった生殖細胞の受精から異数性が生じる可能性がある。ヒトは，ふつう 1 対の性染色体を含む 23 対の染色体をもつが，ダウン症では第 21 染色体がトリソミー（3 本）で，体細胞は 46 本ではなく 47 本の染色体を持つ。第 21 染色体以外の常染色体の異数体は，どのような表現型となると予想されるか。

問題　28.3　染色体の分配には，核膜が障害となる。分裂期には核膜はどうなるか。

チェック項目	月　日	月　日
細胞分裂の際，染色体は過不足なく正確に分配されなければならないことがいえたか。		

4　遺伝・遺伝子・遺伝情報の発現

4.4　減数分裂（meiosis）・乗換え（crossing over）

有性生殖を担う生殖細胞は減数分裂で染色体数が半減し，遺伝的多様性の元となる染色体の乗換え・組換えが起こることがいえる。

減数分裂でも，体細胞分裂と同様に，二倍体の細胞が間期に一度 DNA 複製を行い $4n$ 状態となる。減数分裂が体細胞分裂と異なる点の一つは，その後はさらなる DNA 複製無しに二度の分裂（**第一分裂**と**第二分裂**）が続くため，半数体（n）の細胞が生じることである（$2n \times 2 \div 2 \div 2 = n$ と考える）。 $2n$ の細胞から生じる生殖細胞の種類は，2^n（2 の n 乗）となる。たとえばヒトの場合は $2n=46$, $n=23$ なので，生殖細胞の種類は 2^{23}（2 の 23 乗，8,388,608，約 840 万）となる。

減数分裂の場合は複製した**相同染色体**同士が対合《ついごう》して**二価染色体**となり，$4n$ 状態の染色体が一塊になっている（4.2 参照）。この状態で染色体の**乗換え**が起こると，生殖細胞の多様性をさらに増す。体細胞分裂では相同染色体の対合が起こらず，減数分裂でのみ特異的に起こることは，有性生殖でさらに遺伝的多様性を高めることに寄与する。たとえばヒトの場合の上記の 2^{23} は組換えなしの値であり，実際は組換えが起こるので，生殖細胞の遺伝的多様性は飛躍的に増大する。

対合した相同染色体の非姉妹染色分体，つまり父方と母方の相同染色体が構造的に交わった状態の部位を**キアズマ**と呼ぶ（**図 1**）。染色体の乗換えが起こっている部分に相当する。ヒト卵形成において，出生時には既に卵巣内に 100 ～ 200 万個の，減数分裂第一分裂前期の卵母細胞が存在し，第二次性徴まで何年も分裂が停止している。排卵時に第二分裂中期まで進み，されにその後の受精まで再度分裂が休止する。キアズマは切断再結合を経て組換え部位となるが，この卵形成の際の長期にわたる休止期間に相同染色体を対合させ続ける物理的連結部位でもあると考えられる。キアズマがないと，適切な時期以前に相同染色体の分離が起こり，異数体などの異常をもたらす。

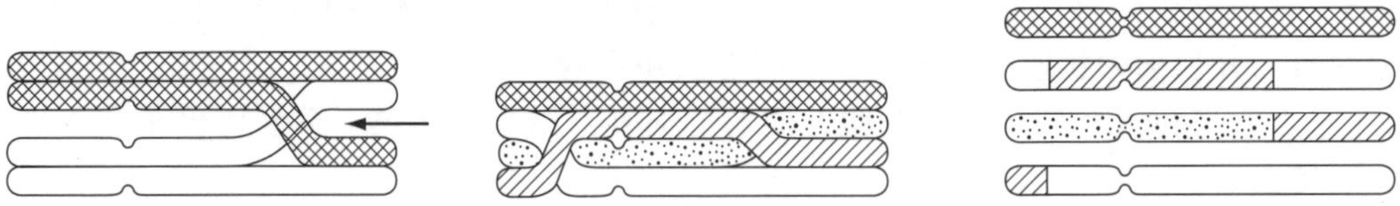

(a)　(b)　(c)

図 1　キアズマ

(a)　キアズマ 1 個（矢印）　(b)　キアズマ 2 個（異なる組み合わせの場合もある）
(c)　(b)由来の染色体

（注）**半数体と一倍体に関して；二倍体**（diploid）で生活する生物の生殖細胞のように，体細胞の染色体の半分の染色体数という意味合いで**半数体**（haploid）と表現している。ヒトの卵や精子が，受精せず，染色体数が半分のままで個体として生存することはない。単為生殖によるミツバチの雄や無性生殖（分裂）による大腸菌のように，ゲノムが一組で生活する生物は一倍体（monoploid）の呼び名が適切である。

例題 29　キアズマを説明しなさい。

解答 減数分裂で，対合した相同染色体の非姉妹染色分体（父方と母方）の間で，染色体の乗換えが起こっている部分。キアズマ（chiasma）とは，ギリシア語で X 字型を意味し，染色体の形状に由来。

ドリル No.29	Class		No.		Name	

問題　29.1　一倍体の生物よりも，二倍体の生物の方が生存に有利な場合を説明しなさい。

問題　29.2　染色体の乗換えと，組換えの相違点を説明しなさい。

問題　29.3　減数分裂の第一分裂のあとは，DNA 複製後の染色体が 1 回分裂した段階である。この減数分裂第二分裂前の状態の，適切な説明を次から選びなさい。

(ア)　DNA 量としては元の二倍体の細胞と同じであり，減数分裂第一分裂で停止した場合が体細胞分裂である。

(イ)　DNA 量としては元の二倍体の細胞と同じであるが，相同染色体が対合面から分かれるため，相同染色体の片方のみをもつ。

(ウ)　DNA 量としては元の二倍体の細胞の半分であり，減数分裂第一分裂で停止しても DNA 量の半減は完了しているが，細胞数を増すためさらに第二分裂を行う。

チェック項目	月　日	月　日
遺伝的多様性を獲得するための，重要な過程が減数分裂であり，多様性をさらに増大するために，乗換え，組換えが生じることがいえたか。		

4　遺伝・遺伝子・遺伝情報の発現　　4.5　遺　伝　子 (gene)

遺伝子研究の歴史を簡潔に説明できる。

遺伝子とは，遺伝の基本的な因子であり，生物の遺伝情報を構成する機能的単位である。親の形質が子に伝わるのは，DNA を本体とするこの遺伝子が，**複製**（33 節参照）によって子に受け継がれるからである。狭義には**タンパク質**の情報をコードする DNA の部分のことを指す。たとえば A というタンパク質をコードする DNA の部分のことを A 遺伝子などという。広義には，**機能性 RNA**（34 節参照）をコードする DNA の部分のことも，○○ RNA 遺伝子などという。

グレゴール・メンデルは，自らの遺伝法則 (1865 年) において，遺伝の現象をつかさどる担い手としてエレメントという物質を想定し，またメンデルの遺伝法則を再発見した一人**ヒューゴ・ド＝フリース**は，遺伝のしくみの担い手として**パンゲン**という仮想的粒子の存在を考えた。

現在使われている遺伝子（gene）という語は，20 世紀初頭に**ヴィルヘルム・ヨハンセン**によって用いられたものである。

遺伝子がどの部分に存在するかに関して，**染色体**と遺伝との関係はすでに指摘されていたが，**ウォルター・サットン**が，減数分裂における一時的な染色体の対合が，メンデル遺伝における別々の形質の遺伝と関係していることを示唆し，染色体が遺伝子の存在する場であることをはじめて唱えた（1902 年）。**トーマス・モーガン**は，キイロショウジョウバエを用いた研究により，1910 年，ハエの白眼をもたらす遺伝子が X 染色体上に存在することを発見した。さらに，遺伝における現象の一つである連鎖を発見し，1926 年にはショウジョウバエの**染色体地図**を完成させ (**図 1**)，「遺伝子は染色体上に一定の順序で配列している」ことを明らかにした。これを**遺伝子説**という。

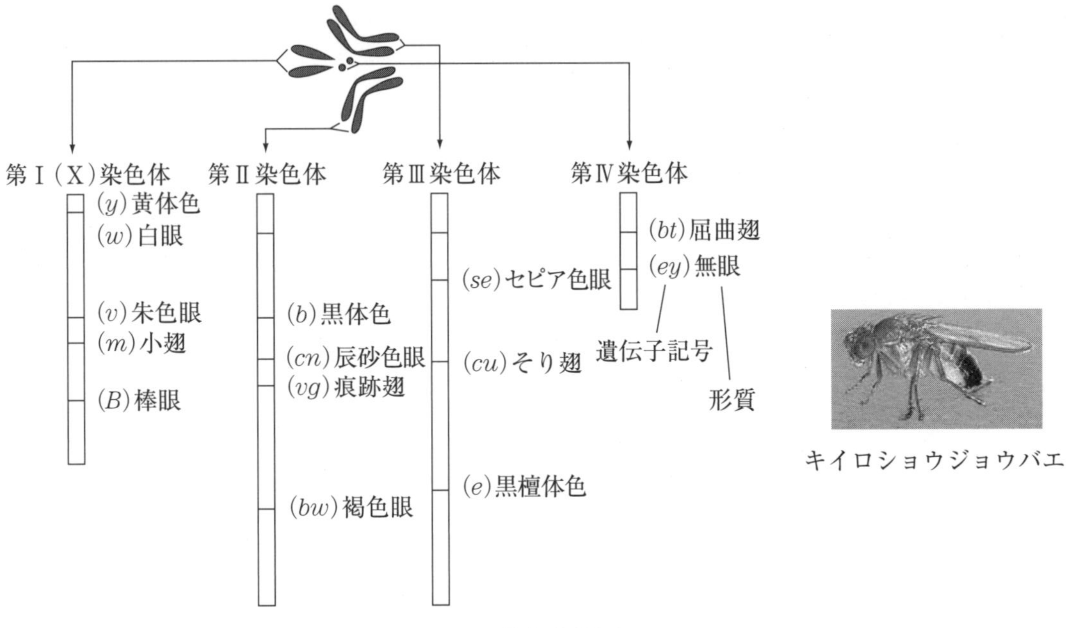

図 1　キイロショウジョウバエの染色体地図

例題 30　遺伝子説について説明しなさい。

解答　遺伝子説とは，遺伝子は染色体上に一定の順序で配列していると考える説である。モーガンが，キイロショウジョウバエの染色体地図を作成し，この説を唱えた。

ドリル No.30	Class		No.		Name	

問題　30.1　遺伝子とは何か，歴史的背景を含めて説明せよ。

問題　30.2　染色体と遺伝子の関係を，その研究の歴史から明らかにせよ。

問題　30.3　染色体地図とは何か，説明せよ。

チェック項目	月　日	月　日
遺伝子研究の歴史を簡潔に説明できたか。		

4　遺伝・遺伝子・遺伝情報の発現　　4.6　遺伝子の本体はDNA

遺伝子の本体がDNAであることがいかに証明されたかがいえる。

モーガンによる遺伝子説の提唱後も，遺伝子の本体が何であるのかは解明されておらず，遺伝子の本体はタンパク質か，それとも核酸かという議論が残った。

後に，遺伝子の本体物質を決める上で鍵となった実験が，1928年，**フレデリック・グリフィス**によって行われた。グリフィスは，肺炎の原因菌である**肺炎双球菌**を，病原性のあるS型菌と病原性のないR型菌に区別し，実験動物のマウスにR型菌と熱処理したS型菌を同時に接種した。これらの菌を単独で接種してもマウスは肺炎にならなかったが，同時に接種することでマウスが肺炎に罹《かか》ることがわかった。この実験結果からグリフィスは，S型菌のある物質によって，R型菌が病原性を獲得した，すなわち**形質転換**したと考えた。

1944年，**オズワルド・エイヴリー**は，グリフィスの形質転換実験を利用し，R型菌をS型に形質転換した物質の本体を探った（**図1**）。エイヴリーは，S型菌をすりつぶした溶液に，糖質，タンパク質，RNA，DNAをそれぞれ分解する酵素を添加して一つずつ該当する物質を分解していき，どの物質を分解した時点でその溶液にR型菌の形質転換能力が失われるかを確かめたところ，DNAをDNA分解酵素で分解したときにのみ，形質転換能力が失われることがわかり，これにより，形質転換を起こす物質，すなわち**遺伝子の本体がDNA**であることが示された。

1952年，**アルフレッド・ハーシー**と**マーサ・チェイス**は，DNAに^{32}P，タンパク質に^{35}Sという放射性同位元素で標識したバクテリオファージを大腸菌に感染させ，どちらの物質が子孫ファージへと受け継がれるかを観察したところ，^{32}Pのみが受け継がれることがわかった。この実験により，遺伝子の本体がDNAであることが証明された。そして，1953年，ワトソンとクリックによってDNAの二重らせん構造モデルが提唱された。

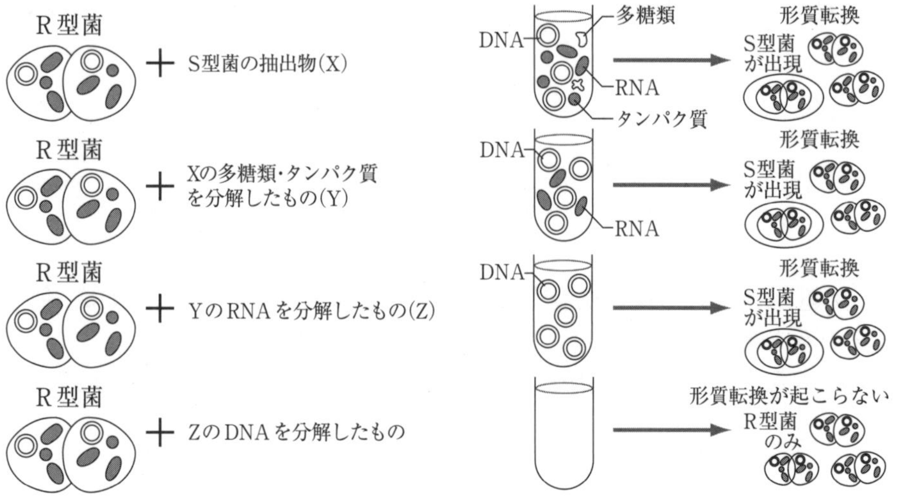

図1　エイヴリーの実験　◎DNA，●RNA，●タンパク質

例題 31　エイヴリーが行った実験について簡単に述べた上で，その生物学史における重要性を説明しなさい。

解答　病原性のあるS型肺炎双球菌をすりつぶした溶液に，分解酵素を添加して一つずつ候補物質を分解し，どの物質を分解した時点で病原性のないR型菌の形質転換能力が失われるかを確かめたところ，DNAをDNA分解酵素で分解したときにのみ，形質転換能力が失われることがわかった。このことから，形質転換を引き起こす遺伝子の本体がDNAであることが初めて示され，後の分子生物学の礎が築かれた。

ドリル No.31	Class		No.		Name	

問題　31.1　熱処理した肺炎双球菌（S型）をマウスに接種した後，R型菌を接種するとマウスはどうなるか，次の中から最も適切なものを選べ。

①　肺炎に罹《かか》る　　②　肺炎に罹るが，症状は軽い　　③　肺炎に罹らない

問題　31.2　熱処理した肺炎双球菌（R型菌）と何の処理もしないS型菌をマウスに同時に接種すると，マウスはどうなるか，次の中から最も適切なものを選べ。

①　肺炎に罹る　　②　肺炎に罹るが，症状は軽い　　③　肺炎に罹らない

問題　31.3　エイヴリーの実験で，S型菌をすりつぶした溶液中の何を分解すると形質転換能力は失われたか，次の中から選べ。

①　タンパク質　　②　糖質　　③　RNA　　④　脂質　　⑤　DNA

問題　31.4　問題31.3で，形質転換能力が失われたS型菌すりつぶし溶液に，何を添加すると，R型菌に対する形質転換能力が復活すると思うか，次の中から選べ。

①　R型菌のDNA　　②　S型菌のDNA　　③　R型菌・S型菌のRNAの混合物

チェック項目	月　日	月　日
遺伝子の本体がDNAであることがいかに証明されたかがいえたか。		

4　遺伝・遺伝子・遺伝情報の発現　　4.7　DNA とゲノム（genome）

細胞中での DNA の存在形態，ならびに生物におけるゲノムの役割がいえる。

DNA は，塩基に糖（デオキシリボース）およびリン酸が結合した**デオキシリボヌクレオチド**を基本単位として作られる核酸で，塩基同士の相補的な対合により，**二重らせん構造**を呈する。

真核生物では，DNA は**ヒストン**と呼ばれる球状タンパク質（ヒストン八量体）に 2 回巻きつき**ヌクレオソーム**を形成しているため，巨視的にみると，多くのヌクレオソームが数珠つなぎにつながった構造をしている。この構造を**クロマチン**といい，間期の核では全体に広がって存在しているが，**細胞分裂**に先だって高度に凝縮し，**中期染色体**として光学顕微鏡で容易に観察できる状態となる（**図 1**）。遺伝子発現が活発に行われている部分と，そうでない部分とで，クロマチンの凝縮度は異なっており，前者は**ユークロマチン**，後者は高度に凝縮し**ヘテロクロマチン**と呼ばれる。

このクロマチンの全体，すなわちその生物をその生物たらしめている遺伝情報の最小セットを**ゲノム**という。一倍体の細胞において，そこに含まれるＤＮＡのすべての塩基配列がゲノムである。ヒトの体細胞は二倍体であるから，ゲノムを 2 セット持っていることになる。このゲノムという言葉は 1920 年，**ヴィンクラー**により，配偶子が持つ染色体のセットを指す言葉として，遺伝子（gene）と染色体（chromosome）とを合体して作られた。この言葉を，現在のようにその生物がその生物であるために最小限必要な遺伝情報のセットとして定義したのは，日本の遺伝学者**木原均**であった。

ヒトのゲノムを**ヒトゲノム**という。ヒトゲノムは，22 本の常染色体ならびに X，Y の性染色体を合わせた**核ゲノム**と，ミトコンドリアがもつ**ミトコンドリアゲノム**からなる（**図 2**）。核ゲノムの塩基対総数はおよそ 30 億塩基対である。植物の場合は，核ゲノム，ミトコンドリアゲノムに加えて，**葉緑体ゲノム**も含める。

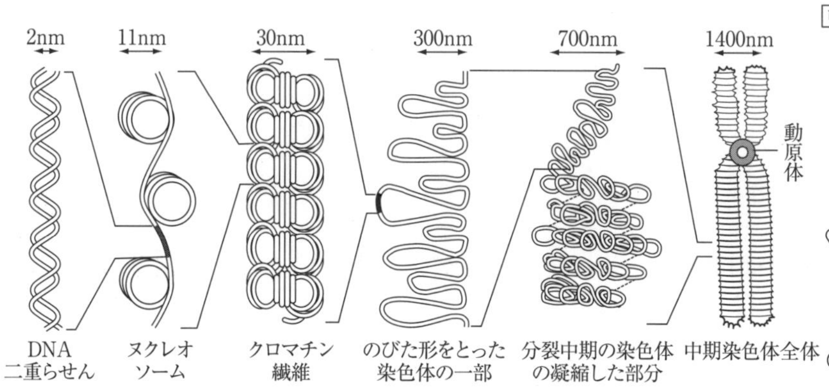

図 1　DNA とクロマチン，染色体の関係

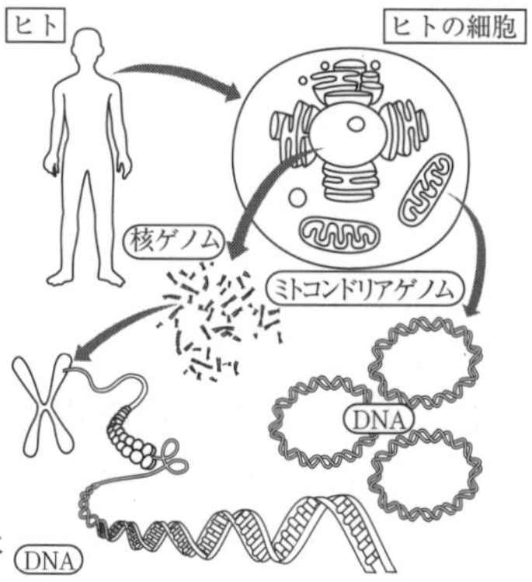

図 2　DNA とゲノム

例題 32　ヒトゲノムについて説明しなさい。

解答　ヒトの遺伝情報の最小セットをヒトゲノムという。ヒトゲノムは，私たちの細胞の一つ一つに含まれるすべての DNA の塩基配列を指し，体細胞には 2 セット含まれる。ヒトゲノムは核ゲノムとミトコンドリアゲノムに分けられ，核ゲノムは 22 本の常染色体と X，Y の性染色体に小分けされている。核ゲノムの塩基対総数はおよそ 30 億塩基対である。

ドリル No.32	Class		No.		Name	

問題　32.1　ヌクレオソームの構造を説明せよ。

問題　32.2　ヒトゲノムについて説明せよ。

問題　32.3　次のうち，光合成を行う植物細胞にあるゲノムのセットの組合せで正しいものを選べ。

① 核ゲノム・葉緑体ゲノム
② 核ゲノム・葉緑体ゲノム・ミトコンドリアゲノム
③ 葉緑体ゲノム・ミトコンドリアゲノム
④ 核ゲノム・ミトコンドリアゲノム

問題　32.4　哺乳類の赤血球には核がなく，したがってゲノムもない。なぜ赤血球はゲノムがなくてもよいのか，考察せよ。

チェック項目	月　日	月　日
細胞中でのDNAの存在形態，ならびに生物におけるゲノムの役割がいえたか。		

4　遺伝・遺伝子・遺伝情報の発現

4．8　DNA 複製（DNA replication）

DNA 複製のしくみがいえる。

二重らせん構造を呈する**DNA**の二本鎖は，細胞分裂に先立って一本ずつに開裂し，それぞれのDNA鎖を**鋳型**として新しいDNA鎖が合成される。この過程を**DNA 複製**という。新しくできた二本のDNA二本鎖には，それぞれ複製前の鋳型として用いたDNA鎖が一本ずつ保存されているため，このような複製様式のことを**半保存的複製**という（**図 1**）。1958年にメセルソンとスタールが，^{14}N の同位元素 ^{15}N をDNAに取り込ませた大腸菌の実験により証明した。

DNA複製は，**複製開始点**と呼ばれる特定の部位が開裂した後，**DNA ヘリカーゼ**によって二本鎖が一本鎖に開裂していく。この開裂部分を**複製フォーク**といい，複製開始点から両方向に向かって進行する（**図 2**）。複製フォークにはDNAヘリカーゼのほか，ヌクレオチドの重合反応を触媒する**DNA ポリメラーゼ**，DNAポリメラーゼの足場となる**RNA プライマー**を合成するプライマーゼなどが複合体を形成し，協調してDNA複製を行っている。

DNAには**5′→3′**の方向性があり，逆の方向を向いたDNA鎖が相補的に結合し，二本鎖を形成する。新しいDNA鎖を合成する酵素であるDNAポリメラーゼは，5′→3′の方向にしかDNAを合成できないため，鋳型となる二本鎖のうちの一方は，二本鎖が開裂していくに従って新生DNAを合成できるが，もう一方は逆向きに，短いDNA鎖を断片的に合成する。前者のDNA鎖を**リーディング鎖**，後者のDNA鎖を**ラギング鎖**といい，ラギング鎖において断片的に合成される短いDNA断片は，日本の分子生物学者**岡崎令治**によって発見されたことから**岡崎フラグメント**と呼ばれる（**図 2**）。

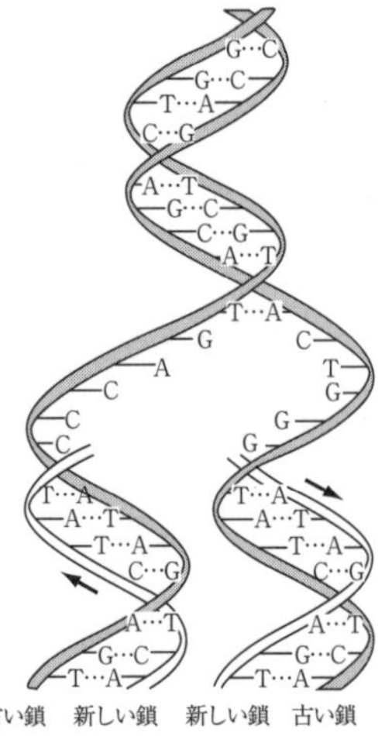

図 1　DNA 複製のあらまし

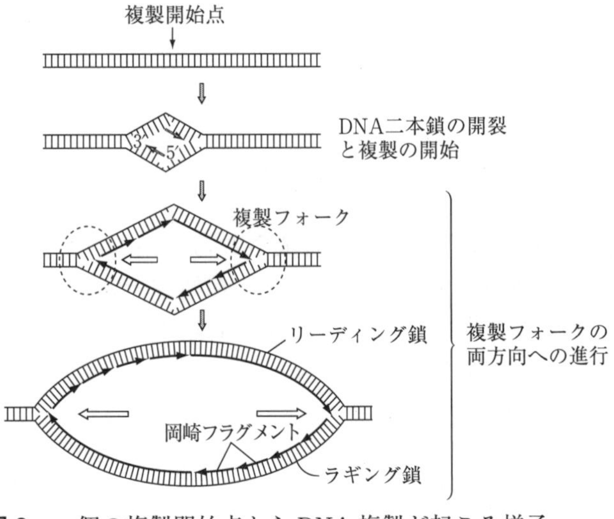

図 2　一個の複製開始点から DNA 複製が起こる様子

例題 33　DNA 複製で，ラギング鎖が存在する理由について説明しなさい。

解答　DNAには5′→3′の方向性があり，DNAポリメラーゼは必ずこの方向にしかDNAを合成できないにかかわらず，DNAは方向性の異なる二本の鎖が対合し，複製フォークは片方にしか進まないため，一方のDNA鎖では複製フォークとは逆向きの短いDNA断片を断続的に合成する必要があるからである。

ドリル No.33	Class		No.		Name	

問題　33.1　半保存的複製とは何か，説明せよ。

問題　33.2　メセルソンとスタールの実験で，大腸菌に取り込まれた「やや重い」同位元素は次のうちどれか，正しいものを選べ。

①　^{14}N　②　^{15}N　③　^{32}P　④　^{33}P　⑤　^{35}S

問題　33.3　なぜラギング鎖では短い DNA をわざわざ合成する必要があるのか，説明せよ。

問題　33.4　ラギング鎖で合成される短い DNA を何というか，正しいものを選べ。

①　箱崎フラグメント　②　箱崎ジャンクション

③　岡崎フラグメント　④　岡崎トーナメント

チェック項目	月　日	月　日
DNA 複製のしくみがいえたか。		

RNA の構造と機能，細胞内での重要性がいえる。

RNA は，糖（**リボース**）にリン酸と塩基が結合した**リボヌクレオチド**を構成単位とする核酸であり，通常細胞内では一本鎖のままで機能するが，実際にはその一本鎖の中で相補的な塩基配列部分を用いて部分的に二本鎖となることができる（**図 1**）。

RNA の代表的な役割は，細胞内でタンパク質を合成することである。タンパク質の合成過程には，遺伝子の転写産物である **mRNA**（伝令〈messenger〉RNA），リボソームの構成成分である **rRNA**（ribosomal RNA），アミノ酸を一個ずつ結合し，リボソームまで運ぶ **tRNA**（転移，または運搬〈transfer〉RNA）がはたらく（**図 2**）。rRNA や tRNA は，それぞれの一本鎖内に複数の相補的な塩基配列があるため，rRNA 遺伝子と tRNA 遺伝子からそれぞれ転写された後，その部分を利用して複雑に折りたたまれ，三次元的な立体構造をとって，それぞれの機能を果たす。

これら三種類の RNA 以外にも，細胞内では **hnRNA**（ヘテロ核 RNA），**snoRNA**（低分子核小体 RNA），**eRNA**（エンハンサー RNA）など，比較的低分子の多くの種類の RNA が存在し，様々な機能を担っていることが明らかとなっている。また一部の RNA には酵素タンパク質のように化学反応の触媒としてのはたらきがある場合があり，これを**リボザイム**という。

1999 年，**アンドリュー・ファイアとクレイグ・メロー**によって，**RNA 干渉**（RNA interference）が発見された。これは，わずか 20 塩基程度の極めて短い「二本鎖」RNA が，mRNA のはたらきを阻害する現象であり，後に，細胞内には **miRNA**（マイクロ RNA）という RNA が非常に数多く存在し，遺伝子発現をコントロールしていることが明らかとなった（**図 3**）。

このように，タンパク質をコードしない RNA を**ノンコーディング RNA**（non-coding RNA）といい，そのうち何らかの機能を積極的に行う RNA を**機能性 RNA** と呼ぶ。tRNA も rRNA も機能性 RNA の一種である。これに対して mRNA のようにタンパク質をコードする RNA を**コーディング RNA** という。

21 世紀になって，私たちのゲノムからは，さまざまな RNA が転写されていることが明らかとなり，マウスではゲノムの 70％から，ヒトではゲノムの 75％から何らかの RNA が転写されていることが明らかとなっている。

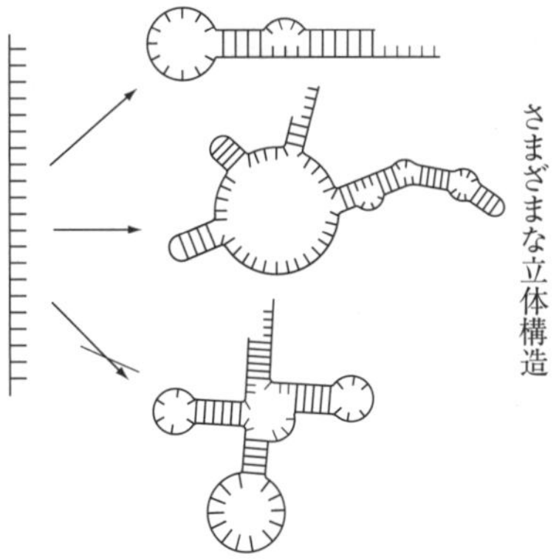

図1

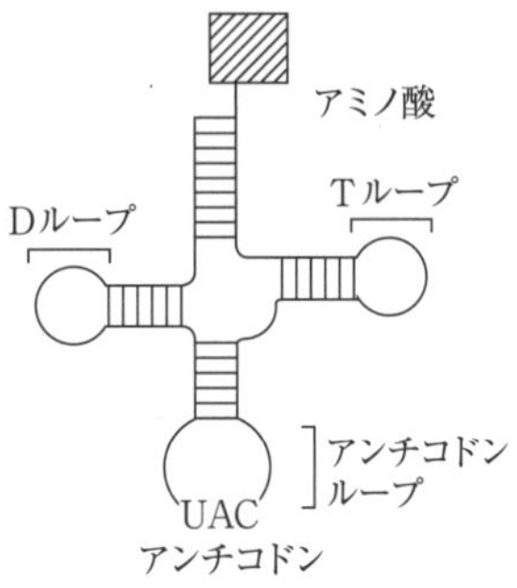

図2

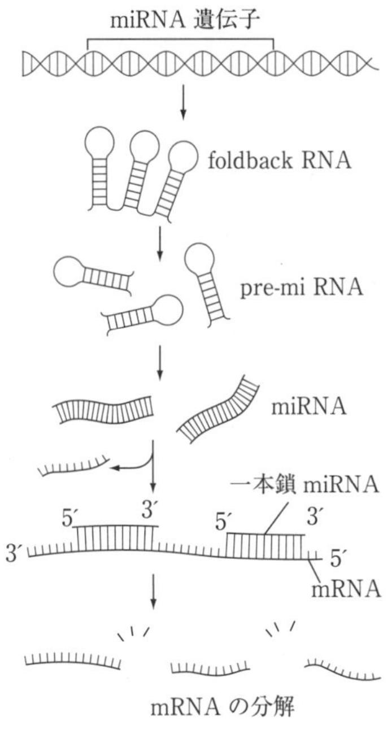

図3

例題 34　RNA の細胞内での主な機能について説明しなさい。

解答　RNA のうち，mRNA，rRNA，tRNA はタンパク質合成に直接はたらく RNA である。mRNA はタンパク質のアミノ酸配列情報を保持するコーディング RNA である。その他の RNA はノンコーディング RNA と呼ばれ，多くはそれ自身が機能をもつ機能性 RNA であると考えられている。RNA 干渉は，そうした RNA の一種 miRNA によって遂行される現象であり，遺伝子発現のコントロールを行う。

ドリル No.34	Class		No.		Name	

問題　34.1　タンパク質合成をつかさどる三種類の RNA について簡単に説明せよ。

問題　34.2　RNA 干渉について説明せよ。

問題　34.3　RNA がタンパク質と同じように酵素としてはたらくことができるのは，DNA とは異なる柔軟性があるためであるが，構造的にどのような柔軟性か，簡単に説明せよ。

チェック項目	月　日	月　日
RNA の構造と機能についていえ，細胞内での重要性がいえたか。		

4　遺伝・遺伝子・遺伝情報の発現

4.10　タンパク質(protein) とアミノ酸(amino acid)

タンパク質の構造と，アミノ酸との関係がいえる。

タンパク質は，私たち生物の体において，細胞内外に極めて豊富に存在する生体高分子であり，生命現象を司る重要な物質である。すべてのタンパク質は，**アミノ酸**という低分子有機化合物を基本単位として作られている（**図1**）。タンパク質を作るアミノ酸には20種類あり，これまで知られている最小のタンパク質は，わずか10個程度のアミノ酸がつながったものである。一方，最大のタンパク質は26,926個ものアミノ酸が長くつながってできている。アミノ酸は，一つの分子内に**アミノ基**（$-NH_2$）と**カルボキシ基**（$-COOH$）を持つ（**図2**）。

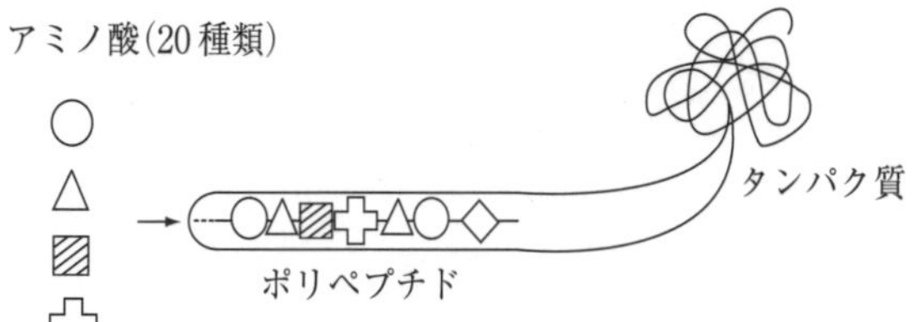

図1　アミノ酸とタンパク質の関係

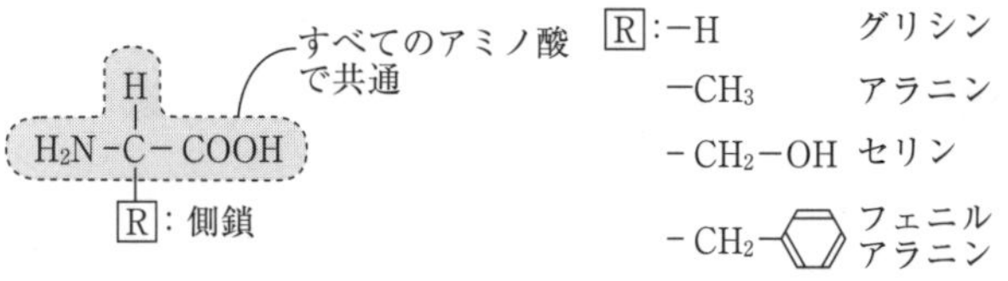

図2　アミノ酸とタンパク質の関係

アミノ基とカルボキシ基は**ペプチド結合**によって結び付き，アミノ酸同士が長く重合して「鎖」状の**ポリペプチド鎖**をつくる。これをタンパク質の**一次構造**という。

一次構造は，さらに分子内の水素結合によって**αヘリックス**や**βシート**などの特徴的な**二次構造**をとる。アミノ酸の種類を決めるのは**側鎖**と呼ばれる原子団で，S-S結合など側鎖同士の相互作用が，ポリペプチド鎖をさらに複雑に折りたたみ，**三次構造**の形成を促す（**図3**）。

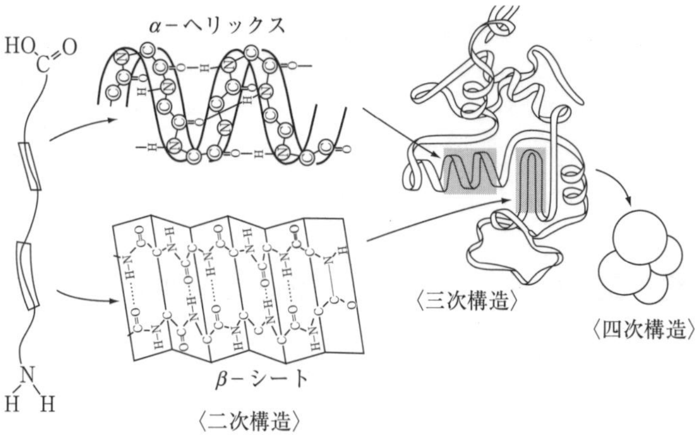

図3　アミノ酸とタンパク質の関係

多くのタンパク質は三次構造で機能を発揮するが，三次構造同士が集まってグループを形成してはじめて機能を発揮する場合もある。これを**四次構造**といい，その時の三次構造を形成しているポリペプチド鎖をサブユニットという（**図3**）。

例題 35　タンパク質の構造におけるアミノ酸の重要性について説明しなさい。

解答　アミノ酸が一つでも変化するとタンパク質の機能を失う場合がある。たとえば，赤血球内で酸素運搬の役割を果たすヘモグロビン（四次構造）のサブユニットの一つβグロビンの6番目のアミノ酸が1個変化するだけで，βグロビンの形が変化し，ヘモグロビンは機能しなくなる。アミノ酸は，タンパク質の全体的な構造と機能を密接に結びつけており，その配列の変化はタンパク質の構造と機能に重大な影響をもたらす場合があるが，アミノ酸が変わっても影響がない場合もある。

ドリル No.35	Class		No.		Name	

問題　35.1　アミノ酸の分子構造とペプチド結合について説明せよ。

問題　35.2　タンパク質の構造を一次構造～四次構造にわけて説明せよ。

問題　35.3　タンパク質が四次構造を形成するとどのようなメリットがあるか，考察せよ。

チェック項目	月　日	月　日
タンパク質の構造と，アミノ酸との関係がいえたか。		

4.11 転　写 (transcription)

遺伝子発現の過程のうち，DNA から mRNA が転写されるしくみがいえる。

DNA の塩基配列として存在する遺伝子から，**mRNA** が合成され，タンパク質が作られることを**遺伝子発現**という（**図 1**）。遺伝子発現は，遺伝子の種類にもよるが，ほとんどの場合細胞内において厳密にコントロールされており，遺伝子は必要のないときは発現せず，必要なときに発現する。遺伝子発現には，DNA の塩基配列が“コピー”されて mRNA が合成される**転写**(transcription) と，mRNA の塩基配列が読み取られてタンパク質が合成される**翻訳**(translation) という過程がある。

転写の開始反応は，複数種類の**基本転写因子**が関わる複雑なものである。

遺伝子の上流に存在する**プロモーター**領域に，数種類の基本転写因子ならびに **RNA ポリメラーゼ**が決まった順番で結合した後，**プロモーター・クリアランス**の過程を経て，RNA ポリメラーゼにより mRNA 合成が開始される(**図 2**)。RNA 合成は，2 本ある DNA 鎖のうち，遺伝子の塩基配列である**センス鎖**とは相補的な，**アンチセンス鎖**を鋳型として起こる。したがって，転写された mRNA の塩基配列は，結果的にセンス鎖と同一（ただし，チミンの代わりにウラシル）となる。

真核生物において RNA 合成を行う RNA ポリメラーゼには長く伸びた CTD（C-terminal domain）と呼ばれる領域があり，ここで合成された mRNA（正確には mRNA 前駆体）の**プロセッシング**が起こる。プロセッシングには，mRNA の 5′ 末端へのメチルグアニル酸の付加，**スプライシング**による**イントロン**（38 節参照）の除去，mRNA の 3′ 末端へのポリアデニル酸の付加が含まれる。プロセッシングを受けて成熟した mRNA は，核膜孔を通って細胞質へと放出される。

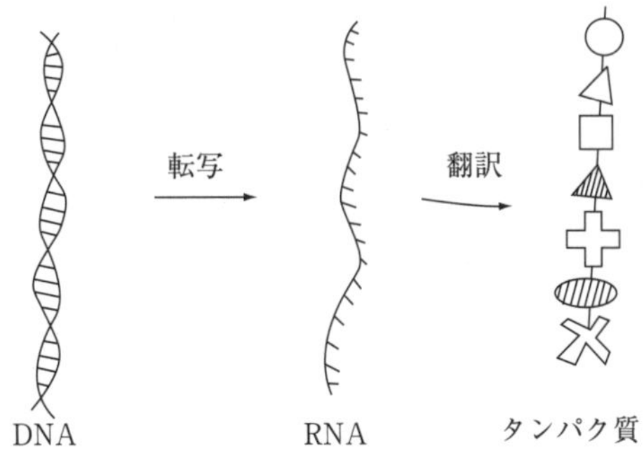

図 1

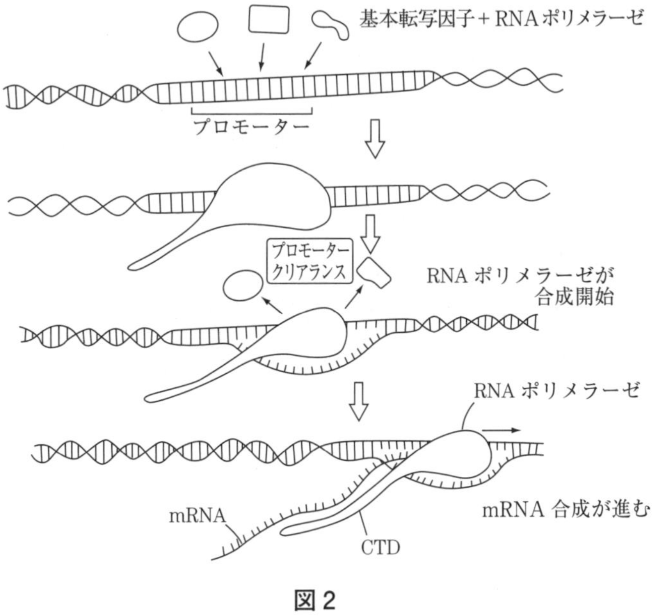

図 2

例題 36　転写における RNA ポリメラーゼの役割について説明しなさい。

解答　RNA ポリメラーゼは，DNA 二本鎖のうちアンチセンス鎖を鋳型として mRNA を合成する。RNA ポリメラーゼの CTD では mRNA 前駆体のプロセッシングが起こる。

ドリル No.36	Class		No.		Name	

問題　36.1　転写のあらましを説明せよ。

問題　36.2　RNA ポリメラーゼの CTD の役割について説明せよ。

問題　36.3　次の文章のうち，正しいものを一つ選べ。

① mRNA の塩基配列と同じになる（ただし U ではなく T になる）のは，DNA のアンチセンス鎖である。

② スプライシングによりイントロンが除去されるのは，原核生物に特有の現象である。

③ RNA ポリメラーゼは，遺伝子の上流に存在するプロモーター領域に結合し，転写を開始する。

④ mRNA 前駆体は，プロセッシングにより塩基配列が付加されるので，成熟した mRNA は前駆体より長くなる。

⑤ mRNA 合成のための鋳型となるのは，DNA のセンス鎖である。

チェック項目	月　日	月　日
遺伝子発現の過程のうち，DNA から mRNA が転写されるしくみがいえたか。		

4　遺伝・遺伝子・遺伝情報の発現

4．12　翻訳(translation)・遺伝暗号（genetic code）

遺伝暗号のしくみがいえる。

タンパク質はアミノ酸を基本単位として成り立ち，DNA や RNA はヌクレオチド（塩基）を基本単位として成り立つ。したがって，DNA の塩基配列として存在する遺伝子からタンパク質が作られるためには，塩基配列情報をアミノ酸配列情報へと「変換」するプロセスが必要である。この変換のプロセスが**翻訳**である。

日本語を英語に翻訳する際に法則（異なる言語間での対応関係）が存在するのと同様に，タンパク質合成における翻訳の際にも，ある一定の法則が必要である。この法則を**遺伝暗号**という。

遺伝暗号は，次のしくみで成り立つ。4 種類の塩基の配列情報を 20 種類のアミノ酸の配列情報に変換するには，塩基 3 個を使って，アミノ酸 1 個分の情報を指定しなければならない。塩基 3 個を用いると，4 の 3 乗＝ 64 通りとなり，20 種類のアミノ酸の情報を指定してあまりある。転写された **mRNA** においてアミノ酸を指定する塩基 3 個の組合せを**コドン**といい，どのコドンがどのアミノ酸を指定するかと開始と終止を表したものを**コドン表**という（**図 1**）。

核膜孔から細胞質へ放出された mRNA は，**リボソーム**で翻訳を受ける。リボソームと結合した mRNA の**開始コドン**から翻訳はスタートする。リボソームは，アミノ酸を一個ずつ結合させた **tRNA** を所定に位置に次々と呼び込み，**rRNA** がもつ**ペプチド転移反応**触媒活性によりアミノ酸を順番に結合させていく。tRNA には，mRNA 上のコドンに対応できる**アンチコドン**があり，その相補的な結合によって，コドンの順番通りに決まったアミノ酸が重合し，**終止コドン**で重合反応は停止し，タンパク質のアミノ酸配列は完成する（**図 2**）。

第1文字	第2文字 U	第2文字 C	第2文字 A	第2文字 G	第3文字
U	UUU, UUC フェニルアラニン UUA, UUG ロイシン	UCU, UCC, UCA, UCG セリン	UAU, UAC チロシン UAA, UAG （終止）	UGU, UGC システイン UGA （終止） UGG トリプトファン	U C A G
C	CUU, CUC, CUA, CUG ロイシン	CCU, CCC, CCA, CCG プロリン	CAU, CAC ヒスチジン CAA, CAG グルタミン	CGU, CGC, CGA, CGG アルギニン	U C A G
A	AUU, AUC, AUA イソロイシン AUG メチオニン(開始)	ACU, ACC, ACA, ACG トレオニン	AAU, AAC アスパラギン AAA, AAG リシン	AGU, AGC セリン AGA, AGG アルギニン	U C A G
G	GUU, GUC, GUA, GUG バリン	GCU, GCC, GCA, GCG アラニン	GAU, GAC アスパラギン酸 GAA, GAG グルタミン酸	GGU, GGC, GGA, GGG グリシン	U C A G

図 1　コドン表

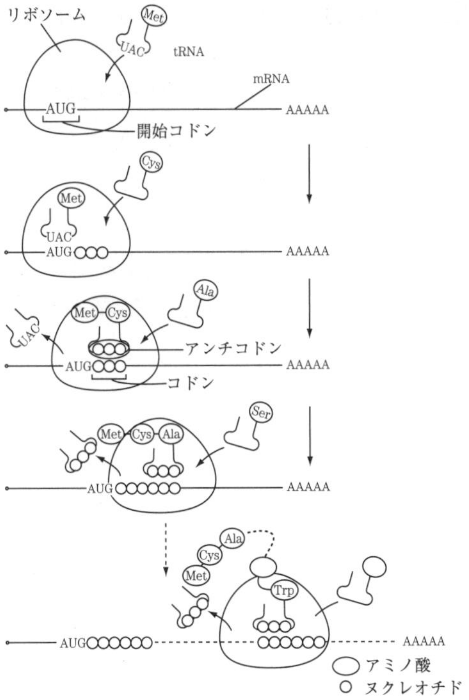

図 2　翻訳のメカニズム

例題 37　遺伝暗号とはどのような暗号のことか，簡単に説明しなさい。

解答　塩基 3 個分の配列が，アミノ酸 1 個分の情報を指定しているとき，そのしくみのことを遺伝暗号という。

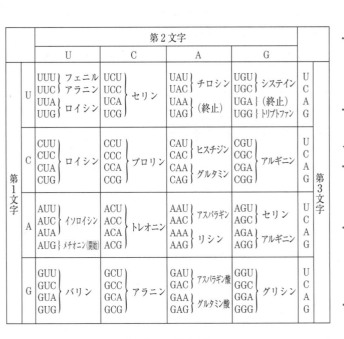

ドリル No.37	Class		No.		Name	

問題　37.1　翻訳のあらましを説明せよ。

問題　37.2　遺伝暗号とはどのようなしくみか，簡単に説明せよ。

問題　37.3　次の文章のうち，正しいものを一つ選べ。

①　翻訳は, mRNA 上の開始コドンから始まるが, 開始コドンはトリプトファンもコードする。

②　どのアミノ酸も，必ず 4 種類のコドンによって指定される。

③　rRNA 上には，mRNA 上のコドンに対応できるアンチコドンがあり，コドンと相補的に結合する。

④　翻訳は開始コドンから始まるが，翻訳の停止には特別なコドンは必要なく，ある一定の長さにまでポリペプチド鎖が合成されると，自動的に翻訳は止まる。

⑤　ペプチド転移反応を触媒する活性は，リボソームを構成する rRNA にある。

チェック項目	月　日	月　日
遺伝暗号のしくみがいえたか。		

4　遺伝・遺伝子・遺伝情報の発現　　4．13　遺伝子とその構造

DNA の塩基配列として存在する真核生物の遺伝子の構造がいえる。

原核生物の遺伝子と，真核生物の遺伝子とでは，DNA 上の存在様式が異なる。

真核生物の遺伝子は，通常，**イントロン**（介在配列）と呼ばれる，タンパク質をコードしていない塩基配列によって，複数の断片に分断されて DNA 上に存在している。この断片を**エキソン**という（**図 1**）。これに対して，原核生物の遺伝子はイントロンによる分断はされていない。イントロンは，転写後のプロセッシングにおいて，**スプライシング**により除去される（36 節参照）。遺伝子の 5′ 側の上流には，**基本転写因子**や **RNA ポリメラーゼ**が結合する**プロモーター**領域があり，遺伝子の発現を直接コントロールしている。プロモーターには **TATA ボックス**など，特定の塩基配列が存在していることが多く，このことは多くの遺伝子が共通した転写調節メカニズムでコントロールされていることを示している。このような特定の塩基配列のことを**コンセンサス配列**という。また，プロモーターよりも遠く離れた 5′ 側の上流には，**エンハンサー**と呼ばれる機能をもった塩基配列が存在するが（**図 2**），遺伝子によってはエンハンサーはイントロン中や 3′ 側にある場合もある。

エンハンサーは，遺伝子発現を促進するはたらきがあり，エンハンサーに結合した**アクチベーター**と呼ばれるタンパク質のはたらきによって，遺伝子発現が促進される（図 2）。

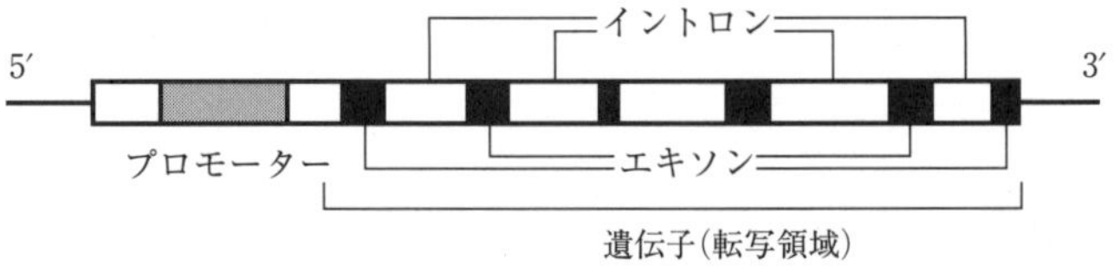

図 1　真核生物の遺伝子の構造（一例）

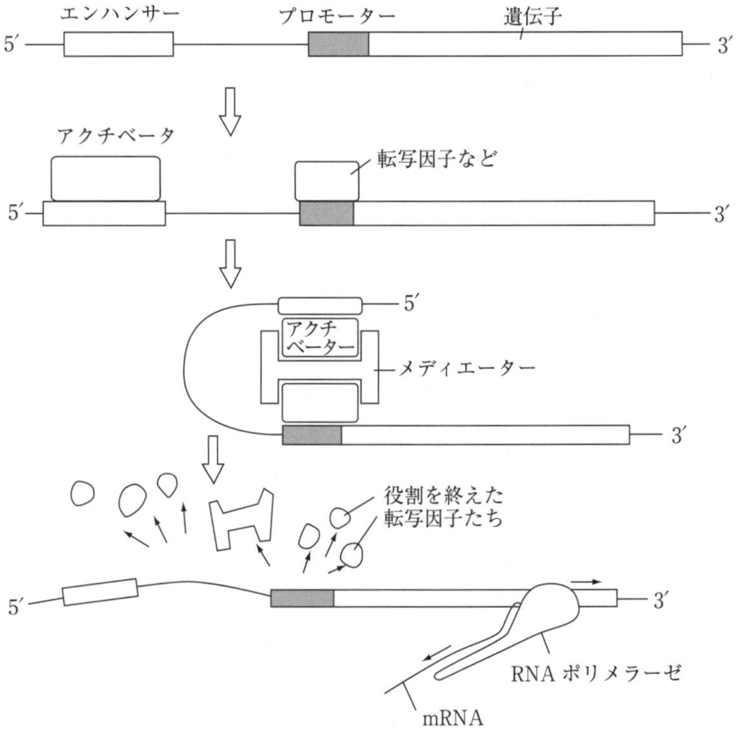

図 2　エンハンサーを介した遺伝子発現の促進

例題 **38**　イントロンが存在する生物学的意義について考察しなさい。

解答　遺伝子がイントロンによって分断されていることにより，ランダムに起きる突然変異によって大切なエキソン部分が傷つくのを防ぐのかもしれない。また，スプライシングによってイントロンが除去され，エキソンがつなぎ合わさるとき，つなぎ合わせ方を変えることで異なるタンパク質を合成できるメリットもあると考えられる。

ドリル No.38	Class		No.		Name	

問題　38.1　イントロンが存在する意義について考察せよ。

問題　38.2　エンハンサーについて説明せよ。

問題　38.3　次の記述のうち，プロモーターに関するものとして不適切なものを選べ。

① 転写開始時に，基本転写因子が結合する。
② 転写開始時に，RNA ポリメラーゼが結合する。
③ TATA ボックスなどのコンセンサス配列が存在する。
④ アクチベーターが結合する。
⑤ 遺伝子の 5′ 側の上流に存在する。

チェック項目	月　日	月　日
DNA の塩基配列として存在する遺伝子の構造がいえたか。		

4. 14　クロマチン（chromatin）・遺伝子発現（gene expression）

クロマチンの構造と遺伝子発現との関係，そのしくみがいえる。

遺伝子発現は，さまざまなレベルで調節されている。前項で述べたように，プロモーター，エンハンサーなどのDNA上のある領域は，それに直接かかわる遺伝子発現（転写の開始）を調節するが，より大きな視点で見ると，DNAが**ヒストン**タンパク質と結びついて構成している**クロマチン**の全体的な構造が，遺伝子発現を調節している場合もある。

よく発現する遺伝子が多く存在するクロマチンは，全体的な構造がゆるやかにほどけ，基本転写因子やRNAポリメラーゼ，転写因子などのタンパク質がエンハンサーやプロモーターにアクセスしやすい状態になっている。このような状態のクロマチンが**ユークロマチン**である(32節も参照)。一方，発現する必要のない遺伝子が多く存在するクロマチンは，全体的な構造ががっちりと固まって凝縮した状態となっており，上記のようなタンパク質がエンハンサーやプロモーターにアクセスできない状態になっている。このような状態のクロマチンが**ヘテロクロマチン**である(4.7参照)。ヘテロクロマチンは，核膜の内側や核小体の周囲などに見られることが多い（**図1**)。

ゲノムのどの部分がユークロマチンとなるか，ヘテロクロマチンとなるかは細胞によって異なるが，どの細胞でも同じようにヘテロクロマチン化する部分もある。その調節は，**ヒストンのアセチル化**，**DNAのメチル化**などの**エピジェネティックな修飾**によって成されていることが知られている。たとえば，ヘテロクロマチンではDNA（のシトシン部分）が高度にメチル化されていることが知られている（5.11参照)。

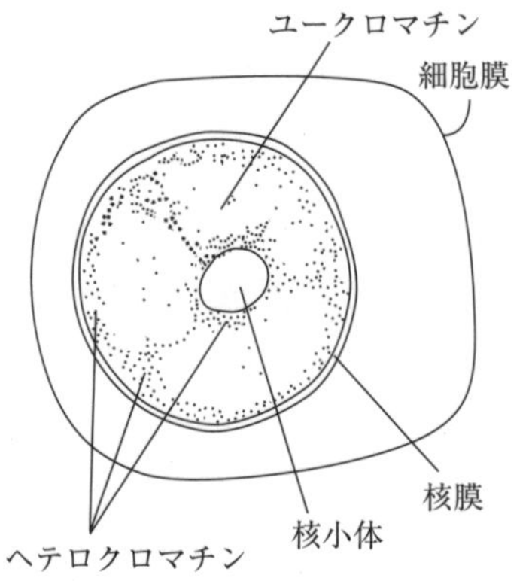

図1　細胞核のクロマチン

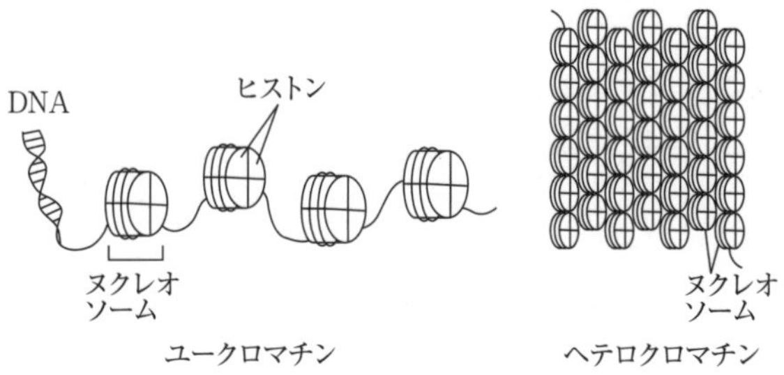

図2　ユークロマチンとヘテロクロマチン

例題 39　一度ヘテロクロマチンになったら，二度と遺伝子発現は起こらない。これは正しいか。

解答　正しくない。ヘテロクロマチンには，常に遺伝子発現が起こらない「構成的ヘテロクロマチン」と，場合によっては脱凝縮して遺伝子発現が起こるようになる「条件的ヘテロクロマチン」があり，後者では遺伝子発現が起こる可能性がある。

ドリル No.39	Class		No.		Name	

問題 39.1 ユークロマチンとヘテロクロマチンの違いを説明せよ。

問題 39.2 次の文章のうち，正しいものを一つ選べ。

① クロマチンは，DNA とアクチンタンパク質が結びついて構成されている。
② ヘテロクロマチンは，遺伝子発現が活発なクロマチンである。
③ ヘテロクロマチンは，核膜の内側や核小体の周囲に見られることが多い。
④ ヘテロクロマチンの形成には，RNA のメチル化が関与する。
⑤ ユークロマチンの DNA は高度にメチル化されている。

問題 39.3 DNA がヒストン分子に巻きついて存在していることの意義について，遺伝子発現の観点から考察せよ。

チェック項目	月　日	月　日
クロマチンの構造と遺伝子発現との関係，そのしくみがいえたか。		

4．15　突然変異(mutation)

突然変異の原因としくみがいえる。

突然変異とは，DNA の塩基配列に生じる永続的な変化のことであり，原則として，DNA のどの部分にも起こり得る。したがって通常，DNA の突然変異はランダムに起こるとされている。

突然変異にはさまざまな種類のものがあり，置換，挿入，欠失，逆位，転座，重複がその代表的なものである。**置換**は，DNA のある塩基が別の塩基に変化してしまうもの（**図1**），**挿入**は，DNA のある部分に別の塩基もしくは塩基配列が入り込んでしまうもの，欠失は，DNA のある部分から塩基もしくは塩基配列がなくなってしまうもの（**図2**），**逆位**は，DNA のある塩基配列が左右（5′ と 3′ の方向性）が逆になってしまうもの，**転座**は，DNA のある塩基配列が，全く別の染色体もしくは同一の染色体の別の部分に移動してしまうもの，そして**重複**は，DNA のある塩基配列，もしくは染色体全体，場合によってはゲノム全体のコピーがもう一つ作られてしまうもの，をそれぞれ指す。

置換は，主に DNA 複製の際に起こる DNA ポリメラーゼによる**複製エラー**に起因することが多い。DNA ポリメラーゼは通常鋳型鎖の塩基と相補的な塩基をもつヌクレオチドを新生鎖に重合するが，ごくまれに間違った塩基をもつヌクレオチドを重合する。通常この間違いは複数の修復メカニズム（**エキソヌクレアーゼ，ミスマッチ修復機構**）によって修正されるが，ごくまれに修正されない場合もある。この修正されなかった複製エラーがそのまま次のサイクルで複製されると，置換として固定化される。この他にも損傷乗り越え修復時に固定される場合もある。

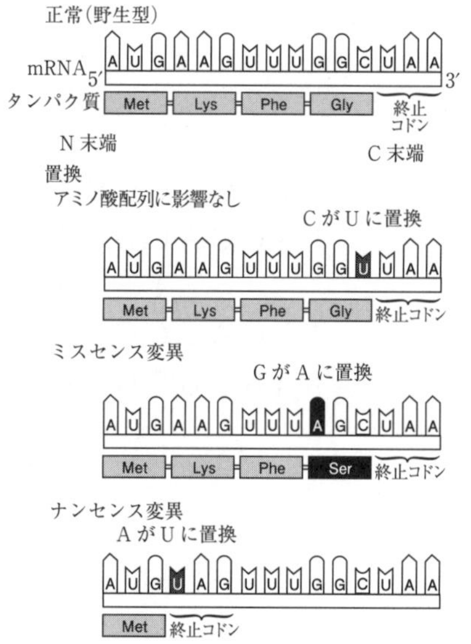

図1　置換

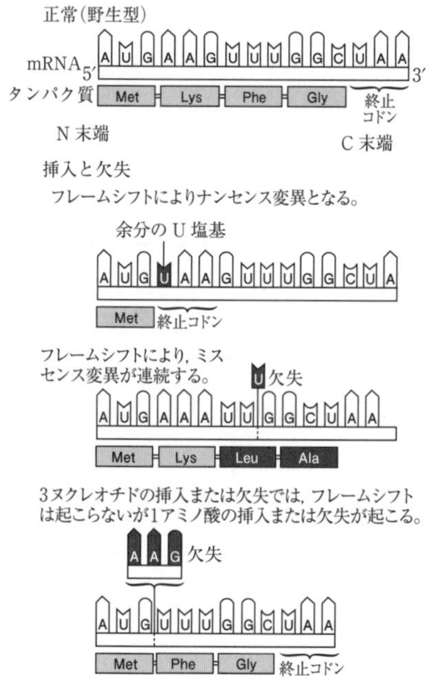

図2　挿入と欠失

例題 40　突然変異のうち，置換が生じるメカニズムの一つを説明しなさい。

解答　置換には，DNA 複製の際に生じる複製エラーに起因するものと，損傷乗り越え修復時に生じるものがある。複製エラーが修復されないまま次の複製を迎えることによって，置換として固定化される。

ドリル No.40	Class		No.		Name	

問題　40.1　突然変異のうち置換について，その起因を含めて簡単に説明せよ。

問題　40.2　次の文章のうち，正しいものを一つ選べ。

① 挿入は，DNA のある部分に別の塩基もしくは塩基配列が入り込む突然変異を指す。
② 欠失は，DNA のある部分から塩基が欠落する突然変異をいい，この場合，二本鎖のうち一方の塩基のみが欠落し，一方は残るため，言わば一方だけが“歯抜け”の状態になる。
③ 重複は，ある一本の染色体がコピーされた状態になる突然変異のみを指す。
④ DNA ポリメラーゼによる複製エラーは，生じると二度と修復されない。
⑤ 転座は，DNA のある塩基配列が左右（5′→3′ の方向性）が逆になってしまうものを指す。

問題　40.3　次の①～③にあてはまる突然変異の種類は何か。

ATCGTGCGTG	ATCGTGCGTG	ATCGTGCGTG
TAGCACGCAC	TAGCACGCAC	TAGCACGCAC
↓①	↓②	↓③
ATCGTGGCGTG	ATCGTTG	ATCACGCACG
TAGCACCGCAC	TAGCAAC	TAGTGCGTGC

①（　　　　　　　　　　）
②（　　　　　　　　　　）
③（　　　　　　　　　　）

チェック項目	月　日	月　日
突然変異の原因としくみがいえたか。		

4．16　修復(repair)・組換え(recombination)

DNA の修復メカニズムと，組換えのしくみがいえる。

前項で述べたように，DNA 複製の際に生じる**複製エラー**は，DNA ポリメラーゼに付随して存在するエキソヌクレアーゼ活性によって，エラーが生じた際に取り除かれるものがほとんどであるが，まれにエキソヌクレアーゼによって取り除かれない複製エラーも存在する。こうした複製エラーは，相補的ではない塩基対（**ミスマッチ塩基対**）として DNA 上に残ってしまうが，細胞にはこうしたミスマッチ塩基対を認識し，修復するメカニズムが備わっている。

ミスマッチ修復は，DNA 複製の際の複製エラーにより生じたミスマッチ塩基対を認識し，これを修復するメカニズムである。ミスマッチ修復では，ミスマッチ塩基対を含む数～数十ヌクレオチドをまとめて除去し，正しい塩基を含むヌクレオチドを重合する。

複製を介さずに生じたさまざまな DNA の修飾は，**ヌクレオチド除去修復**により修復される（**図 1**）。局所的に起こるこのような修飾（UV 照射による**チミンダイマー**など）は，その部分の DNA の構造をゆがめるようはたらく。こうしたゆがみを認識したタンパク質が，DNA の二重らせんをほどくヘリカーゼ活性をもつタンパク質を引きよせ，さらに DNA を分解するエンドヌクレアーゼがはたらくことにより，修飾を受けた DNA が除去される。続いて DNA ポリメラーゼにより新しい DNA が合成されて穴が埋められ，ヌクレオチド除去修復は完了する。

こうした修復メカニズムでは修復されない場合，損傷を受けた DNA と同じ塩基配列の DNA からコピーされたもので置き換えるというメカニズムで修復されることがある。これを **DNA 組換え**という。特に，DNA の二本鎖が切断された場合の修復には**相同的組換え**が用いられる。二倍体生物には両親由来の二本の同じ塩基配列が存在するため，一方が切断された場合，もう一方の塩基配列を鋳型としてコピーすることで，切断された 2 本鎖を修復することができる。この組換えの際に，**ホリデイ構造**と呼ばれる特殊な構造が形成されるが，ホリデイ構造の分離の仕方により，組換えが起こる場合と起こらない場合がある。

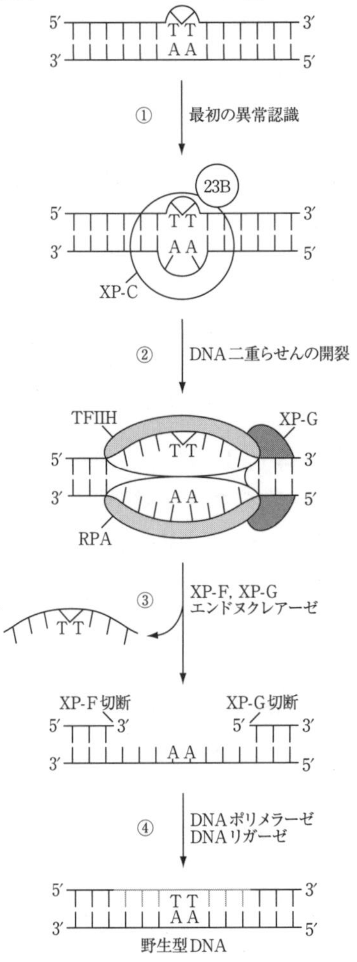

図 1　ヌクレオチド除去修復
（出典：ロディッシュ他『分子細胞生物学・第 6 版』東京化学同人）

例題 41　ホリデイ構造について説明しなさい。

解答　ホリデイ構造とは，1964 年にロビン・ホリデイが提案した相同的組換えの中間体であり，ホリデイ・ジャンクションともいう。相同的組換え時に 2 本の二本鎖 DNA 分子がつながり，十字型の構造を呈したものである。この十字型を分離するには 2 通りの方法があるが，一方ではもとと同じ DNA となり，もう一方では組換え型 DNA となる。

ドリル No.41	Class		No.		Name	

問題　41.1　ミスマッチ修復について簡単に説明せよ。

問題　41.2　ヌクレオチド除去修復について説明せよ。

問題　41.3　次の文章のうち，誤っているものを一つ選べ。

① ミスマッチ修復メカニズムは，DNA ポリメラーゼが複製エラーを起こした直後に DNA ポリメラーゼのはたらきを阻害して作用し，複製エラーを修復する。

② チミンダイマーなど複製を介さずに生じた DNA の修飾は，ヌクレオチド除去修復により修復される。

③ 二本鎖が切断された場合，相同的組換えが修復に用いられる。

④ DNA ポリメラーゼにはエキソヌクレアーゼ活性が備わっており，複製エラーが生じるとその刹那に取り除くはたらくを持つ。

⑤ ヌクレオチド除去修復では，修飾されたヌクレオチドを含む広い範囲の DNA が取り除かれ，新たに DNA ポリメラーゼにより DNA が合成される。

チェック項目	月　日	月　日
DNA の修復メカニズムと，組換えのしくみがいえたか。		

4　遺伝・遺伝子・遺伝情報の発現

4．17　変異（variation）・多型（polymorphism）

生物の同一種内にも多様性が存在することがいえる。

突然変異（mutation）による DNA の変化は，表現型レベルにおいて，同一種内においても多くの多様性をもたらすことがある。ナミテントウ（昆虫綱，テントウムシ科）に見られる背の模様の多様性は，そうした変異（**種内変異**）の代表的なものである。こうした変異をもたらす DNA の突然変異は，生存に必須な遺伝子などに見られるような，わずかな違いでも重大な機能不全をもたらすような遺伝子ではなく，生存や繁殖にはそれほど影響しない遺伝子に生じる。

ある種の集団の，ある遺伝子に注目した場合，１％未満の複数の個体の塩基配列に，何らかの違いがある場合，それは**変異**とみなされる。これは，ある個体の生殖細胞系列において突然変異によって変化した塩基配列が，子孫へと受け継がれたことを意味する。こうした変異は，**遺伝子流動**によって集団内で拡散していくが，そうした変異が１％以上の個体にまで見られるようになった場合，**多型**とみなされる。**DNA 多型**とも呼ばれる。

多型のうち，1 個の塩基が別の塩基に変化しているものを**一塩基多型（SNP）**という（**図 1**）。心筋梗塞，糖尿病などに関係する遺伝子には，いくつかの一塩基多型が関わっていることが知られており，たとえば**心筋梗塞**を引き起こすリスクを高める一塩基多型が存在する遺伝子がいくつか同定されている。

一塩基多型はヒトゲノムに広く存在し，1000 ～ 2000 塩基に 1 個の割合で存在することが知られている。

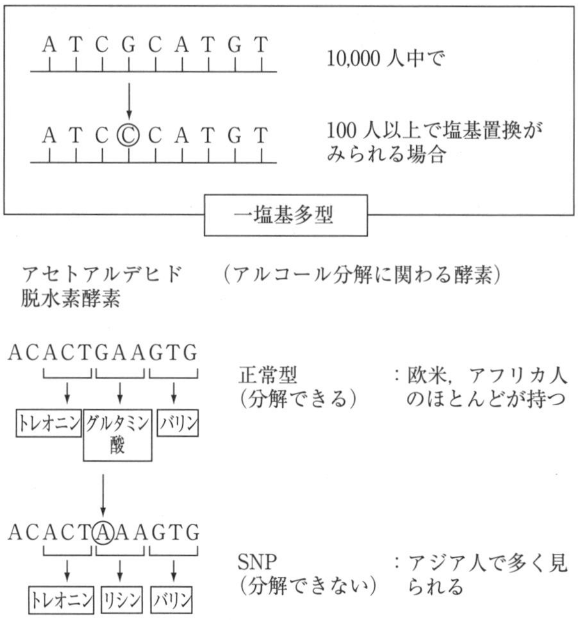

図1　一塩基多型（SNP）

例題 42　DNA 多型について説明した後，身近な現象との関係について論じなさい。

解答　DNA 多型とは，ある生物種の集団全体に対して 1％以上の個体で DNA の塩基配列上の違いがみられる場合を指す。代表的なものが一塩基多型（SNP）で，心筋梗塞などの病気と相関がある場合があることが知られている。アルコールを分解する酵素や耳垢のタイプ（湿っているか乾いているか）にも，一塩基多型が関わっていることが知られている。

ドリル No.42	Class		No.		Name	

問題　42.1　変異と多型の違いを説明せよ。

問題　42.2　一塩基多型とは何か，実例を挙げて説明せよ。

問題　42.3　ナミテントウの背の模様以外にも，種内変異は多数見られるが，私たちヒトにおける種内変異を複数挙げよ。

チェック項目	月　日	月　日
生物の同一種内にも多様性が存在することがいえたか。		

5 生物の発生　5.1 無性生殖（asexual reproduction）と有性生殖（sexual reproduction）

無性生殖では，1個体の親から体細胞分裂で，元の個体と遺伝的に全く同じ新個体が作られる。有性生殖では，生殖に特異的な生殖細胞2つの合体で，次世代の新個体を作ることがいえる。

無性生殖は，遺伝子の交換，混合が無く，元の細胞と遺伝的に全く同じ次世代の個体を作る生殖法である。通常の体細胞分裂と同じ機構であり，子孫は親と同一のクローンの関係にある。突然変異やウイルスやファージ，トランスポゾン，プラスミドなどの関与なしでは，親世代と全く同じ個体が代々続くことになる。親の長所が変わらず伝わる利点はあるが，遺伝的多様性に乏しく，環境変化に対応しにくいことが欠点である。

一方，**有性生殖**は，生殖に特異的な生殖細胞を発達させ，生殖細胞同士の合体で次世代の新個体を作る。減数分裂で生殖細胞を作る際に，相同染色体の数を n とすると 2 の n 乗（2^n）の配偶子の組み合わせが可能である。実際はさらに相同染色体の組換えにより配偶子の種類が増し，その接合，受精の場合には掛け合わせにより一層多様性が増加する（2^{2n} 以上）。遺伝子プールを増し，遺伝的多様性を付与するのに有力な生殖方法である。しかし生殖の相手が見つからないと，子孫を残せない危険性がある。そのため，植物や下等な動物では，有性生殖を主体とする生物種でも，無性生殖も可能な場合がある。植物の葉や根からの栄養生殖も一例である。

逆に無性生殖を主とする生物種でも，有性生殖が可能な場合がある。原生動物のゾウリムシは通常は体を二分する分裂で無性的に増えるが，生育環境の変化によって，接合により小核を交換し，有性生殖様の過程を経る場合がある。

生物は遺伝的安定性と多様性の双方を満たしながら，進化してきた。変わらず伝え，時として変化する。不変性，普遍性か多様性のどちらを重視するか，生物種がどれを選択するか。重要な生物種の判断である。一般には脊椎動物や種子植物など高等な生物は有性生殖を選択している。

例題 **43.1**　無性生殖で遺伝的多様性を付与する方法を考えなさい。

解答 突然変異やウイルスやファージ，トランスポゾン，プラスミドなどの関与。

例題 **43.2**　果樹や花卉《かき》などでは，種子から植物体を育てる以外に，接ぎ木や挿し木が行われる。種子から育てた場合と，接ぎ木や挿し木の場合の差異を説明しなさい。

解答 種子は有性生殖の産物であり，遺伝的に親とは異なる。接ぎ木や挿し木は無性生殖であり，遺伝的に親と同一である。親の特性たとえば果実が甘い，花色が鮮やかなどを変えずに維持したい場合は，無性生殖でクローンを得る方法が適している。

ドリル No.43	Class		No.		Name	

問題　43.1　無性生殖で遺伝的多様性を付与する方法を考えなさい。

問題　43.2　ヒトの生殖細胞の多様性は何通り以上あるか。

問題　43.3　ヒトの次世代の新個体の多様性は何通り以上か。

問題　43.4　無性生殖と有性生殖の長所，短所を答えなさい。

問題　43.5　単為生殖を説明しなさい。

チェック項目	月　日	月　日
無性生殖と有性生殖の特徴がいえ，遺伝的多様性を裏付ける計算ができたか。		

5.2 生殖細胞（germ cell）と体細胞（somatic cell）

次世代のための生殖細胞と，個体を形作る体細胞の相違点を指摘できる。

体細胞は個体を形成する細胞で，主に二倍体（$2n$）であり体細胞分裂で増える。**生殖細胞**は次世代となるべき細胞で，減数分裂で半数体〔一倍体〕（n）となる。

ヒトの一生を考えてみよう。生殖細胞である卵（n）と精子（n）の受精により，受精卵（$2n$）が生じる。細胞1個から成る受精卵は，体細胞分裂を繰り返し，60兆個の細胞から成る個体へと成長する。個体の生命維持には，体細胞が必要十分といえる。しかしヒトを種（species）として考えると，個体はいずれ死ぬが，子孫を残せば種は存続する。子孫となるべき細胞が生殖細胞である。

体細胞と生殖細胞は発生の早い時期から，完全に異なる系列として分化する。生殖細胞に分化する細胞は，**始原生殖細胞（primordial germ cell）**と呼ばれ，発生初期に形成され，その後将来の生殖巣へとアメーバ運動で移動する。

キイロショウジョウバエでは，生殖細胞の元となる細胞が，受精後90分ほどで，卵後極に分化する。

マウスでは，7.5日胚で始原生殖細胞が観察され，11日胚では生殖巣の原基に移動している。

ヒトでは，始原生殖細胞は，卵黄嚢の後壁付近に由来し，胎生4週以降に生殖巣の原基に進入し，生殖細胞に分化する。このように，個体の誕生よりずっと早い時期に，その個体が持って生れて来るべき生殖細胞が用意される。何故，生殖細胞と体細胞が歴然と区別されているのか。

真核生物の線状DNAの5’末端には，テロメア（telomere）という繰り返し構造がある。ヒトのテロメアは，GGGTTAの繰り返し構造から成る。体細胞では10kb程度以下であり，生殖細胞では15 kbから20 kbである。テロメアを複製する酵素がテロメラーゼ（telomerase）であり，鋳型となるRNA鎖を持つ逆転写酵素の一種である。テロメラーゼがない場合，染色体は複製のたびに50から200塩基対ずつ短くなる。100塩基対ずつ短縮すると仮定すると，ヒト体細胞のテロメアは100回の分裂で消滅する計算になる。個体の体細胞は，体細胞分裂を繰り返すことにより，染色体の末端のテロメアが短縮し，分裂能を消失し，死に至る。

種の存続のためには，テロメアの長さの回復が必要である。体細胞にはテロメラーゼ活性が無く，生殖細胞はテロメラーゼ活性を有すると考えられる。個体には寿命があるが，生殖細胞が次世代へとつながる事で，種としての存続を図る。

さらに，体細胞は個体の生存期間中，DNAのメチル化などの後天的変化も起こり，さまざまに変化する。生殖細胞では，これらの変化もリセットされ，新たな個体の一生を可能にする。

生物は，個体自身が，次世代も担って生まれてくるのである。

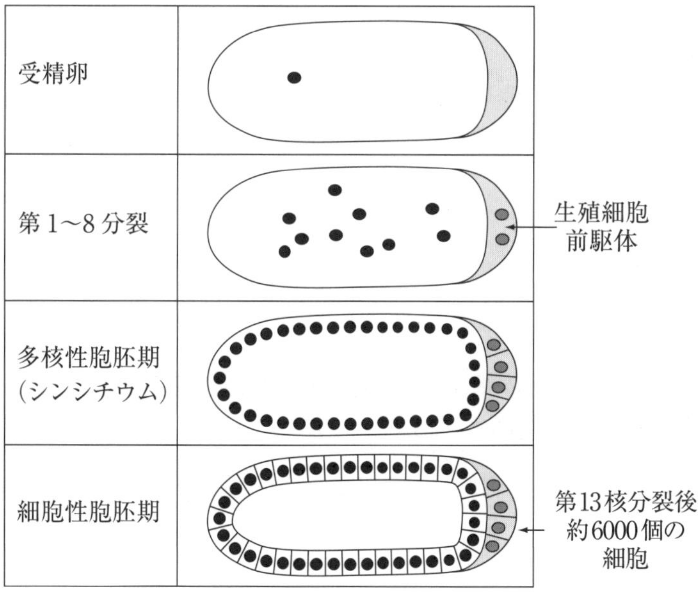

図1 キイロショウジョウバエの発生

例題 **44.1** 逆転写酵素とは何か。

解答 RNAを鋳型にして，DNAを合成する酵素である。通常の転写は，DNAを鋳型にRNAポリメラーゼがRNAを作る。逆向きの逆転写は一般に存在しない。レトロウイルスは逆転写酵素を持つウイルスとの命名の特殊例であり，他の生物は逆転写酵素を持たない。テロメラーゼはRNAを鋳型にDNAを合成する能力を持つ一種の逆転写酵素である。

ドリル No.44	Class		No.		Name	

問題 44.1 ヒトのテロメアは，体細胞では 10 kb 程度以下である。テロメラーゼがない場合，染色体は複製のたびに 100 塩基対ずつ短縮すると仮定すると，ヒト体細胞のテロメアは何回の分裂で消滅するか。（kb はキロベースと読む。1000 塩基の意味。ここでは 1000 塩基対の略として使用。）

問題 44.2 ヒトのテロメアは生殖細胞では 15 kb から 20 kb と，体細胞より長い。20kb とした場合，染色体は複製のたびに 100 塩基対ずつ短縮すると仮定すると，ヒトの生殖細胞のテロメアは何回の分裂で消滅するか。

問題 44.3 ヒトのテロメアは未だ消滅していない。その理由を考えなさい。

問題 44.4 テロメアが短縮する原因は，ある酵素の特性にある。この酵素名と特性を答えなさい。

問題 44.5 体細胞がテロメラーゼ活性をもち，テロメア短縮を防ぐとすると，どのような影響があると予想されるか。

チェック項目	月 日	月 日
生殖細胞と体細胞は，倍数性の違い以外にどのような相違点をもつかを説明できたか。		

5 生物の発生　5.3 受精 (fertilization)

受精とは，卵（卵細胞）と精子（精細胞）が合体することがいえる。

生物が遺伝的多様性を獲得するための有性生殖，そのためには，まず二倍体としての生存，減数分裂による半数体の生殖細胞形成，および2個の生殖細胞（配偶子）の合体が必要となる。特に配偶子の分化が進み，卵や卵細胞と精子や精細胞との合体，接合の場合を**受精**と呼ぶ。

新個体を生み出す特異的段階が受精である。生物は受精を確実に円滑にするため，細胞質に富み運動性のない卵と，細胞質を捨て去り運動性を獲得した精子の受精という形態を発達させた。被子植物では胚珠内の卵細胞と，花粉由来の精細胞の受精が起こる。花粉は風に乗り，昆虫など動物に運ばれ，雌しべの柱頭で花粉管を伸ばして，運動性のない精細胞を胚珠に送り届ける。

動物は個体レベルでは相手と出会い，認識し合わなければならない。モンシロチョウの紫外線による雌雄の翅の色の差異，鳥のさえずり，カイコガのフェロモン，儀式的行動，婚姻色への変化，接触による刺激など，視覚，聴覚，嗅覚，触覚などを駆使する。

細胞レベルでは，2つの細胞が融合し，細胞質のみならず核も融合させなくてはならない。精子の先体反応は，卵に精核を送り届ける重要な反応である。花粉管は，胚珠の卵細胞横の助細胞に誘引される。

染色体，DNA レベルでは，卵核（n）と精核（n）が融合し，受精核（$2n$）となり，両者の染色体が相同染色体として共存する。次世代のための減数分裂では，この相同染色体が対合し，乗換え，組換えで，新たな多様性を生み出して行くことになる。

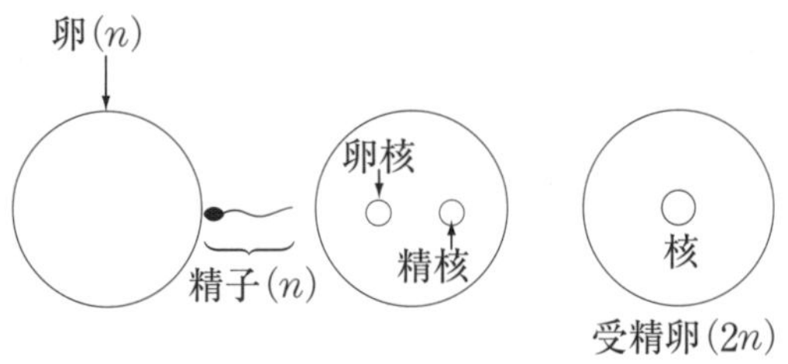

図1　受精模式図（極体は省略）

卵と精子には大きさの差がある。たとえば，ヒトでは卵の直径100～150μm，精子頭部長(核が含まれる部分) 5μm，全長 60μm である。卵核と精核の融合により受精核が形成され，体細胞ゲノムへの寄与は同等である。

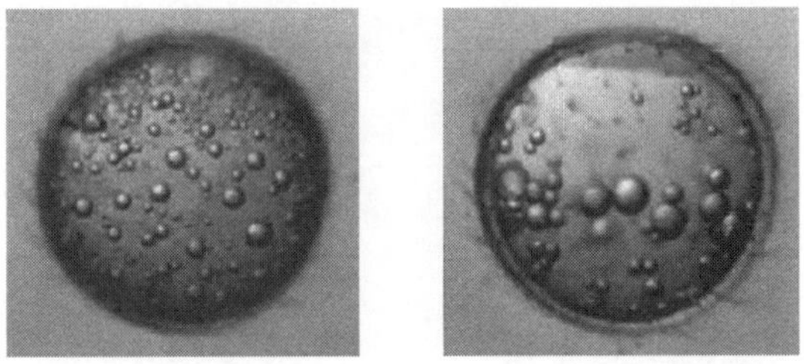

未受精卵　　受精卵（1細胞期）

図2　メダカ　未受精卵（左）と受精卵（右）

多数見える小球は油球。受精卵は卵膜がはっきり見られる。魚類の卵割様式は盤割であり，右図上部に1細胞期の胚がある。（基生研　笹土隆雄博士提供）

例題 45　二倍体，一倍体，半数体を説明しなさい。

解答　ヒトは各1組ずつのゲノム DNA をもつ卵と精子の受精から生じる。このようにゲノム DNA を2組（2セット）もつ生物は二倍体である。

大腸菌のように，ゲノム DNA が1組のみの生物は一倍体である。通常は一倍体として生活する。

半数体は二倍体として生活する生物の生殖細胞のように，通常は二倍体が基本の生物が「一時的に半分」になった状態との認識で半数体と称する。（4.4，5.2 参照）単為生殖によるミツバチの雄のような例外はあるが，半数体は通常個体として生活できない。

ドリル No.45	Class		No.		Name	

問題　45.1　受精の際，複数の精子が卵に入るとどうなるか。

問題　45.2　受精の際，運動性のある精子が卵に近付くが，運動性のない精細胞の場合はどのような機構があるか。

チェック項目	月　日	月　日
受精は個体の始まりであり，連綿と続く種の縦糸であり，新個体を生み出すための生殖細胞の振る舞いがいえたか。		

卵割・胚発生の基本的な過程がいえる。

有性生殖を行う生物の生命の始まりは，**受精卵**（fertirized egg）である。受精卵は，**卵割**とよばれる体細胞分裂を繰り返すが，受精卵全体の大きさは変わらない。卵割によって，2 細胞期，4 細胞期，8 細胞期，16 細胞期と発生が進んでいく（**図 1**）。

卵割によって生じた細胞は**割球**とよばれ，割球の数は，2^n で表すことができる。32 細胞期から 64 細胞期は，**胚**（embryo）の形が桑の実に似ているので**桑実胚**とよばれている。卵割が進むにつれて，一つの細胞の大きさはだんだん小さくなり，通常の体細胞の大きさに次第に近づいてくる。卵割の様式は，生物によって異なり様々に分類されている。

卵割が進むと，胚の表面がなめらかとなり，胚の内部に腔所ができる。**胞胚**（blastula）である。ウニの胞胚では，外側に 1 層の細胞が並んでいる。

発生が進むと，表面の細胞が胞胚の 1 か所で，胚の内部に向かって動いていく。胚の内部にできた腔所は，**原腸**（primitive gut）であり，原腸の入り口は**原口**（blastopore）とよばれる。この時期の胚が**原腸胚**（gastrula）である。原腸胚では，細胞は，3 種類に分かれる。原腸を構成する**内胚葉**（endoderm），胚の外側の**外胚葉**（ectoderm），内胚葉と外胚葉の間の**中胚葉**（mesoderm）である。動物の中には，胚葉を生じないもの，内胚葉と外胚葉だけのものもある。

原口の形成は，2 通りある。原口が，そのまま成体の口となる旧口動物（protostomes）と，原口が成体の肛門となる新口動物（deuterostomes）である。旧口動物には，扁形動物，線形動物，環形動物，軟体動物，節足動物などが含まれ，新口動物には，棘皮動物，脊椎動物などが含まれている。

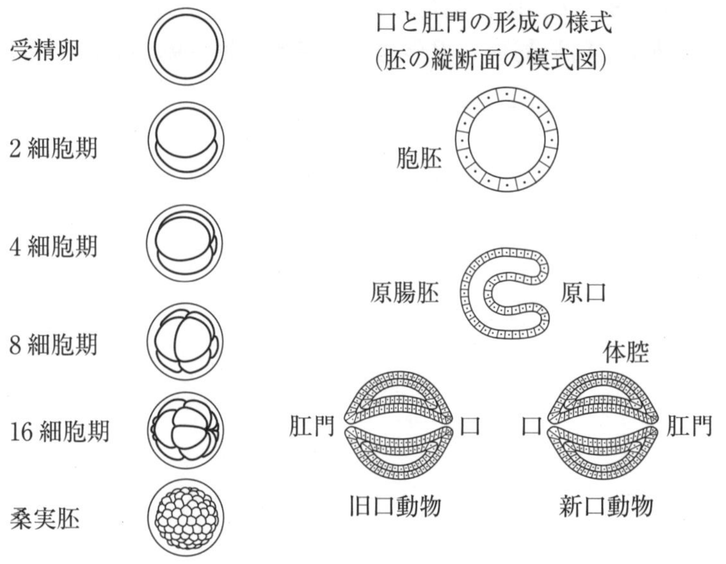

図 1

例題 **46**　下記を胚発生の順に並べ，最後の胚の名称を述べよ。

ア	イ	ウ	エ	オ	カ	キ	ク
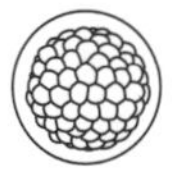			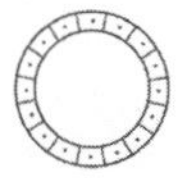				

解答　イ ⟶ カ ⟶ ク ⟶ オ ⟶ キ ⟶ ア ⟶ エ ⟶ ウ ⟶ 原腸胚

ドリル No.46	Class		No.		Name	

問題　46.1　卵割によって生じた割球の数は，2^n で表すことがある。この理由を述べよ。

問題　46.2　ウニの受精卵から原腸胚までを図で表せ。

問題　46.3　次の図は動物の系統樹の一部を示している。空白を下記の語を用いて埋めよ。

節足動物，扁形動物，線形動物，環形動物，軟体動物，棘皮動物，旧口動物，脊椎動物

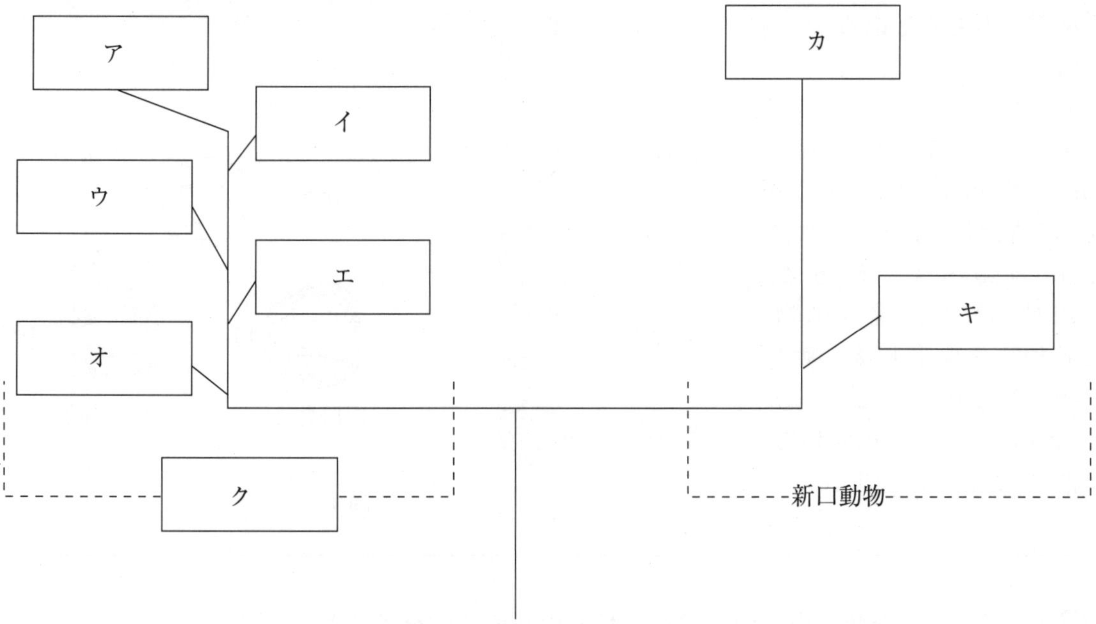

チェック項目	月　日	月　日
卵割・胚発生の基本的な過程がいえたか。		

細胞の分化に伴う器官形成がいえる。

原腸胚で分化した**外胚葉**，**内胚葉**（**endoderm**），**中胚葉**は，それぞれ異なった器官（organ）の原基となり，器官形成を行うようになる。原基とは，個体発生において，器官形成の材料となり，将来器官となるものである。

胚　葉	器　官
外　胚　葉	表皮，神経系，感覚器（目など）
中　胚　葉	骨格，筋肉，循環器官，生殖器官，腎臓
内　胚　葉	消化器官，呼吸器官，分泌腺

胞胚から**原腸胚形成**にかけては，細胞内の大きな動きがみられる。1920年代，ドイツのフォークト（Walther Vogt）は，この細胞の動きを追跡した。彼は，イモリの胞胚の細胞に無害な色素で染色（中性赤やナイル青など）を行った。その後，一定の間隔をおいて細胞を切断し，細胞の動きを観察した。この方法によって，フォークトは，胞胚におけるさまざまな細胞の**運命地図**（**fate maps**）を作成した。今日では，同様な方法は，蛍光色素を用いて行われている。

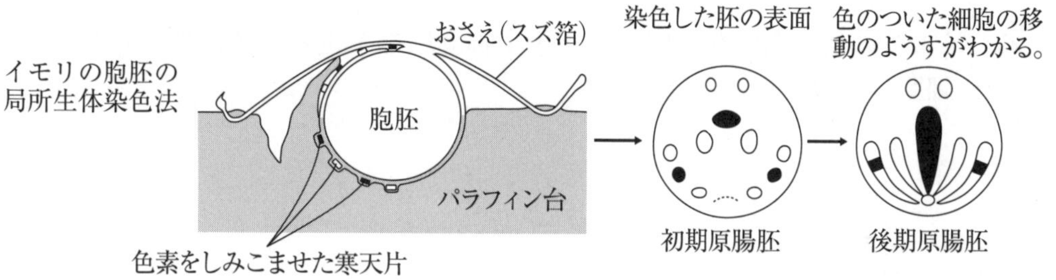

1920年代，ドイツのシュペーマンは，運命地図が変更可能であるかどうかを色の異なるイモリを用いて調べた。初期原腸胚の時期に，予定神経域（将来神経になる領域）と予定表皮域（将来表皮になる領域）を交換移植した。その結果，神経になるはずの細胞は，表皮となり，表皮となるはずの細胞は神経となり，細胞の運命は変更された。後期原腸胚の時期に，同じ実験を行うと，細胞の運命は変更せず，予定神経域は神経となり，予定表皮域は，表皮となった。発生の時期により，細胞の運命が決まるのである。このように，細胞が特殊化することを細胞の**分化**（**differentiation**）という。

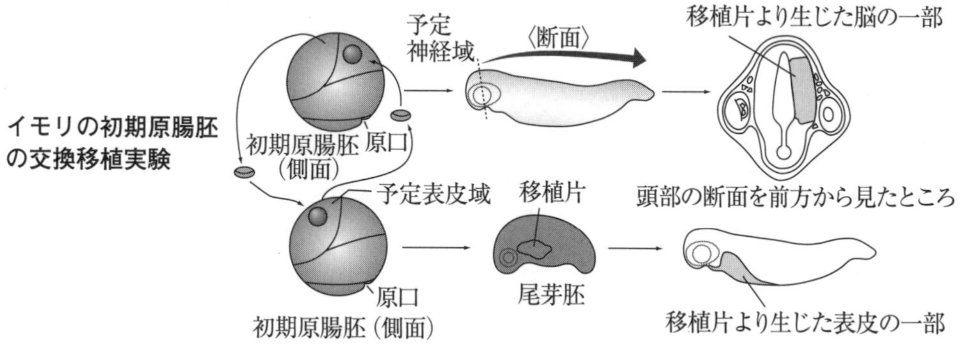

例題 **47**　外胚葉から分化する器官名を述べよ。

解答　表皮，神経系，目などの感覚

ドリル No.47	Class		No.		Name	

問題　47.1　内胚葉から分化する器官名を述べよ。

問題　47.2　中胚葉から分化する器官名を述べよ。

問題　47.3　フォークトは，胞胚から原腸胚にかけての細胞の動きを追跡するために，どのような方法を考えたか。

問題　47.4　イモリの初期原腸胚の時期に，予定神経域を予定表皮域に移植した。どのような結果になったか細胞分化の視点から説明せよ。

【コラム】クローンカエル

イギリスのガードン（Johon B. Gurdon）は，1960年代，アフリカツメガエルの小腸の細胞の核を未受精卵に移植することにより，クローンカエルをつくることに成功した。このことにより，分化した動物細胞の核にも完全な成体を作る能力があることが証明されたのである。2012年，この業績により，ガードンはノーベル医学・生理学・医学賞を日本の山中伸弥とともに受賞した。

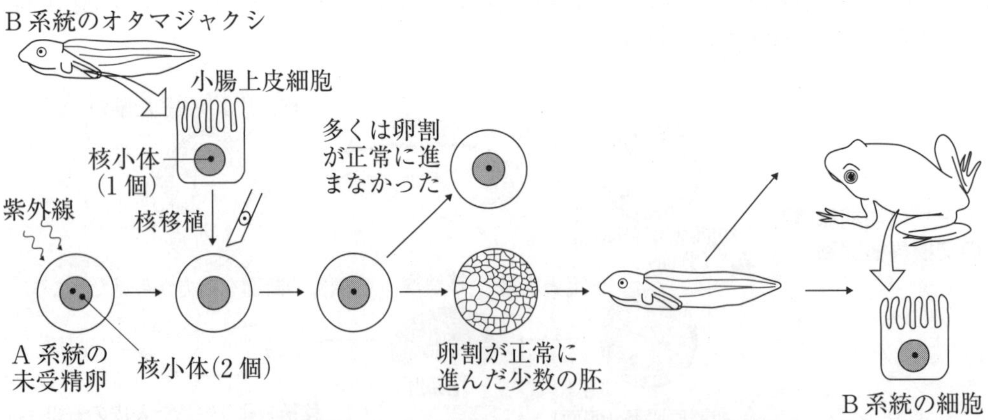

図　アフリカツメガエルを用いた核の移植実験

チェック項目	月　日	月　日
細胞の分化に伴う器官形成がいえたか。		

5.6 羊膜類（amniota）の発生

羊膜類の発生の特徴がいえる。

羊膜類とは，脊椎動物のうち，発生の途中で**羊膜**（aminion）を生じる動物であり，爬虫類，鳥類，哺乳類である。魚類と両生類は，水中に卵を生み，胚が発生するので，胚を乾燥から守る必要がない。しかし，陸上で生活する爬虫類，鳥類，哺乳類は，胚発生の段階での水環境が必要である。この問題を**羊膜**が解決したのである。**羊膜類**は，体内受精を行う。

爬虫類，鳥類の卵殻は，防水機能があり，乾燥地帯でも産卵を可能にした。だが，通気性があり，酸素と二酸化炭素といった気体は出入りすることができる。

卵白（albumen）は，卵殻の下にあり，発生している胚を守る役目と胚に対するタンパク質と水分の供給を担っている。

卵白の内側には，4つの膜が存在する。**漿膜**（chorion），**卵黄膜**（yolk sac），**尿膜**（allantois），**羊膜**である。これらは，いずれも発生において，**胚膜**（embryonic membrane）から分化したものである。

漿膜は，**羊膜**と**卵黄膜**，**尿膜**の外側にある。**漿膜**は，酸素が入り，二酸化炭素が出ていくことを可能にしている。

卵黄膜は，**卵黄**（yolk）を含んでいる。**卵黄**は，発生している胚への栄養の供給源である。胚は，血管を通して卵黄から養分を吸収する。

尿膜は，胚からの老廃物を受けとっている。さらに，**尿膜**は，胚のガス交換の機能を果たしている。

羊膜は，羊水を蓄えており，胚を守っている。

尿膜と**漿膜**は，哺乳類では，**胎盤**（placenta）形成に関与している。

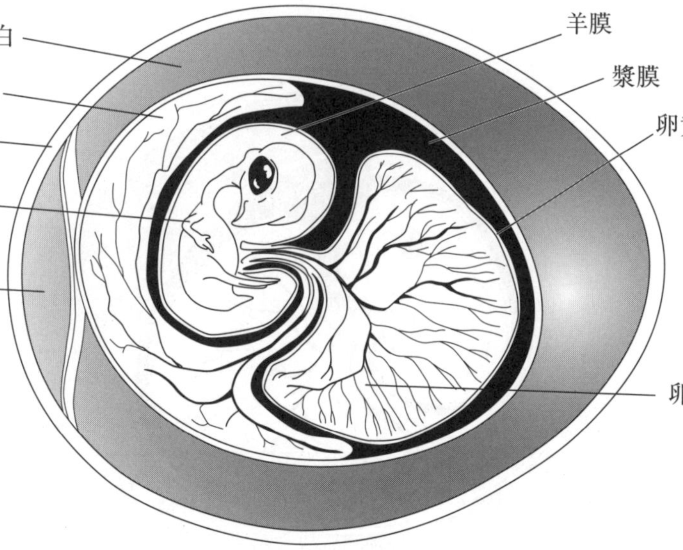

図1　ニワトリの卵の内部構造

例題 48　羊膜類の動物を下記から選べ。

イヌ　　フナ　　カナヘビ　　ニワトリ　　トノサマガエル

解答 イヌ　　カナヘビ　　ニワトリ

ドリル No.48	Class		No.		Name	

問題　48.1　羊膜の利点を述べよ。

問題　48.2　羊膜類の卵と冬山などで着る高性能の服との共通点としてどのようなことが考えられるか，述べよ。

問題　48.3　尿膜が胚の老廃物を蓄えることには，どのような利点があるか，述べよ。

問題　48.4　次の図はニワトリの卵の内部構造を示している。空白を下記の語を用いて埋めよ。

羊膜，　尿膜，　卵黄膜，　漿膜

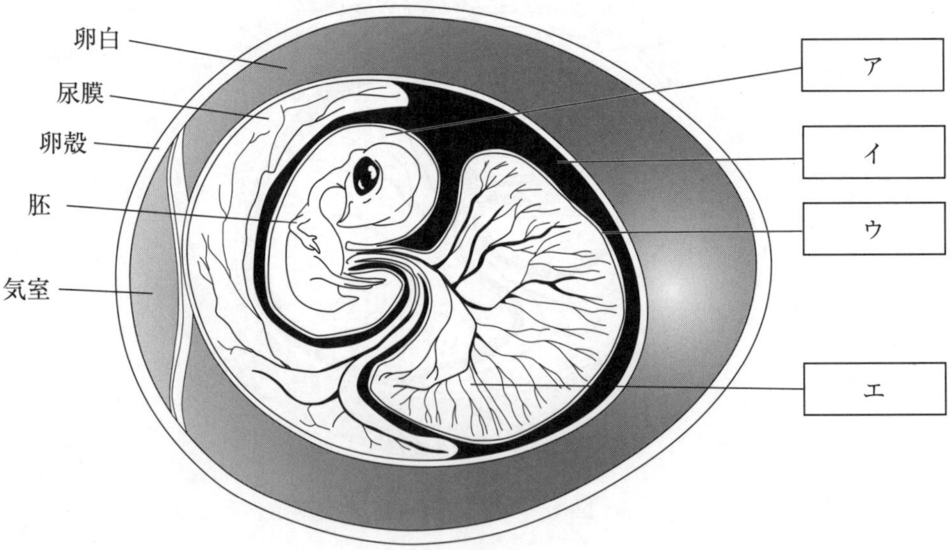

チェック項目	月　日	月　日
羊膜類の発生の特徴がいえたか。		

5　生物の発生　　5.7　種子植物の発生と器官形成

種子植物の発生と器官形成について説明できる。

被子植物の生殖器官は，花であり，生殖はここで行われる。花には，雄の生殖器官である**おしべ**と雌の生殖器官である**めしべ**がある。おしべの葯《やく》の中では，雄である花粉母細胞（$2n$）が減数分裂を行い，花粉（n）となる。花粉の壁は厚くなっており，花粉が葯から外界に出たときに，乾燥を防ぐことができ，衝撃に耐えることができるようになっている。花粉は分裂を行い，2個の精細胞（n）となる。花粉は雄の**配偶体（gametophyte）**である。

めしべの子房は胚珠を含んでおり，雌である胚のう母細胞（$2n$）はここで発生する。胚のう母細胞（$2n$）は減数分裂を行い4個の細胞（n）となり，このうちの3個は消失する。残った1個の細胞は，分裂を3回行い8個の細胞（n）となる。これらの8個の細胞（n）が膜で囲まれたのが**胚嚢《のう》（embryo sac）**である。この状態が雌の**配偶体**である。**胚嚢**の基部にある細胞の1つが卵細胞である。

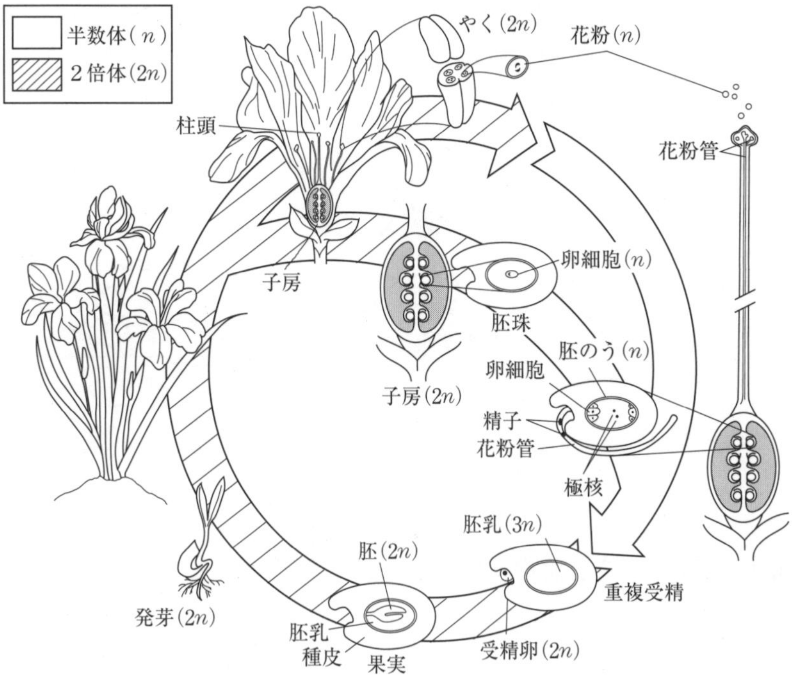

卵細胞（n）が花粉の精細胞（n）と受精した後，受精卵（$2n$）となり，これが体細胞分裂を繰り返して植物の**胚（embryo）**（$2n$）となる。**胚**は，**胞子体（sporophyte）**である。もう一方の精細胞は，胚珠の中央にある2個の**極核**と融合し，**胚乳（ovule）**（$3n$）となる。このように，胚と胚乳が同時に受精するので，**重複受精（double fertilization）**とよばれている。

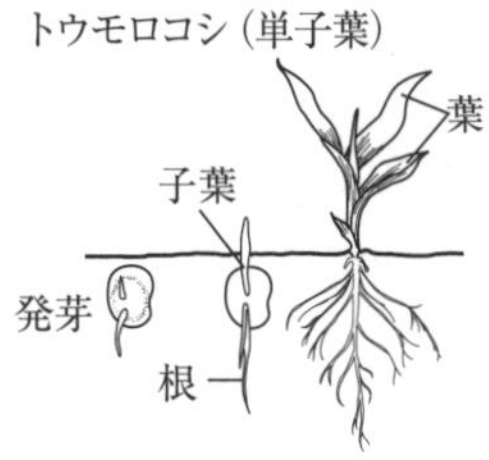

胚は，子葉，幼根などに分化していく。胚乳がそのまま残る種子と，胚乳が消失し子葉だけの種子がある。種子は，種皮によって乾燥から守られており休眠状態となる場合がある。種子は，水分を吸収すると，膨らみ種皮が割れて発芽する。**単子葉**の場合，子葉は地下にあり，発芽して本葉が出てくる。**双子葉**の場合，発芽後，子葉は地上に出てきて，茎と本葉を保護しながら，植物体に栄養を供給する。子葉は，栄養の供給後に枯れる。

例題 49　被子植物で受精卵と胚乳は，どのようにして形成されるか。次から選べ。

ア　体細胞分裂　イ　減数分裂　ウ　受粉　エ　重複受精

解答　エ　重複受精

ドリル No.49	Class		No.		Name	

問題　49.1　次の図は種子植物の受精現象を示している。図のア，イ，ウ，エの染色体数を n, $2n$, $3n$ のどれかで答えよ。

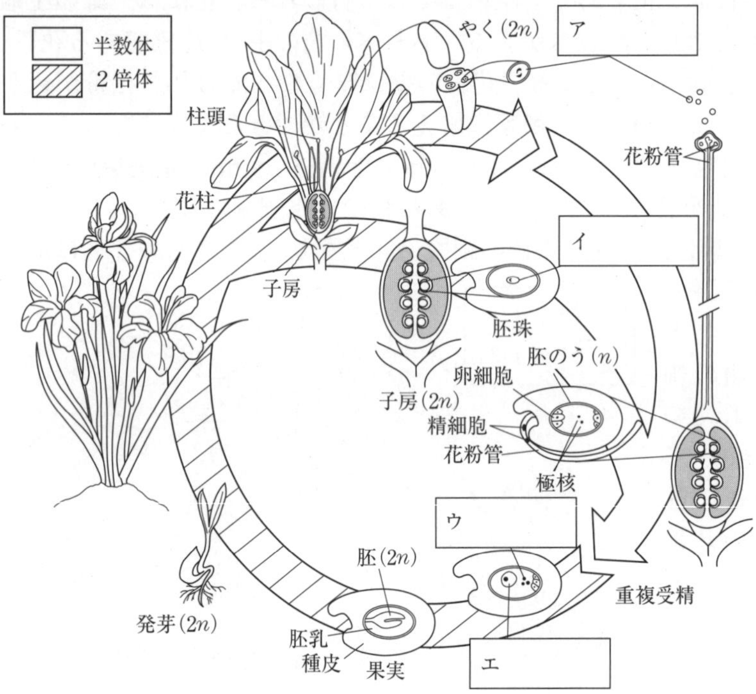

問題　49.2　被子植物では，配偶体と胞子体のどちらが大きいか。

問題　49.3　花粉と胚珠の違いを述べよ。

問題　49.4　種子のそれぞれの器官の機能を説明せよ。

チェック項目	月　日	月　日
植物の発生と器官形成について説明できたか。		

5.8 幹 細 胞 (stem cell)

幹細胞とは，未分化状態を保ち万能性，多能性を維持した細胞であることがいえる。

ヒトを含め多細胞生物は，細胞増殖と分化が必須である。受精卵など未分化細胞が体細胞分裂で数を増し，ある程度の細胞数に達すると分化がはっきりしていく。

維管束植物の例で明らかなように，細胞増殖は分裂組織が担い，他の細胞は様々に分化する。動物の場合も，未分化状態を保ち万能性，多能性を維持した細胞の存在が確認されている。それが**幹細胞**である。細胞の増殖は，高度に分化した細胞よりも，増殖に特化した幹細胞に任せるほうが得策である。

トカゲは尻尾が切れても生えるが，尻尾からトカゲは生えない。ところが，プラナリアは「切っても切ってもプラナリア」（阿形清和著）と言えるように，いくつもの断片に切ってもプラナリア個体が生じ，非常に再生能が高い。これは体中に多くの幹細胞を有しているためである。

ヒトでは，トカゲやプラナリアのような，器官および個体の再生は望めない。ヒトの場合，幹細胞として次のようなものが考えられる。赤血球や白血球は骨髄の造血幹細胞から作られる。特にヒト赤血球は無核であり，分化後の自身の増殖はできない。造血幹細胞から，赤芽球，網状赤血球と分化し赤血球となる。**胚性幹細胞**（embryonic stem cell；ES 細胞）は，胎児期の胚盤胞の**内部細胞塊**（inner cell mass）由来の幹細胞株である。また**人工多能性幹細胞**（induced pluripotent stem cell；iPS 細胞）は成人の分化した細胞に外来の複数の遺伝子を導入して幹細胞として樹立したものである（10.5 万能細胞　参照）。これらは基礎研究のみならず再生医療の一翼を担うと期待される細胞である。

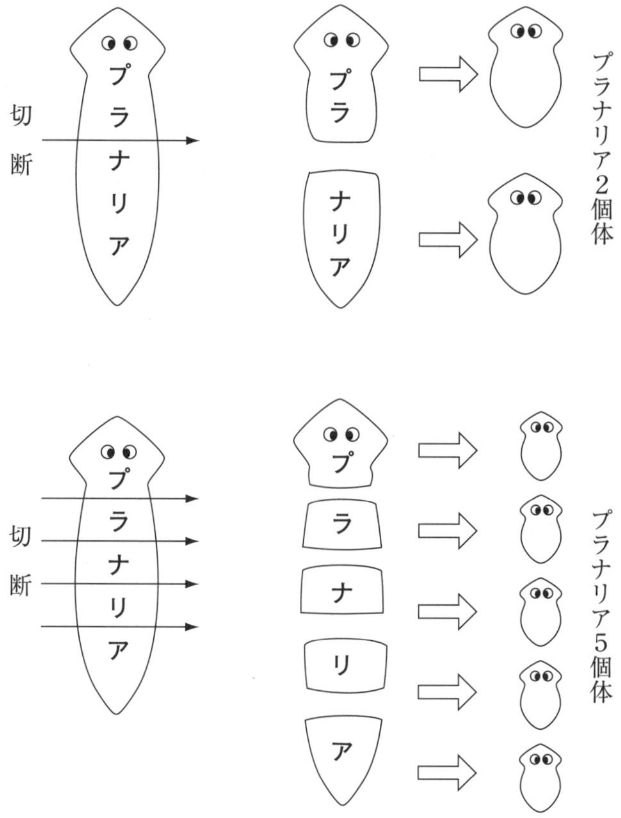

図1　プラナリアの再生

例題 50　プラナリアが高い再生能をもつのは何故か。

解答 多くの幹細胞が存在するため。

ドリル No.50	Class		No.		Name	

問題　50.1　ヒトにはさまざまな細胞が存在する。細胞が損傷を受けたり，寿命により数が減った場合など，新たな細胞が供給される必要がある。分化した細胞がそのまま，あるいは脱分化して増殖する事が考えられる。しかし，脱分化では対応できず，幹細胞の存在が不可欠な細胞を例示しなさい。その理由も書きなさい。

問題　50.2　骨髄移植の目的を答えなさい。

チェック項目	月　日	月　日
幹細胞と再生能の関連がいえたか。		

転写制御因子の濃度勾配から，体節レベルの分化の方向性を決定する遺伝子がホメオティック遺伝子ということがいえる。

キイロショウジョウバエは遺伝学の有用なモデル生物として，**伴性遺伝**の例として知られるX染色体上の遺伝子 *w*（白眼 *white*）や，反り返った翅（*curly*），棒状の眼（*Bar*）などさまざまな突然変異体と関連遺伝子が解析されている。いずれも眼や体色の変化，翅の形状の変化など，本来の構造の色や形あるいは機能の変化であることが多い。

ところが，触角が脚になる，あるいは平均棍《こん》（昆虫は一般に翅が4枚だが，ハエは双翅類で，2枚の翅と2つの平均棍《こん》をもつ）が翅になるなど，まるで違うものに置き換わった突然変異が発見された。その特殊性から，**ホメオティック突然変異**（相同異質形成の意味）と命名された。これらの遺伝子が**ホメオティック遺伝子**であり，DNA結合能のある60アミノ酸からなるホメオドメインをもつ転写制御因子として，他の遺伝子の発現を調節している。

胚における特定タンパク質の濃度勾配がホメオティック遺伝子などの発現のON，OFFあるいは量の多少を制御し，発生の方向性，道筋を決めていると考えられる。ホメオティック遺伝子は種を超えて相同性が高く，保存されている。

キイロショウジョウバエ胚の体節形成遺伝子を，発現時期の早い上位遺伝子から例示する。ホメオティック遺伝子の変異は，これらの遺伝子により決定された分化パターンを変更してしまう。

1. ギャップ（gap）遺伝子；hunchback,Kruppel, giant, knirps,tailless など。
2. ペアルール（pair-rule）遺伝子；fushi tarazu（ftz），even skipped（eve）など。
3. セグメントポラリティ（segment polarity）遺伝子；engrailed,wingless ,hedgehog など。

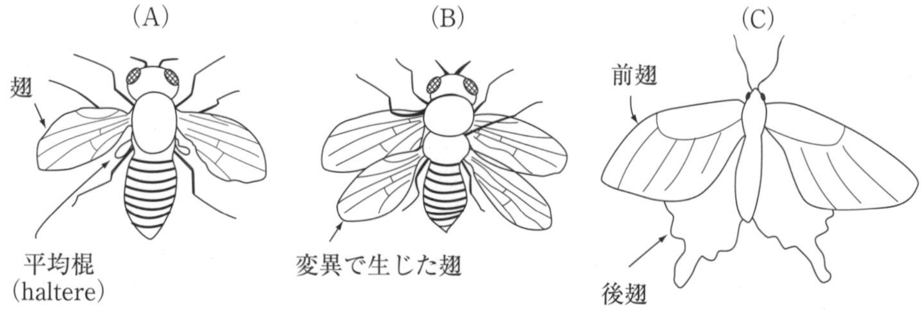

図 1　キイロショウジョウバエ　野生型(A）とホメオティック突然変異の一種・バイソラックス変異体(B)，アゲハチョウ（C)

（A）野生型の胸部第3節が（B）のバイソラックスでは胸部第2節に変化したため，本来，翅2枚，平均棍2本の野生型から，翅4枚の変異体となった。チョウやトンボは（C）のように翅4枚である。

例題 51　ヒトやマウスには図のように4つのホメオティック遺伝子クラスターがある。ハエのクラスターとも相同性が高い。これらの結果から，進化の重要な概念が示唆される。どのようなものか。

図　ホメオティック遺伝子（homeotic gene）

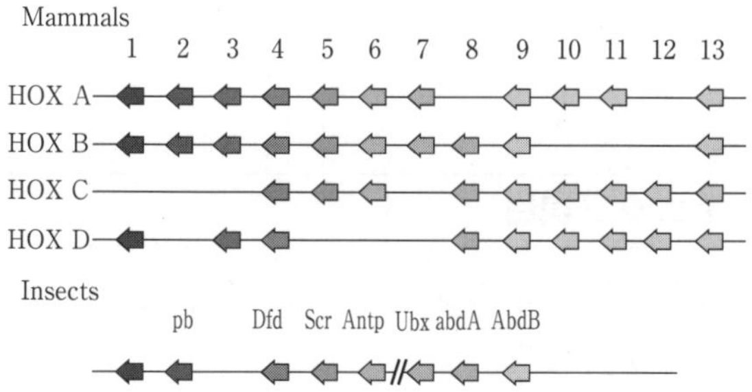

解答　遺伝子重複による進化（大野乾）。ナメクジウオなどの原索生物から脊椎動物への進化の過程で，2度の全ゲノム重複が起こったと解明され，遺伝子重複の重要性が確認された。

ドリル No.51	Class		No.		Name	

問題　51.1　キイロショウジョウバエでホメオティック遺伝子が発見されたが，キイロショウジョウバエの卵および胚は，ヒトと異なる特徴がある。ヒト卵のように球形ではなく，ラグビーボールに似た楕円に近いこと，前後，背腹の方向性がはっきりしていることなどの他に，重要な特徴を述べなさい。

問題　51.2　キイロショウジョウバエの生殖細胞は，卵の後方尾部側に存在する。卵の尾部に紫外線を照射したところ，生殖細胞の発生が阻害された。この実験の意味を説明しなさい。

問題　51.3　ヒトでの体節構造の痕跡と思われるものを図を参考に例示しなさい。

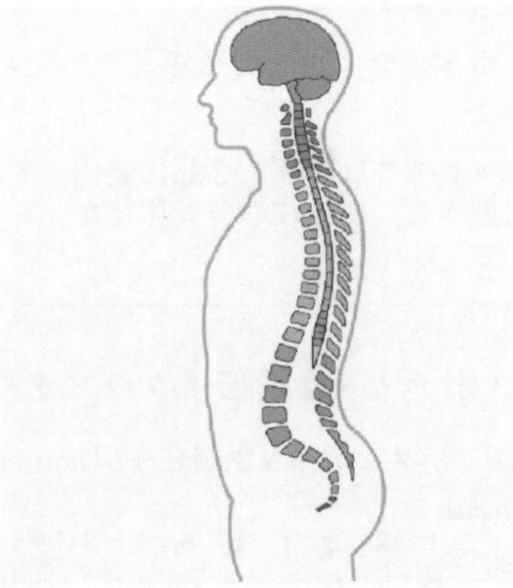

チェック項目	月　日	月　日
分化に関わるホメオティック遺伝子があり，他の遺伝子との関連や作用がいえたか。		

5 生物の発生　5.10 ABCモデル

花はどうやってつくられるのか。美しさだけで満足せずに考えられた学説の一つがABCモデルであることがいえる。

花が咲くのは種子植物（被子，裸子植物）のみであるが，その美しさ，精妙さ，奇抜さ，あるいは逆に目立たない風情に，人々は心動かされて来た。

植物にとって，花は子孫を残すための重要な生殖器官である。雌しべ内の卵細胞と花粉由来の精細胞（イチョウやソテツでは精子）との受精により，次世代の胚を形成する。

花の形成を説明する学説の一つがABCモデルである。モデル植物はシロイヌナズナであるが，梅，桜，藤，紫陽花《あじさい》，向日葵《ひまわり》，蘭，椿など好みの花を思い浮かべてよい。花の基本構造として，外側から，がく，花弁（花びら），雄しべ，雌しべ（心皮）が同心円状に配置されているのが一般的な両性花である。がく，花弁，雄しべ，雌しべの分化を，3種類の遺伝子A，B，Cの相互作用で，簡潔に説明したものがABCモデルである。

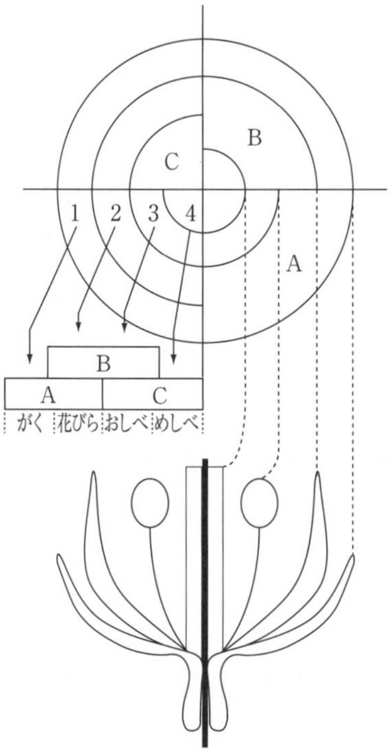

遺伝子A，B，Cは転写調節に関与し，ホメオティック遺伝子のように，分化の方向性を指示すると考えられる。通常は遺伝子A，B，Cが花の外側から順に発現している。ただし，遺伝子Aのみの発現領域と，遺伝子AとB両方の発現領域，遺伝子BとC両方の発現領域，および遺伝子Cのみの発現領域がある。A，A+B，B+C，Cの4通りの発現である。この4通りの発現領域が，それぞれ，がく，花弁，雄しべ，雌しべの形成に対応するとの説がABCモデルである。

例題 52　雄しべと雌しべを同一の花にもつものが両性花である。雄しべはあるが雌しべのない雄花，雌しべはあるが雄しべのない雌花に分かれている植物がある。雄花，雌花の形成のしくみを考えなさい。

解答　雄花は雌しべの形成が抑制され，雌花では雄しべの形成が抑制されていると考えられる。両性花が原型で，雄花雌花はそこから派生したものと考えられる。

ドリル No.52	Class		No.		Name	

問題　52.1　ABC モデルで，遺伝子 ABC すべての機能が失われると，どのような表現型となるか。

問題　52.2　ABC モデルで，遺伝子 A の機能が失われるとどうなるか。

問題　52.3　ABC モデルで，遺伝子 B の機能が失われるとどうなるか。

問題　52.4　ABC モデルで，遺伝子 C の機能が失われるとどうなるか。

問題　52.5　花以外に分化と遺伝子の関係を考えるために，根の例を挙げる。

植物の根は，植物体の保持や水分養分の吸収という重要な役目を担う。そのため，根の表面に表皮細胞が進展した根毛という微細な構造を発達させている。根の表皮細胞の内側に，皮層細胞が環状に存在する。根毛の形成に，皮層細胞との接触が関与しているとの説がある。①一つだけの皮層細胞と接している表皮細胞は，ある遺伝子が発現し，②2つの皮層細胞と接している表皮細胞は，この遺伝子の発現が抑制されている。①は根毛無し，②は根毛有りである。表皮細胞でこの遺伝子がまったく発現しない変異体では，根毛の形成はどうなると考えられるか。

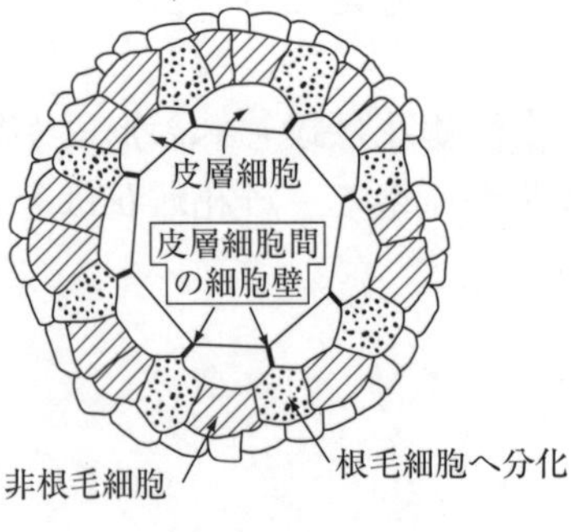

チェック項目	月　日	月　日
植物においても，分化と遺伝子の関連がいえたか。		

5.11 エピジェネティクス (epigenetics)

ゲノムが同じであるにもかかわらず，なぜ体の細胞には多様性が存在するのかがいえる。

エピジェネティクス(epigenetics)とは，エピローグの「エピ」(epi ～)と，遺伝学(genetics)とを結びつけた言葉であるが，正確に言うと，**遺伝学 (genetics)** と，生物発生は受精卵から未分化な細胞集団を経て，徐々に細胞が分化して多細胞個体ができるとする「**後成説**(epigenesis)」とを結び付けられ，1942年に提唱されたものである。その意味は，生物個体の発生において，遺伝的要素としてのDNAのありようが，**後天的に変化**することを研究する学問である。

多細胞生物の細胞が，**受精卵**から始まり，分裂するに従ってさまざまな種類の細胞へと**分化**したり，一卵性双生児として誕生した同一のゲノムを持つ2人が年をとるにつれて顔の形や性格などに違いが生じたりするのは，受精卵の段階でDNAの塩基配列として存在する前成的なしくみとしての「ジェネティクス」に加えて，さまざまなしくみが細胞によって，あるいは個体によって異なるパターンで付け加わる後成的なしくみとしての「エピジェネティクス」が影響するからである。

エピジェネティクスの代表的なものは，染色体のヒストン分子に見られる種々の修飾（**アセチル化**，**メチル化**など）ならびに**DNAのメチル化**である。

ヒストンのアセチル化は，**ヌクレオソーム**を形成するヒストンの外側に突き出た部分（**ヒストンテイル**）のリジン残基に生じる。塩基性アミノ酸であるリジンは，酸性を帯びたDNAとの間でヒストンをDNAと強固に結び付けているが，リジン残基がアセチル化されることで＋電荷が失われ，ヒストンとDNAとの相互作用がゆるくなり**ユークロマチン**となる。これが遺伝子発現を促すきっかけとなる。一方，**脱アセチル化**は，逆にヒストンとDNAとの相互作用を強くし，遺伝子発現を抑制する方向にはたらく。

DNAのシトシンに生じるメチル化は，ヒストンの脱アセチル化と同様に遺伝子発現が抑制されるきっかけとなる。DNAのメチル化が遺伝子の上流にある転写調節配列に生じると，転写因子が結合できなくなり，転写が抑制される。さらに，メチル化されたDNAに結合するタンパク質が，**ヒストン脱アセチル化酵素**と共役することで，クロマチンを凝縮して**ヘテロクロマチン化**し，遺伝子発現が抑制される場合もある。

こうした，ヒストンの修飾パターンやDNAのメチル化の漸進的な変化が，異なる種類の細胞に分化する際に，それぞれの系列で独立して生じると考えられている。

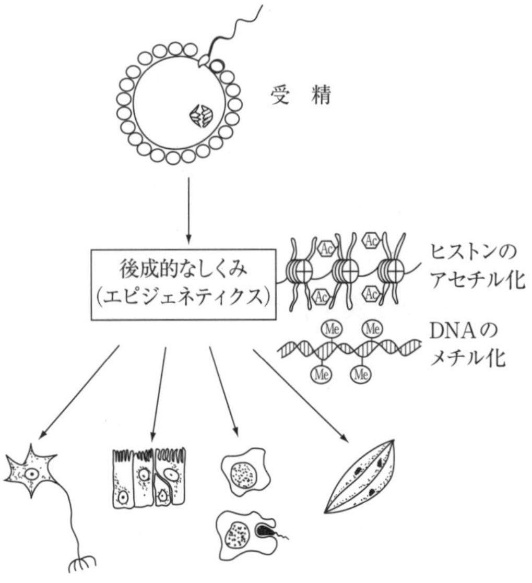

図1 エピジェネティクスのしくみ

例題 53 エピジェネティクスとジェネティクスの違いについて説明しなさい。

解答 ジェネティクスは，DNAの塩基配列そのものが細胞系列を通して受け継がれるしくみで，前成的であるのに対し，エピジェネティクスは，DNAの塩基配列に付け加わるヒストンやDNAの修飾が細胞系列を通して受け継がれるしくみであり，後成的である。

ドリル No.53	Class		No.		Name	

問題　53.1　エピジェネティクスとはどういう分野か，簡単に説明せよ。

問題　53.2　エピジェネティクスが対象とする分子生物学的現象の主要なものを挙げよ。

問題　53.3　次の文章のうち，正しいものを選べ。

① ヒストンのアセチル化は，主にヌクレオソームを形成するヒストン分子の内部のリジン残基に生じる。

② ヒストンのリジン残基がアセチル化することで，DNA とヒストンの相互作用が強固となり，遺伝子発現は抑制される。

③ DNA のメチル化は，DNA の塩基の一つであるシトシンに生じる。

④ DNA のメチル化は，ユークロマチンにおいてよく見られる。

⑤ 一卵性双生児では，一生にわたって 2 人のエピジェネティックな変化は同じである。

チェック項目	月　日	月　日
ゲノムが同じであるにもかかわらず，なぜ体の細胞には多様性が存在するのかがいえたか。		

5.12 ゲノム・インプリンティング (genome imprinting)

なぜ精子と卵が合体しないと子ができないのか，そのしくみがわかり，ゲノム・インプリンティングの意味づけがいえる。

ゲノム・インプリンティングとは，なぜ私たちにオスとメスがあって，**卵**と**精子**が出会わなければ個体発生が起こらないかを理解するために重要な概念である。精子に由来するゲノムか卵に由来するゲノムかによって，遺伝子発現が異なる調節を受ける現象をいう。日本語では「ゲノムに刷り込まれた情報」，もしくは「ゲノムへの刷り込み」などと言われる。精子と卵には，それぞれでしか発現しない遺伝子があり（**図1**），このような遺伝子を**インプリント遺伝子**という。この“刻印”は受精後もその子孫細胞に受け継がれる。

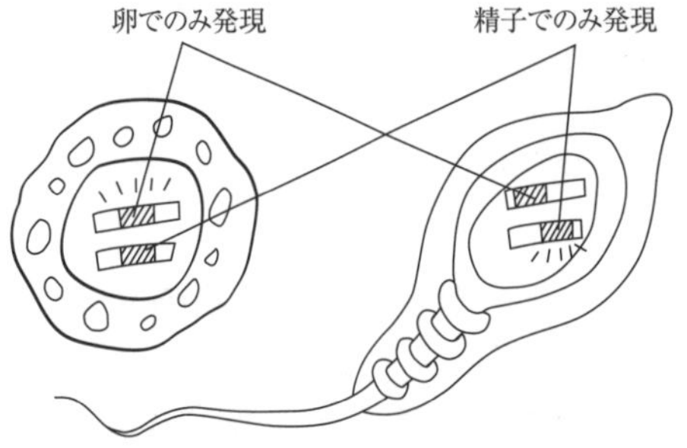

図1 インプリント遺伝子

マウスの7番染色体にある ***Igf2* 遺伝子**は，精子由来の7番染色体のみで発現する。一方，***Igf2*** 遺伝子の近傍にある ***H19* 遺伝子**は，卵由来の7番染色体でのみ発現する。この両遺伝子は子の個体発生に共に不可欠であるため，受精は必須である。**河野友宏**は，遺伝子操作によって，精子を使わず，2個の卵からマウスを作り出すことに成功し，このマウスを「**かぐや**」と命名した。

この2つの遺伝子の間には，*Igf2* 遺伝子の発現を抑制するタンパク質が結合する **DMD 領域**と呼ばれる領域があり，この領域を欠失させることで卵を精子の代わりに使うことができる（**図2**）。

哺乳類のメスは子宮があるため，構造的には卵だけから子を発生させることが可能である。それを防ぐために，ゲノム・インプリンティングにより胎児の成長に必要な遺伝子を精子と卵で使い分けるしくみができたと考えられる。

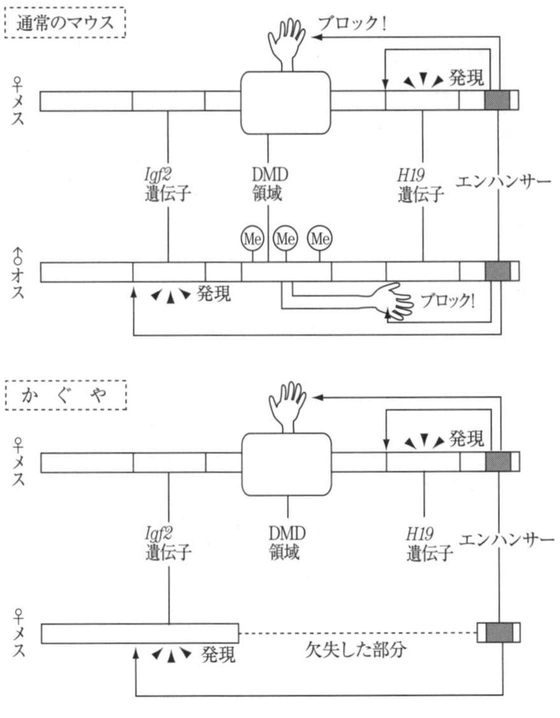

図2 「かぐや」誕生のしくみ
（出典：武村政春著『DNA を操る分子たち』，技術評論社）

例題 54 ゲノム・インプリンティングについて説明しなさい。

解答 ゲノム・インプリンティングとは，精子に由来するゲノムか卵に由来するゲノムかによって，遺伝子発現が異なる調節を受ける現象をいう。精子と卵には，それぞれでしか発現しない遺伝子があり，このような遺伝子をインプリント遺伝子という。一例として，精子由来の染色体でしか発現しない *Igf2*，卵由来の染色体でしか発現しない *H19* があり，受精を経ないと胎児が発生しないしくみになっている。

ドリル No.54	Class		No.		Name	

問題　54.1　インプリント遺伝子の代表例を挙げ，ゲノム・インプリンティングにおける意義について説明せよ。

問題　54.2「かぐや」に関する次の文章で，正しいものを選べ。

① かぐやは，精子を使わずに，一個の卵のみから人工的に単為発生させたマウスである。

② 卵において *H19* 遺伝子を抑制するタンパク質が結合する DMD 領域を欠失させることで，その卵を精子の代わりに使うことに成功した。

③ かぐやの作成にかかわった *Igf2* 遺伝子は，マウスの 17 番染色体に存在する。

④ *Igf2* 遺伝子と *H19* 遺伝子は，別の染色体にあるために，精子と卵での遺伝子発現がそれぞれ異なる。

⑤ DMD 領域を欠失させることで，卵では発現しない *Igf2* 遺伝子を発現させることに成功した。

問題　54.3　前ページの図 1 では，精子由来の染色体でなぜ *H19* 遺伝子が発現しないのか，そのしくみの一端が描かれている。そのしくみを説明せよ。

チェック項目	月　日	月　日
なぜ精子と卵が合体しないと子ができないのか，またゲノム・インプリンティングの意味がいえたか。		

5.13 クローン (clone)

クローン動物のしくみがいえる。

生物学でいう**クローン**とは，**遺伝的に同一**である個体や細胞（の集合）を指す。無性生殖による単細胞生物の増殖は，遺伝的に同一なクローンを作る。多細胞生物の場合，植物では挿し木などによって容易にクローンを作出することが可能であるが，動物では，特殊な細胞工学的技術を用いない限りクローンを作出することは難しい。

クローン動物には，その作成方法によって２種類のものがある。**受精卵クローン**と**体細胞クローン**である。

受精卵クローンの特徴は，子同士がクローンであり，両親との間にはクローン関係はなく，どの子も両親の形質を受け継ぐということである。畜産業においてウシに対して用いられるのが代表的な例であり，受精後の 16 ～ 32 細胞期で個々の**割球**（細胞）をばらばらにし，それぞれの細胞核を，核を除いた他の**未受精卵**に移植（**核移植**）した後，一定期間成長させ，**仮親**の子宮に移植して作られる(**図 1**)。

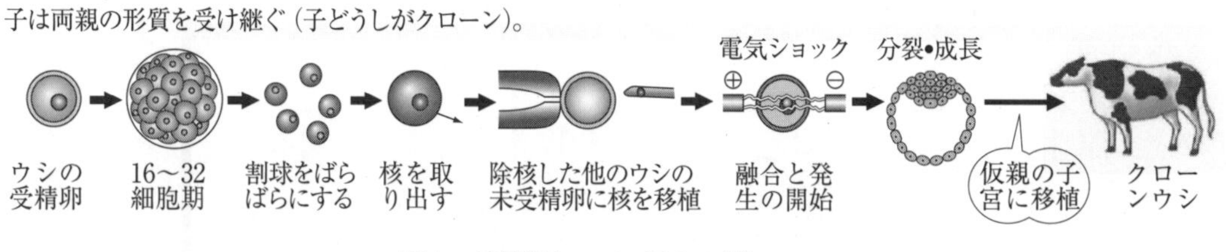

図1　受精卵クローン（ウシの例）
（出典：『サイエンスビュー生物総合資料　増補三訂版』，実教出版）

一方，体細胞クローンの特徴は，**体細胞**を提供した親の形質を子がそのまま受け継ぐものであり，親と子がクローンの関係にあるということである。この方法で作られた有名なクローン動物がヒツジの**ドリー**である。親ヒツジの乳腺細胞から核を取り出し，核を除いた他のヒツジの未受精卵に移植した後，一定期間成長させ，仮親の子宮に移植して作られた（**図 2**)。

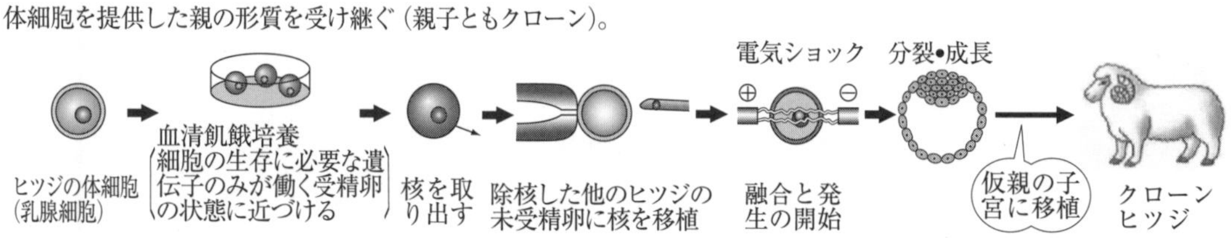

図2　体細胞クローン（ヒツジの例）
（出典：『サイエンスビュー生物総合資料　増補三訂版』，実教出版）

これにより，すでに分化した体細胞（乳腺細胞）の核が，未受精卵に移植することで受精卵と同様の**未分化状態**にリセットされることが哺乳動物において初めて示された。

例題 55　体細胞クローンの生物学的意義について説明しなさい。

解答 体細胞クローンが作られるということは，すでに分化した体細胞の核が，未受精卵に移植することで受精卵と同様の未分化状態にリセットされることを意味する。一度分化した細胞をリセットして受精卵と同様の状態に戻せることも示唆しており，万能細胞である iPS 細胞による再生医療の基盤となった。

ドリル No.55	Class		No.		Name	

問題　55.1　受精卵クローンと体細胞クローンの違いを説明せよ。

問題　55.2　クローン羊「ドリー」に関する次の記述のうち，誤ったものを選べ。

① ドリーの作出に用いられたのは，親の体細胞の一種である乳腺細胞の核である。
② 乳腺細胞の核は，別の受精卵から核を抜いた細胞に移植され，ドリーが作られた。
③ ドリーには，乳腺細胞を提供した“親”の遺伝情報と全く同じ遺伝情報が含まれていた。
④ ドリーには生殖能力があり，出産もおこなった。
⑤ ドリーの寿命は，一般的な羊の寿命よりも短かった。

問題　55.3　生物学でいうクローンには様々なレベルのものがあり，ドリーだけがクローンではない。そもそものクローンの定義について，説明せよ。

問題　55.4　身近なクローンの例を挙げよ。

チェック項目	月　日	月　日
クローン動物のしくみがいえたか。		

6　体の成り立ちと反応

6.1　神経細胞の機能・膜電位 (membrane potential)

神経細胞のはたらきがいえる。

⑴　神経細胞の機能

神経を構成する基本となる細胞が神経細胞（ニューロン, neuron）である。神経細胞には，非常に長い突起があり，遠く離れた細胞間で情報を伝える。神経細胞は，核のある細胞体と長くのびる突起である軸索（神経突起）と多数の短い樹状突起がある。情報の流れは一方向であり、樹上突起で情報を集めて，軸索から情報を送り出す。

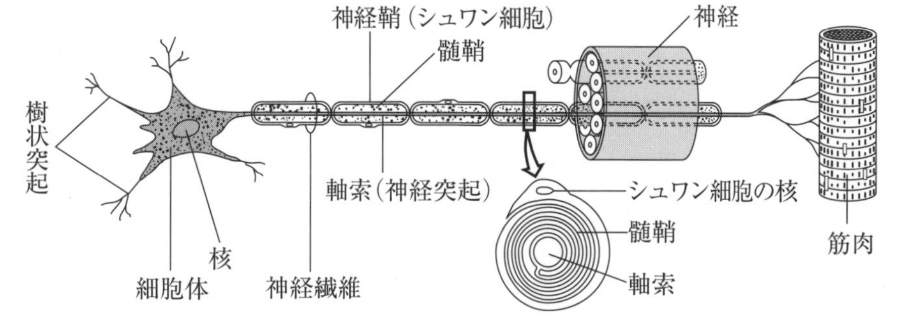

図1　神経細胞（ニューロン）

神経細胞は，そのはたらきから次の3つに分けられる。

①　感覚神経細胞（感覚ニューロン）

感覚神経をつくっている神経細胞で，皮膚や感覚器などの受容器から刺激を中枢（脳や脊髄）に伝える。

②　運動神経細胞（運動ニューロン）

運動神経をつくっている神経細胞で，中枢からの刺激を骨格筋などの効果器に伝える。

③　介在神経細胞（介在ニューロン）

中枢神経にあって，感覚神経と運動神経を連絡する神経細胞。興奮を統合・処理する。

⑵　膜電位の変化とイオンの移動

神経細胞は電気的な変化によって情報を伝える。細胞は，ATP を用いた能動輸送（ナトリウムポンプ）でナトリウムイオン Na^+ を積極的に細胞外に排出することで，細胞外の陽イオン濃度が高く，普段は細胞内が負（−）の電位を持っている。この状態を分極という。

細胞膜には，ナトリウムイオンを選択的に通す穴（ナトリウムチャンネル）が存在している。これは静止時（非興奮時）には閉じているが，刺激を受けると開き，Na^+ の透過性が高まる。すると，Na^+ は濃度の高い外側から細胞内へ流れ込み，一時的に細胞内が正（+）の電位になる（脱分極）。このときの膜電位の変化を活動電位という。ナトリウムチャンネルはすぐに閉じるために，細胞はわずかな時間でもとの静止状態にもどる。これを再分極という。この活動では刺激がある閾《いき》値を超えると活動電位が生じる。このため神経は基本的にデジタル信号で情報を搬送しているといえる。

例題 56　神経細胞のつくりを説明しなさい。

解答 神経細胞には，非常に長い突起があり，遠く離れた細胞間で情報を伝える。神経細胞は，核のある細胞体と長くのびる突起である軸索（神経突起）と多数の短い樹状突起がある。

ドリル No.56	Class		No.		Name	

問題　56.1　神経細胞をそのはたらきから3つに分けなさい。

問題　56.2　刺激と反応には「全か無の法則」がある。これを説明しなさい。

問題　56.3　刺激と閾《いき》値について説明しなさい。

問題　56.4　興奮の伝導のしくみについて説明しなさい。

チェック項目	月　日	月　日
神経細胞のつくりとはたらきがいえたか。		

6.2　脳と脊髄（brain, spinal cord）

脳と脊髄の機能がいえる。

脊椎動物では，神経系は頭部に集中し，中枢神経系と末梢神経系に区別される。脊椎動物の中枢神経系は脳と脊髄からなり，脳は，大脳，間脳，脳幹，小脳，延髄に分かれている。脳には神経組織が集まり，知覚情報を統合し，運動反射を指揮して生命活動に関して重要な役割を果たしている。

脳は，それぞれの部位によってその機能が知られている。

① 大脳　外側を覆う灰白色の大脳皮質と，内部の白色，白質内の深部に位置する基底核からなる。大脳皮質は，運動・感覚・思考・記憶・理解・言語などのはたらきをしている。

② 間脳　視床上部，視床，視床下部からなる。視床下部は，自律神経系の中枢で内臓のはたらきや，摂食・生殖・睡眠などの本能的な活動の調節に直接関係している。

③ 小脳　からだの平衡を保つ中枢がある。

④ 脳幹（brainstem）中脳・橋・延髄からなる。中脳は，眼球運動・瞳孔反射の中枢があり，視覚と深く関係している。延髄には，呼吸運動・血液循環などの中枢がある。橋は延髄の呼吸中枢を制御するはたらきがある。

脊椎動物の背側の真ん中を通る神経の束が脊髄である。脊髄は脳の延髄から続き，脊椎骨に入っている。

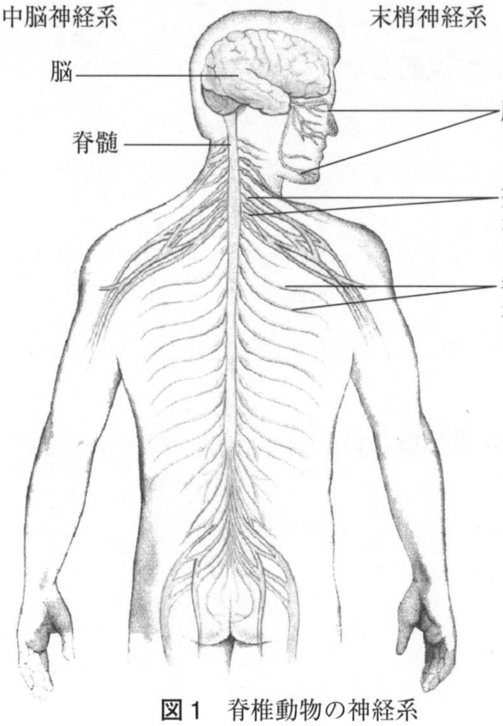

図1　脊椎動物の神経系

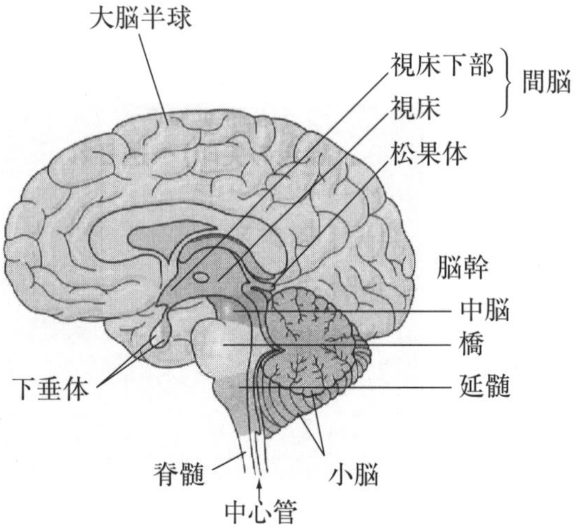

図2　ヒトの脳の構造

例題 **57**　ヒトの脳の構造について説明しなさい。

解答 脳は，大脳，間脳，脳幹，小脳（cerebellum），延髄に分かれている。大脳は左右の大脳半球からなる。脳幹（brainstem）は，中脳，橋，延髄からなる。間脳は視床上部，視床，視床下部からなる。下垂体は視床上部と細い柄でつながっている。

ドリル No.57	Class		No.		Name	

問題　57.1　ヒトの脳はその機能によって４つの部位に分けられる。これを説明しなさい。

問題　57.2　脊椎動物の神経系は部位が特異的であることを説明しなさい。

問題　57.3　ヒトの大脳皮質の構造とはたらきについて説明しなさい。

問題　57.4　ヒトの脊髄の構造とはたらきについて説明しなさい。

チェック項目	月　日	月　日
中枢神経系のつくりとはたらきがいえたか。		

6.3　感覚神経 (sensory nerve)

感覚神経のはたらきがいえる。

末梢神経系は，それらが出入りする中枢の部分によって脳神経，脊髄神経に区別される。ヒトの脳神経は，脳から出て頭部や体上部の器官に分布し，嗅神経，視神経，動眼神経など 12 対がある。脊髄神経は脊髄から出て頭部より下の体の部位に分布し胸神経，腰神経，尾骨神経など 31 対の神経から成り立っている。末梢神経系は，体性神経系と自律神経系に区別される。体性神経系には，興奮を中枢から末梢（効果器）へ伝える運動神経と，末梢（受容器）から中枢へ伝える感覚神経がある。感覚神経はその方向性から求心性神経ともいう。

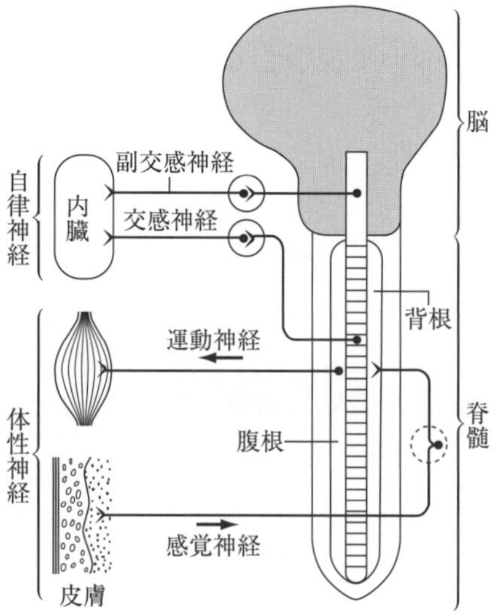

図 1　末梢神経系

感覚は，感覚細胞を通じて脳に到達する活動電位である。いったん脳がその感覚を認識すれば，脳はそれを解釈し，刺激を知覚する。色，匂い，音，味などの知覚は，脳において構築されたものである。感覚と知覚は感覚の受容から始まる。これを感覚受容器とよばれる感覚細胞によって刺激が感知されることである。

感覚受容器は，変換されるエネルギーの種類によって 5 つに分類される。すなわち機械受容器，化学受容器，電磁気受容器，温度受容器，痛感受容器である。機械受容器は圧力，触覚，動き，音などの機械的エネルギーの刺激による物理的変化を受容する。化学受容器には，溶液中に溶けている物質全般の総濃度に関する情報や個々の分子に応じて変化を受容する。特定の分子として，グルコース，酸素，二酸化炭素やアミノ酸などがあげられる。電磁気受容器では，可視光，電気，磁気などのさまざまな形態の電磁気エネルギーを検知する。温度検知器は熱や冷たさを感知し，表面温度と体の深部の温度の情報を感知して，体温調節に役立っている。痛感受容器は，ヒトの場合には上皮にある自由神経終末となっている。

例題 58　感覚受容器は，変換されるエネルギーの種類によって 5 つに分類される。この 5 つをあげなさい。

解答　機械受容器，化学受容器，電磁気受容器，温度受容器，痛感受容器

ドリル No.58	Class		No.		Name	

問題　58.1　脊椎動物の集中神経系について，次の語句を分類しなさい。

集中神経系，中枢神経系，末梢神経系，脳，脊髄，体性神経系，自律神経系，運動神経，感覚神経，交感神経，副交感神経

問題　58.2　ヒトの感覚神経について説明しなさい。

問題　58.3　感覚が起きる仕組みについて説明しなさい。

問題　58.4　ヒトを例にとって機械受容器，化学受容器，電磁気受容器，温度受容器，痛感受容器で受け取る刺激をあげなさい。

問題　58.5　ヒトの感覚受容器によって行われる機能を4つあげて説明しなさい。

チェック項目	月　日	月　日
事例を通してヒトの感覚神経のはたらきが説明できたか。		

6.4　運動神経 (motor nerve)

運動神経のはたらきがいえる。

脊椎動物では，神経系は頭部に集中し，中枢神経系と末梢神経系から構成される。末梢神経系は，体性神経系と自律神経系に区別される。体性神経系は，運動や感覚のような意識に関する神経系である。興奮を中枢から末梢神経へ伝える運動神経と，末梢神経から中枢へ伝える感覚神経がある。大脳の運動中枢から伝えられた刺激は，脊髄から運動神経を経由して随意筋などの効果器に伝えられる。運動神経はその方向性から遠心神経ともいう。

脊髄の横断面を見ると，内側に灰白質があり，外側に白質があり，大脳とは配置が逆になっている。背側の白質は感覚神経の束である背根をつくり，腹側の白質は運動神経の束である腹根をつくっている。

刺激に対して意識とは無関係に起こる反応を反射という。反射は大脳以外の脊髄，延髄，中脳が中枢となる反応である。大脳を経由しないで，脊髄や延髄などから効果器に指令が伝わるので，反応はすばやく起こるが，反応の型は一定している。脊髄反射の例として，膝をたたくと、足がはねあがる膝蓋腱《しつがいけん》反射がある。これは膝の下をたたくと，筋肉内の受容細胞が興奮して，そこにある感覚神経を通じて，興奮が脊髄へ伝えられる。脊髄では，それがすぐに運動神経に伝達されて，筋肉が収縮する。そのため興奮が大脳へ伝わってたたかれた感覚を起こす前に足がはねあがる。刺激を受けてから反射が起こるまでの経路を反射弓という。

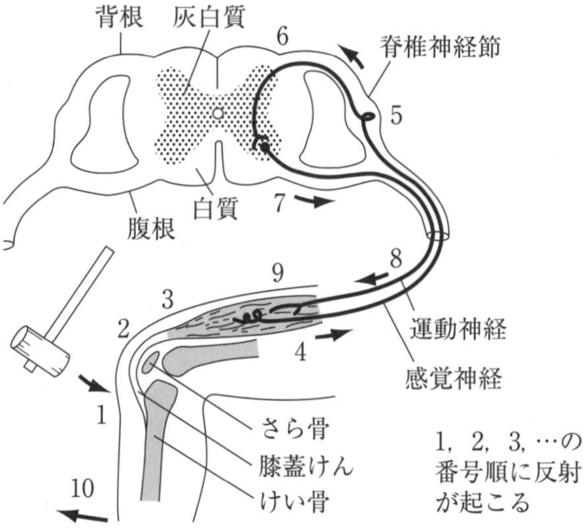

図1　膝蓋腱反射

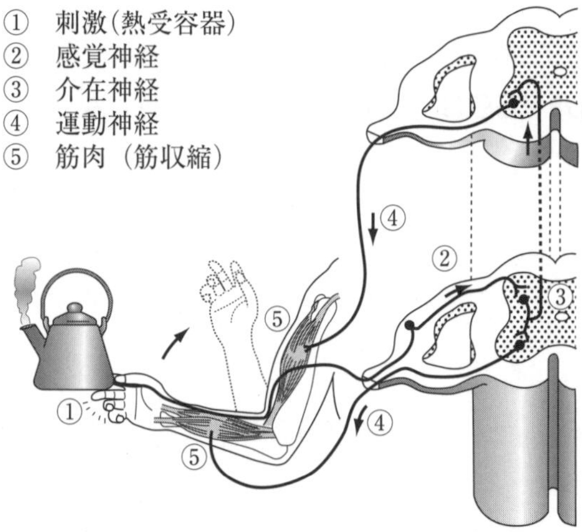

図2　屈筋反射

その他に脊髄反射としては，熱いものに触れて手を引く反射である屈筋反射，末梢血管の収縮と拡張の反射，排便や排尿などがある。さらに延髄反射として，心臓の運動や外呼吸など欠かせない反射，さらにだ液の分泌，涙の分泌，せきやくしゃみなどがある。

例題 59　反射について，膝蓋腱反射を例にあげて説明しなさい。

解答 刺激に対して意識とは無関係に起こる反応を反射という。反射の中枢はおもに脊髄と延髄にある。脊髄反射の例として，膝をたたくと、足がはねあがる膝蓋腱反射がある。これは膝の下をたたくと，筋肉内の受容細胞が興奮して，そこにある感覚神経を通じて，興奮が脊髄へ伝えられる。脊髄では，それがすぐに運動神経に伝達されて，筋肉が収縮する。

ドリル No.59	Class		No.		Name	

問題　59.1　末梢神経系のはたらきを説明しなさい。

問題　59.2　ヒトの運動神経について説明しなさい。

問題　59.3　反射弓について説明しなさい。

問題　59.4　反射の中枢を3つあげてそれぞれ説明しなさい。

チェック項目	月　日	月　日
事例を通してヒトの運動神経のはたらきがいえたか。		

6.5　自律神経系 (autonomic nervous system)

自律神経系のはたらきがいえる。

自律神経系は，間脳の視床下部によって調節されており，交感神経，副交感神経からなっている。これらは呼吸や循環のように意思と無関係なはたらきに関係しており，興奮を中枢神経から皮膚や内臓の諸器官に送るはたらきがある。

自律神経系では，通常，1つの器官に交感神経と副交感神経の2種類が存在して，拮抗的にはたらいていることが多い。交感神経の活性化は，心臓の拍動を速くし，肝臓はグリコーゲンをグルコースに変換し，消化を抑制するなど，覚醒とエネルギー産生に関係する。一方，副交感神経の活動が増強されると心拍数を減少させ，グリコーゲン産生を増大させ，消化を促進する。腸管神経は，蠕動《ぜんどう》運動を生み出す平滑筋の活動および消化管・膵《すい》臓・胆囊《のう》内からの分泌を制御している。腸管神経は独立して機能することができるが，通常は交感神経と副交感神経により調節されている。自律神経では，節前神経と節後神経と呼ばれる2つのニューロンの交代が行われ，アセチルコリンによってこの間の情報伝達が行われる。

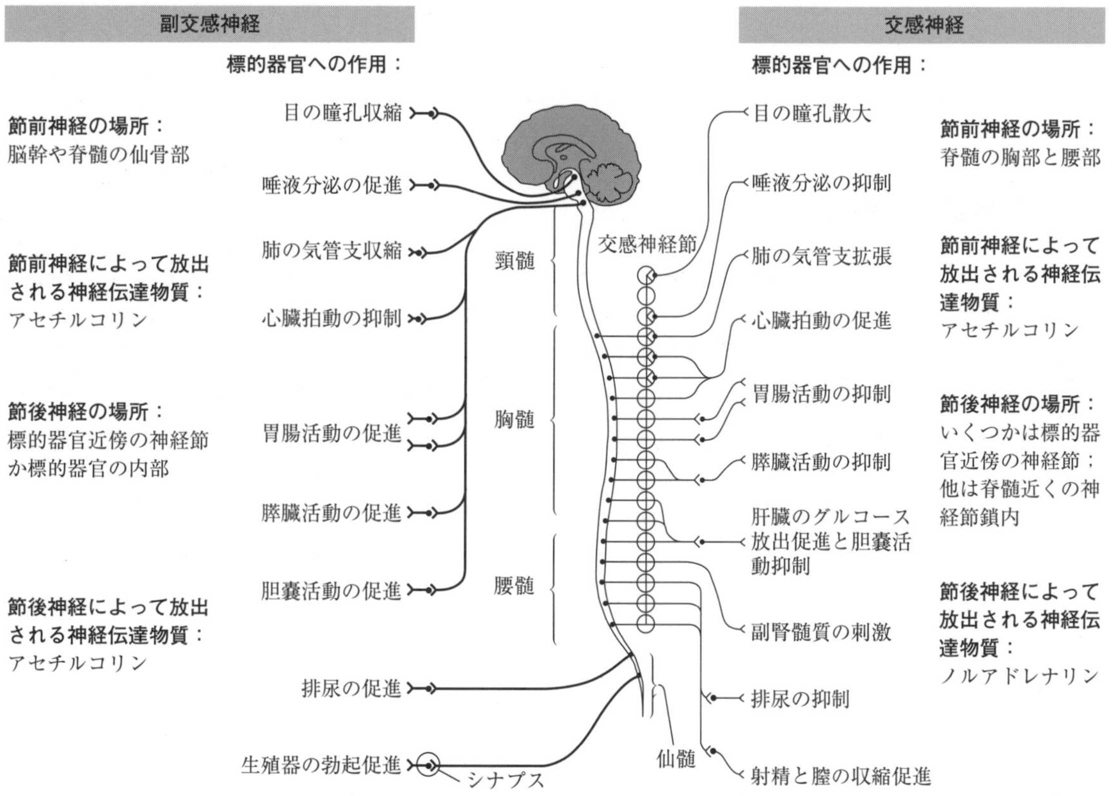

図1　自律神経系の交感神経と副交感神経

例題 60　交感神経と副交感神経のはたらきについて説明しなさい。

解答　自律神経系では，1つの器官に交感神経と副交感神経の2種類が存在して，拮抗的にはたらいていることが多い。交感神経が活性化すると，心臓の拍動が速くなり，肝臓はグリコーゲンをグルコースに変換し，消化を抑制するなど，覚醒とエネルギー産生に関係する。一方，副交感神経の活動が増強されると，心拍数の減少，グリコーゲン産生の増大，消化の促進などが起こる。

ドリル No.60	Class		No.		Name	

問題　60.1　自律神経系の交感神経と副交感神経について比較して説明しなさい。

問題　60.2　自律神経系の拮抗作用について説明しなさい。

【コラム】体温の調節

動物の体内では，肝臓での代謝や筋肉での運動などによって，つねに熱が発生している。この発生した熱の約 8 割が体表から放出され，また約 1 割は肺から放熱している。②ほ乳類や鳥類などの恒温動物では，つねにほぼ一定の体温を保っている。これは，間脳の視床下部を中枢とする自律神経による体温調節作用がはたらいているからである。体温調節は次のようにして行われる。

外界の寒暑の刺激は，皮膚にある温点・冷点で受けとられ。感覚神経を介して大脳の感覚中枢へ伝えられ，そこから視床下部の体温調節中枢へと伝えられる。寒いときには，発熱量を増加させ，放熱量を減少させることで，低温の低下を防ぐ。そのおもな仕組みを図で示す。

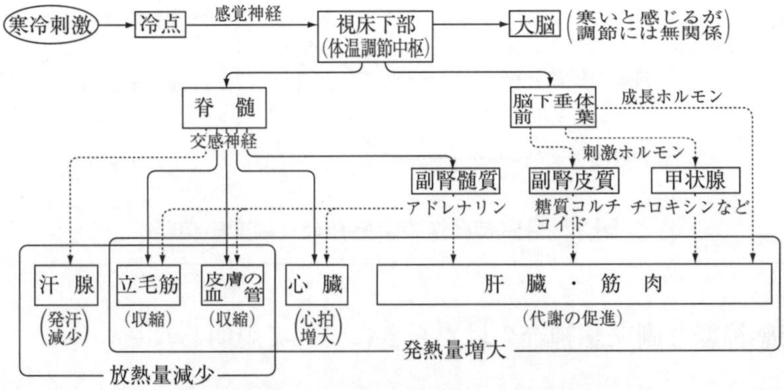

図 2　ヒトの体温調節（寒いとき）

チェック項目	月　日	月　日
自律神経系のはたらきが拮抗作用をふまえていえたか。		

6　体の成り立ちと反応　　6.6　感覚器1（目・鼻）

目と鼻のはたらきがいえる。

(1)　視覚器

受容する刺激が決まっている場合，その刺激をその受容器に適刺激という。光を適刺激とする受容器を視覚器という。ヒトの場合，光刺激が目の網膜の視細胞で受け取られると，視細胞が興奮し，それが大脳へ伝えられて視覚が生じる。

人の目は直径 3cm の球状で，最外層は強膜という丈夫な膜で保護されている。その内側には，光を通さない脈絡膜と色素細胞の層がある。そして最内層が網膜でそこに光刺激を受容する視細胞がならんでいる。網膜には，桿体細胞と錐体細胞がある。桿体細胞は，微弱な光も感じる高感度の受容細胞である。色の区別はできないが，薄暗いとことでよくはたらく。それに対して，錐体細胞は光の感度は低いが，光の識別ができて，明所でよくはたらく。眼球の前面は角膜で保護されており，その奥に透明で弾性のある水晶体（レンズ）がある。角膜と水晶体の間には，光の量を調節する虹彩がある。虹彩で囲まれた中央の開口部がひとみ（瞳孔）である。眼球内部は透明な液状物質であるガラス体で満たされている。視神経が束になって網膜から出ていくところには視神経がないので，像が映っても見えない。このところを盲斑（盲点）という。

遠近の調節は，水晶体の屈折率を変えることによっておこなっている。水晶体がチン小帯に引かれて薄くなると焦点距離が長くなる。チン小帯がゆるみ，水晶体自身の弾性で厚くなると焦点距離が短くなる。

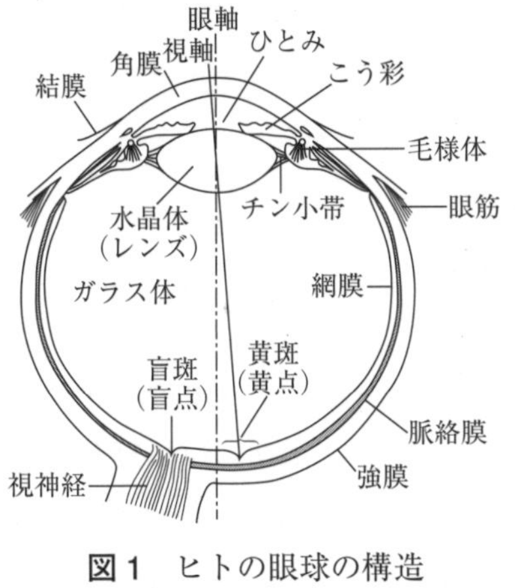

図1　ヒトの眼球の構造

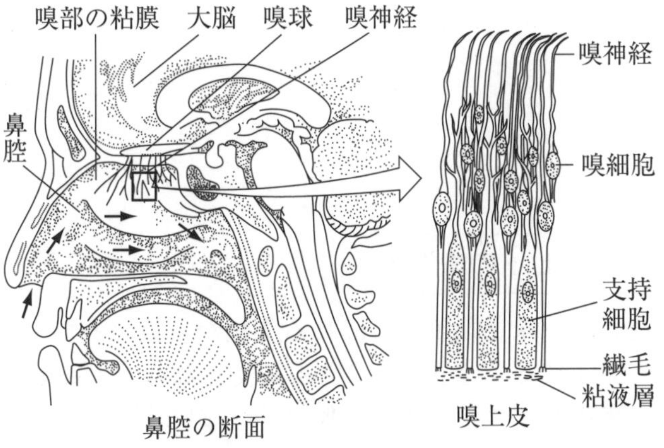

図2　ヒトの鼻腔の断面

(2)　嗅覚器

おもに空気中の化学物質を適刺激とする受容器を嗅覚器という。ヒトの嗅覚器では，鼻腔の奥の上端から鼻中隔の両端にかけて 3cm 四方ほどの上皮に嗅細胞が並んでおり，化学的刺激が嗅細胞を興奮させると，それが嗅細胞を通って大脳へ送られる。

嗅細胞には繊毛があり，この細胞膜ににおいの物質に結合する分子（受容体）が存在する。この受容体は，細胞の外からきた特定の物質と選択的に結合し，結合したことを細胞に情報として伝えるはたらきをする。受容体に特定の物質が結合すると，それが刺激となって嗅細胞に電位変化が起こり，嗅細胞自身が長い軸索を伸ばして興奮を大脳へ送る。

例題 61　人の目のつくりを説明しなさい。

解答　ヒトの目は次のような部位からなっている。強膜，脈絡膜，網膜，角膜，水晶体（レンズ），チン小帯，虹彩，ひとみ（瞳孔），盲斑（盲点），視神経

ドリル No.61	Class		No.		Name	

問題　61.1　ヒトの視覚の発生経路を示しなさい。

問題　61.2　ヒトの目の遠近調節について説明しなさい。

問題　61.3　ヒトには盲斑があることを確かめる方法を示しなさい。

【コラム】ヒトの味覚器

舌の表面は，味覚乳頭とよばれる突起が多数あってざらざらしている。この乳頭の側面には，味覚芽とよばれる受容器があり，中に受容細胞である味細胞が入っている。味覚には，甘味，塩味，苦味，酸味の4つの基本味の他に，うま味という味覚がある。

味細胞の突起部に味物質を感じて電位変化を起こし，それがシナプス部に伝わることにより化学物質が分泌され，神経に情報が伝えられる。うま味の場合には，突起部の細胞膜に受容体があり，うま味物質が受容体に結合するとナトリウムチャンネルが開き，電位変化が起こる。

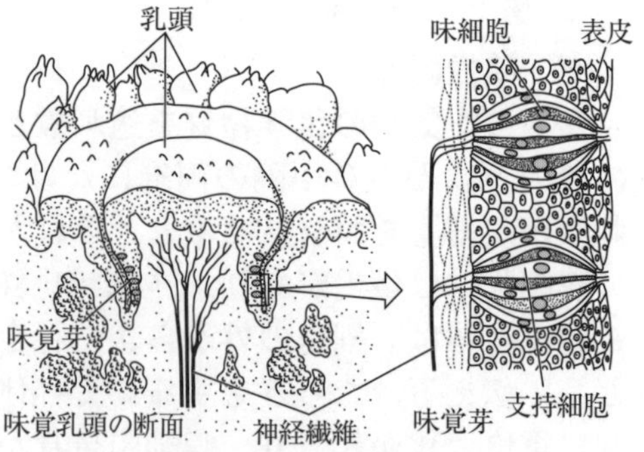

図3　ヒトの味覚器

チェック項目	月　日	月　日
ヒトの視覚器と嗅覚器のつくりとはたらきがいえたか。		

6　体の成り立ちと反応　　6.7　感覚器 2（耳・平衡感覚）

聴覚器と平衡感覚器のはたらきがいえる。

(1)　聴覚器

音は，音波として空気中や水中あるいは固体中を伝わる。音を適刺激とする受容器を聴覚器という。ヒトの聴覚の受容器は耳にある。ヒトの耳は，外耳，中耳，内耳の 3 つの部分に分けられる。外耳は音波を集める耳殻と外耳道からなる。中耳は鼓膜と鼓膜の振動を増幅して伝える耳小骨（つち骨・きぬた骨・あぶみ骨）とからなる。内耳には，前庭・半規管・うずまき管があり，受け取った振動を電気信号に変えるはたらきがある。

うずまき管は，中耳の耳小骨と卵円窓で接し，振動を受けとる。卵円窓の振動は前庭階の外リンパを経て鼓室階の外リンパに伝わり，それによって基底膜が振動する。この振動によって，コルチ器の聴細胞がおおい膜と接触して興奮を起こす。この興奮が聴神経を通じて大脳に伝えられて，聴覚が生じる。

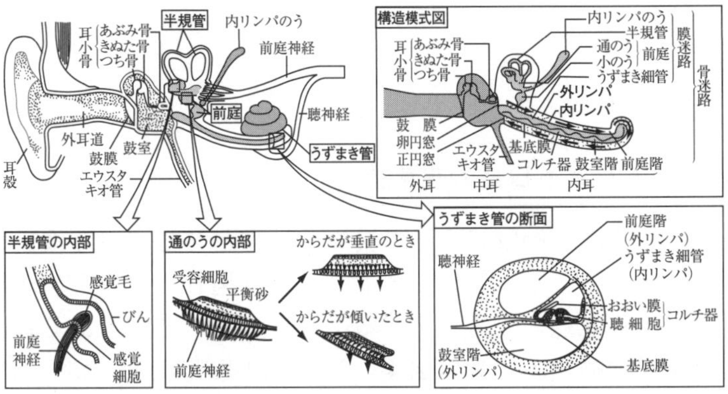

図 1　ヒトの耳の構造

(2)　平衡感覚器

重力の場で，体の傾きや回転によって生じる重力の受け方の変化などを適刺激とする受容器を平衡感覚器という。ヒトの平衡感覚の受容器は前庭と半規管にある。

前庭には，通のうとよばれる膨らみがあり，通のうの下面に感覚毛をもつ受容細胞がある。その上に平衡砂（耳石）とよばれる石灰質の粒子がのっており，からだが傾くと平衡砂が動いて感覚毛を曲げ，これが刺激となって受容細胞に電位変化が生じる。情報は前庭細胞によって脳に伝えられ，大脳で体位変化の感覚が起こる。

半規管は，半円形の管が 3 個互いに直角に交わった構造で，根もとが膨らんでいる。その膨らんだ根もとに感覚毛をもった受容細胞があって，内リンパの動きによって回転の感覚が起きる。この刺激を受容細胞が受容し，その興奮が前庭細胞を経て大脳に伝えられて，前後・左右・水平の 3 方向の回転や速さの感覚が起こる。

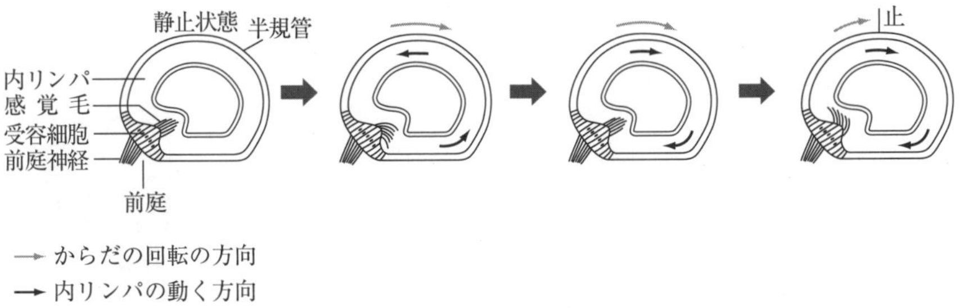

図 2　ヒトが回転を感じとるしくみ

例題 62　ヒトの聴覚の発生経路を示しなさい。

解答　次のように示される。音 → 鼓膜 → 耳小骨 → 前庭階 → 鼓室階 → 基底膜 → コルチ器の聴細胞 → 聴神経 → 聴覚中枢（大脳）→ 聴覚

ドリル No.62	Class		No.		Name	

問題　62.1　ヒトの聴覚器のしくみを説明しなさい。

問題　62.2　ヒトの平衡感覚の受容器を2つあげ，そのしくみを説明しなさい。

【コラム】ヒト以外の視覚器

視覚のしくみは動物によって異なり，光として感じる波長や色感覚も異なる。

①　単細胞ミドリムシ類　ミドリムシ（**図3**：ミドリムシの眼点と感光点）
　眼点が感光点の光をさえぎることで，光の方向をある程度識別できる。

②　環形動物　ミミズ（**図4**：ミミズの視細胞）
　視細胞が体表に分布している。からだ全体で光の方向と強弱を識別できる。

③　原生動物　プラナリア（**図5**：プラナリアの色素細胞）
　杯状眼があり，その色素細胞の層が片側をおおい光の方向と強弱を識別できる

④　軟体動物　オウムガイ（**図6**：オウムガイのピンホール式杯状眼）
　ピンホール式杯状眼を持ち，小さな穴から入った光が網膜上に像を結ぶ。ピンホールカメラと同じしくみである。

⑤　軟体動物　イカ（**図7**：イカのカメラ眼）
　イカのカメラ眼は，水晶体を前後させて遠近調節をおこなう。

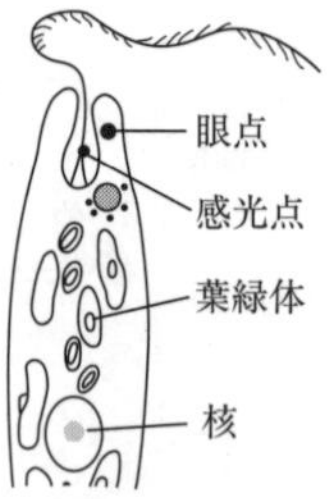

図3
ミドリム

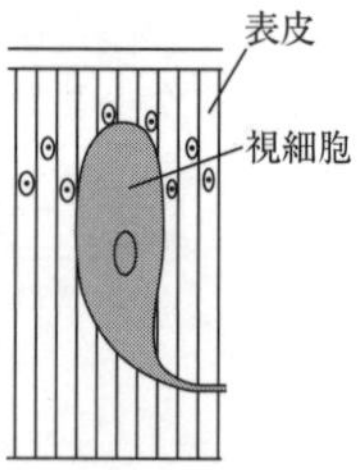

図4
ミミズ

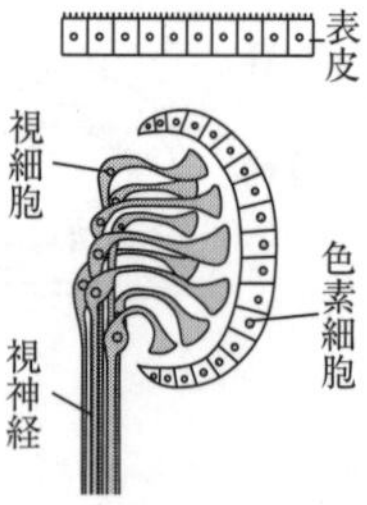

図5
プラナリ

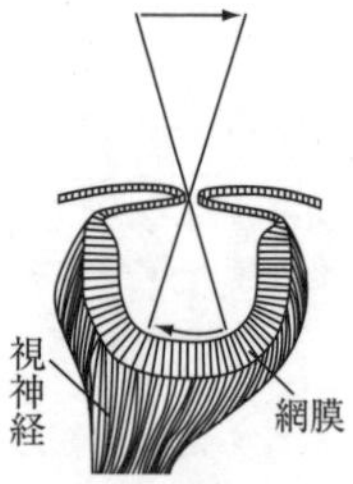

図6
オウムガ

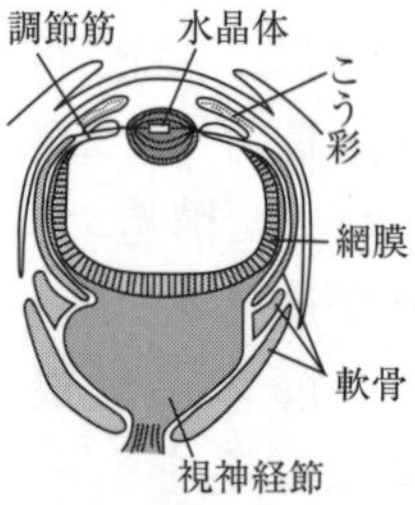

図7
イカ

チェック項目	月　日	月　日
ヒトの聴覚器と平衡感覚器のつくりとはたらきがいえたか。		

6.8　横紋筋(striated muscle) と平滑筋(smooth muscle)

横紋筋と平滑筋のつくりとはたらきがいえる。

筋組織は，筋肉や内臓をつくる収縮性に富む組織で，筋繊維とよばれる細胞からできている。その細胞は，何本もの収縮性の強い筋原繊維からできている。骨格筋と心臓の筋肉（心筋）には規則的な横じま（横紋）が見られる。骨格筋は意志によって収縮させることのできる随意筋であるが，平滑筋と心筋は意志によって収縮させることのできない不随意筋である。

平滑筋は，消化管などの内臓や血管壁にある筋肉である。単核で紡錘形をしており，ゆるやかな持続的収縮をおこない疲労しにくい。横紋筋は，多核で長大なつくりをしている。敏速に収縮し疲労しやすい。心筋には横紋が見られるが，例外的に不随意筋である。単核で分岐したつくりをしている。

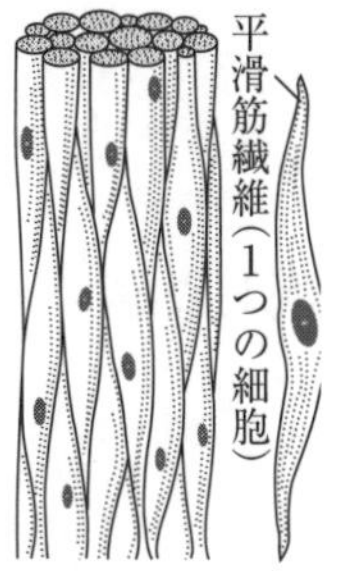

図1　平滑筋（内臓筋）

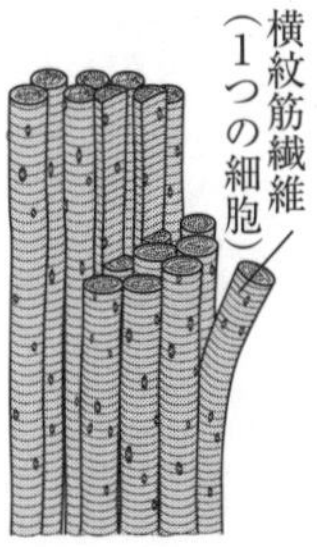

図2　横紋筋

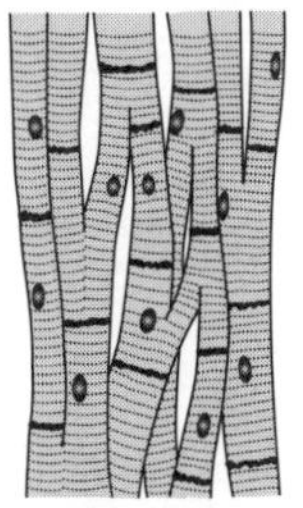
図3　心筋（心臓筋）

骨格筋の筋原繊維は，アクチンというタンパク質でできた糸（フィラメント）と，ミオシンとよばれるタンパク質でできた糸（フィラメント）が規則正しく平行に配列している。その配列から，骨格筋には明暗の横じま（横紋）が見られる。明るい部分を明帯，暗い部分を暗帯という。暗帯にあるやや太いミオシンフィラメントは，細長いミオシン分子が数百本束になってできたものである。明帯の中央には，Z膜とよばれる仕切があり，1つのZ膜から隣のZ膜までをサルコメア（筋節）という。サルコメアは，筋原繊維の構造上の単位であり，筋収縮の単位でもある。

骨格筋の収縮は，ミオシンフィラメントの間にアクチンフィラメントが滑りこむために起こる。フィラメントどうしが滑りあうために，弛緩時と収縮時とで各フィラメントの長さは変わらない。ミオシンフィラメントがアクチンフィラメントをたぐりよせ，サルコメアの距離が短くなって筋収縮が起こる。

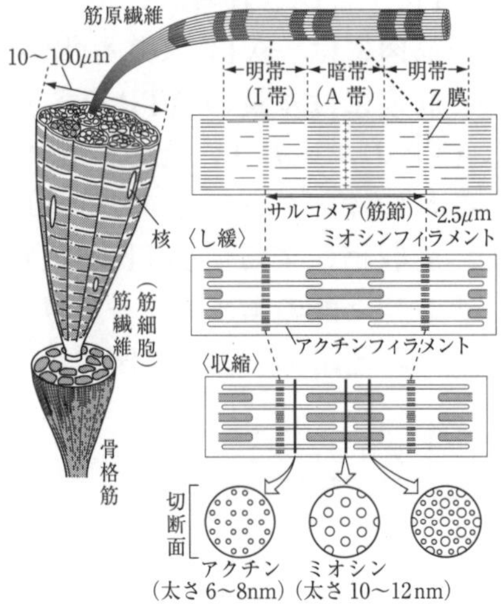

図4　筋肉の構造と収縮

例題 63　横紋筋と平滑筋をそのつくりから分類しなさい。

解答 横紋筋と平滑筋は，そのつくりから次のように分類される。

筋肉
- 横紋筋
  - 骨格筋 … 随意筋
  - 心筋 ┐
- 平滑筋 … 内臓筋 ┘ 不随意筋

ドリル No.63	Class		No.		Name	

問題　63.1　平滑筋と横紋筋について説明しなさい。

問題　63.2　骨格筋の筋原繊維について説明しなさい。

問題　63.3　骨格筋の収縮について説明しなさい。

【コラム】筋収縮のエネルギー供給

筋収縮時の代謝とエネルギー代謝は，次の①～④で示される。

① 筋肉には，呼吸基質としてグリコーゲンが含まれており，解糖や呼吸でそれを分解してATPが合成される。

② 筋肉には，ATPよりも化学的に安定なクレアチンリン酸がATPの5～10倍含まれる。

③ 筋肉には多量のATPを蓄積しておくことができないため，安静時には，多量につくられたATPのエネルギーとリン酸をクレアチンに移転することでクレアチンリン酸が合成される。これには，クレアチンリン酸転移酵素がはたらく。

④ 筋収縮によってATPが消費され，筋肉内のATPが不足してくると，③とは逆に，クレアチンリン酸のエネルギーとリン酸がADPに転移し，ATPが再合成される。

この経路①～④を下図に示す。

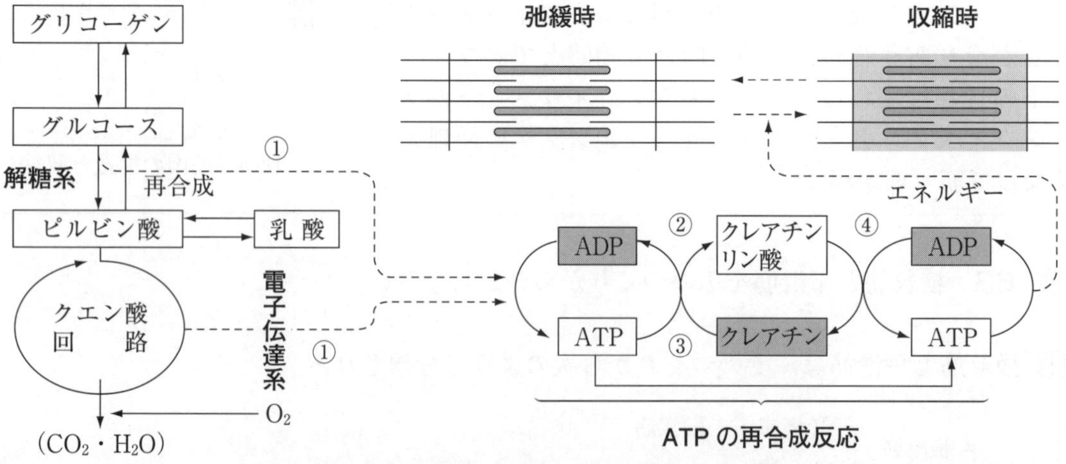

図5　筋収縮時の代謝とエネルギー代謝

チェック項目	月　日	月　日
筋肉のつくりとそのはたらきがいえたか。		

6.9　心臓(heart)のはたらきと循環系(circulatory system)

心臓のはたらきと血管系のしくみがいえる。

ヒトの循環系では，血管系（心臓・血管・血液）の他に，リンパ系（リンパ管・リンパ節・リンパ液）がある。血管は血液中だけを流れる閉鎖血管系である。

心臓は心筋という筋肉で包まれた器官で，たえず規則的な収縮を繰り返している。この拍動により，血液をからだ全体に送り出している。ヒトの心臓は，2心房・2心室で肺からもどってきた血液と全身からもどってきた血液が混じることはない。

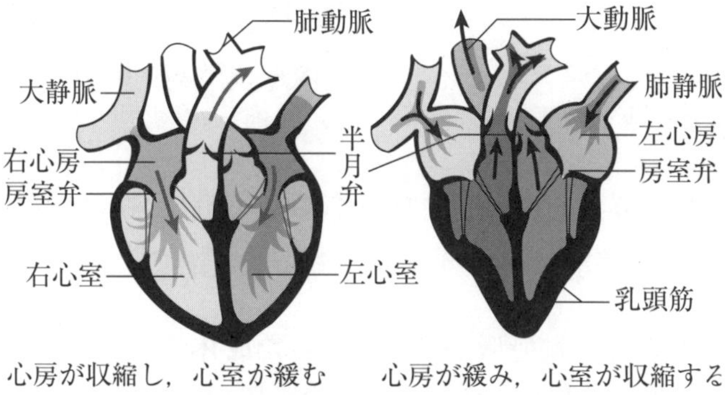

図1　心臓の構造とはたらき

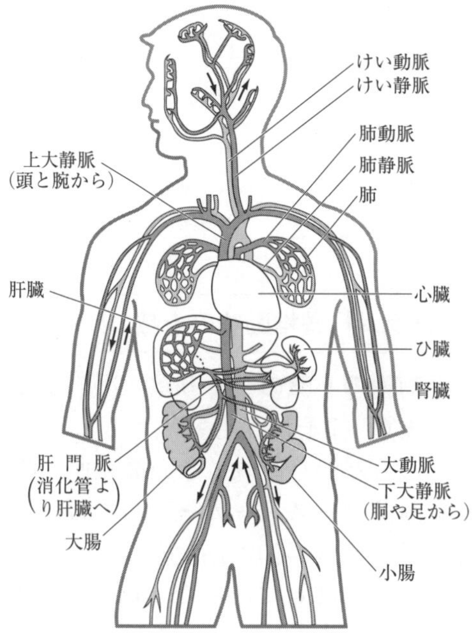

図2　ヒトの血管系

血管は，動脈，静脈，毛細血管に分けられる。血液が心臓から出ていく血管を動脈，心臓にもどってくる血管を静脈という。動脈の壁は静脈より丈夫にできていて，弾力性が高い。静脈には，逆流を防ぐ弁がある。毛細血管は，動脈と静脈をつなぎ，組織と接触する微細な血管である。毛細血管の壁は，1層の内皮細胞の層でできている。毛細血管をつくる内皮細胞は，すきまなく並んで1層からなる管をつくっているが，臓器によっては，細胞に丸い孔があいたものや，細胞間に大きなすきまが開いたものがある。

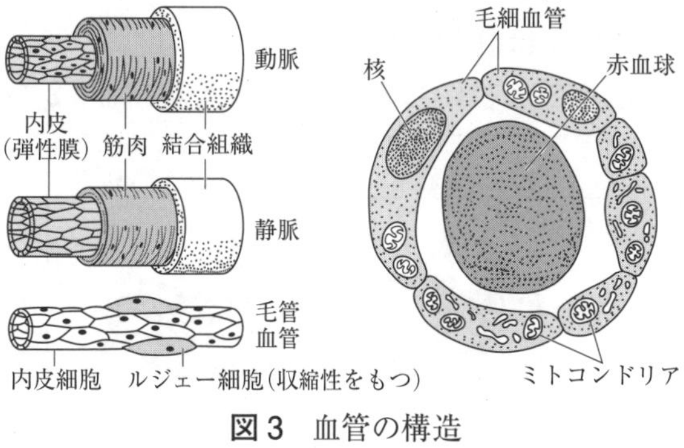

図3　血管の構造

例題 64　ヒトの心臓のはたらきを説明しなさい。

解答　心臓は心筋で包まれた器官で，たえず規則的な収縮を繰り返し，血液をからだ全体に送り出している。ヒトの心臓は，2心房・2心室からなっている。

ドリル No.64	Class		No.		Name	

問題　64.1　ヒトの血管について説明しなさい。

問題　64.2　ヒトの血液の循環を肺循環と体循環とに区別して説明しなさい。

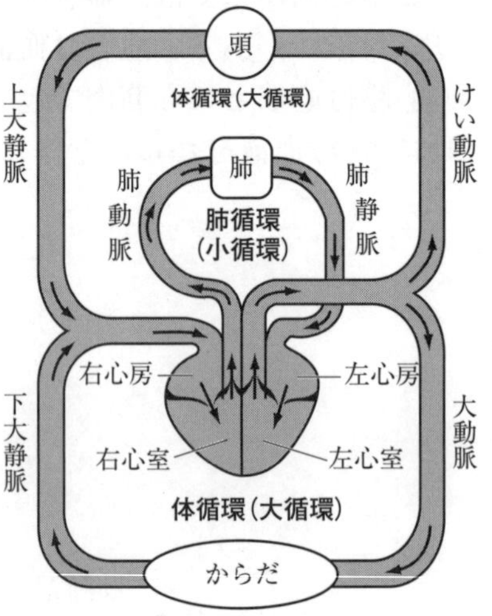

図 4　肺循環と体循環

【コラム】脊椎動物の心臓

脊椎動物の心臓のつくりは，次のようになっている。

① 魚類（1 心房 1 心室）

からだから流れてきた静脈血が静脈洞に入り，心房・心室を経てえらの動脈に送られる。静脈洞はペースメーカーとしての役割を持つ。

② 両生類（2 心房 1 心室）

幼生には対になったえらへの血管が見られる。肺呼吸が可能となった成体の心臓の心室は，1 つしかないため，肺から流れてきた動脈血と全身から流れてきた静脈血が心室で混ざって動脈に送り出される。

③ 爬虫類　（2 心房 1 心室）

心室内に，流入する動脈血と静脈血の流れをしきる壁がある。壁のしきりは不十分で動脈血と静脈血がわずかに混じる。

④ 鳥類・ほ乳類（2 心房 2 心室）

心室を左右にしきる完全な壁があり，2 つの心房を通ってきた動脈血と静脈血は混じらない。

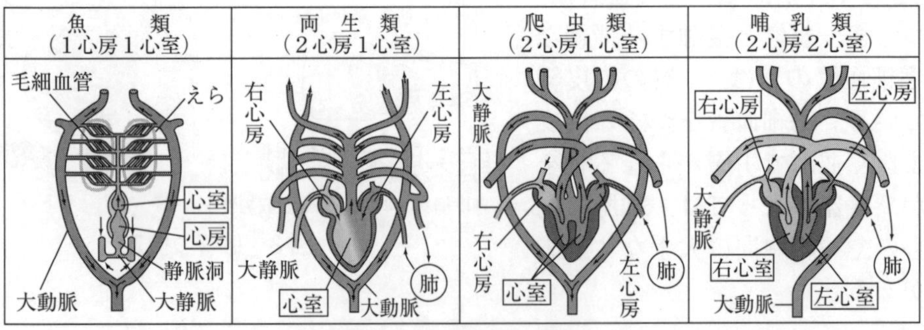

図 5　脊椎動物の心臓

チェック項目	月　日	月　日
心臓のはたらきと血液の循環がいえたか。		

6　体の成り立ちと反応

6.10　腎臓（kidney）のはたらきと泌尿器系（urinary system）

腎臓のはたらきがいえる。

泌尿器系は，尿の生成および排泄にあずかる器官系のことで，腎臓，尿管，膀胱，尿道などが機能的にはたらいている。血液はたえず体内を循環しながら栄養分や酸素を組織の細胞に届けるとともに，組織でできた不要物を集めてまわっている。不要物は腎臓で集められて体外に捨てられる。腎臓は，血液から不要物をこし取るろ過装置であるとともに，体内の水分量や浸透圧の恒常性維持にも重要なはたらきをしている。

ヒトの腎臓は，アズキ色でこぶしよりやや大きいソラマメの形をした器官で，腰椎の両側に一対あって，これに腎動脈・腎静脈・輸尿管がつながっている。腎臓の断面を見ると，外側から内へ，皮質・髄質・腎うの３つの部分に区別される。

腎臓にはたくさんのネフロン（腎単位）とよばれる構造があり，これが尿をつくる基本の構造である。ネフロンは腎小体（マルピーギ小体）とそれに続く腎細管（細尿管，尿細管）からできている。皮質の部分には腎小体があり，それから出ている腎細管は髄質と皮質の間を往復するように複雑に走っている。腎小体は糸球体とボーマンのうとで構成されており，ここで血しょうとそれに溶けている低分子成分がこし出される。

腎臓の糸球体では，入る方より出る方の毛細血管が細いので，大きな圧力がかかって血漿中のグルコース・無菌塩類・尿素・水などはほとんどボーマン嚢にこし出される。こし出されたものを原尿という。

原尿が腎細管を通る間に，いったんこし出された成分のうち，グルコース・水・無機塩類は，腎細管を取り巻く毛細血管中に吸収される。これを再吸収という。その後，原尿は集合管へ送られ，ここでさらに水分が再吸収されて濃縮し尿となり，体外へ捨てられる。

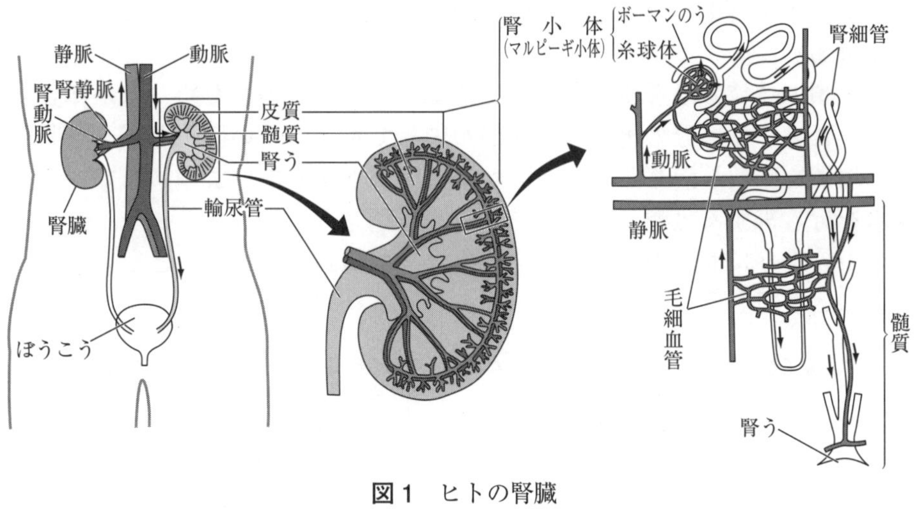

図１　ヒトの腎臓

例題 65　ヒトの腎臓の構造について説明しなさい。

解答　ヒトの腎臓は，ソラマメの形をした器官で，腰椎の両側に一対あって，これに腎動脈・腎静脈・輸尿管がつながっている。腎臓に断面を見ると，外側から内へ，皮質・髄質・腎うの３つの部分に区別される。

ドリル No.65	Class		No.		Name	

問題　65.1　ヒトの生体内の代謝によってできる産物のうち，無用なものについて説明しなさい。

問題　65.2　ヒトの排出器について説明しなさい

問題　65.3　腎臓の糸球体のはたらきを説明しなさい。

問題　65.4　腎臓における再吸収について説明しなさい。

【コラム】硬骨魚類の浸透圧調節

硬骨魚類では，淡水産と海水産とで浸透圧調節のしくみが異なる。

① 海産硬骨魚類

海産硬骨魚類の体液の浸透圧は，外液である海水よりも低張なため，水が体表から海水へと出ていく。そこで，多量の海水を飲んで腸から水を吸収し，余分な塩類をえらから排出したり，体液と等張な濃い尿を排出したりして，体液の浸透圧が上がらないようにしている。

② 淡水産硬骨魚類

淡水産硬骨魚類の体液の浸透圧は，外液である淡水より高張なため，水が体表から浸透してくる。そこで，腎臓での塩分の再吸収をさかんにして水分の多い低張な尿を吸収したり，えらから積極的に塩類を吸収したりして，体液の浸透圧が下がらないようにしている。

③ 海水と淡水を行き来する魚類

サケやウナギのように海と川を行き来する魚は，塩類調整のはたらきを切り替えて両方の環境に対応することができる。

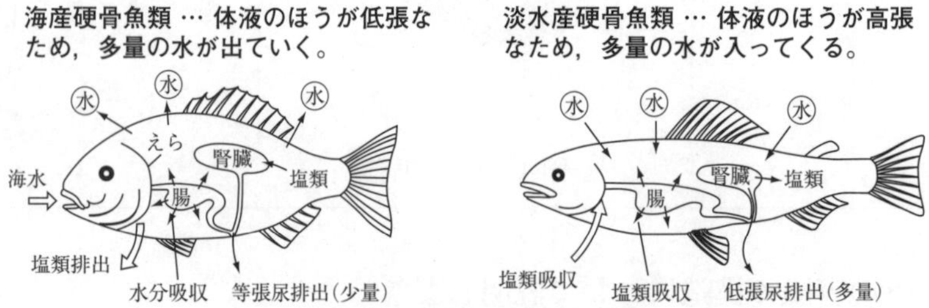

図2　硬骨魚類の浸透圧調節

チェック項目	月　日	月　日
腎臓のつくりと排出のしくみがいえたか。		

6　体の成り立ちと反応

6.11　内分泌腺 (endocrine gland) とホルモン (hormone) のはたらき

内分泌腺のはたらきがいえる。

⑴　内分泌腺と外分泌腺

汗を分泌する汗腺や消化液を分泌する消化腺などの外分泌腺と，ホルモンを分泌する内分泌腺がある。これらは刺激に応じて反応する効果器の一つである。外分泌腺も内分泌腺も発生のときに上皮が落ち込んでできる。外分泌腺には上皮の外に開口するする排出管があり，分泌物はこれを通って排出される。汗腺のように体外に排出したり，消化腺のように消化管内に排出されたりする。

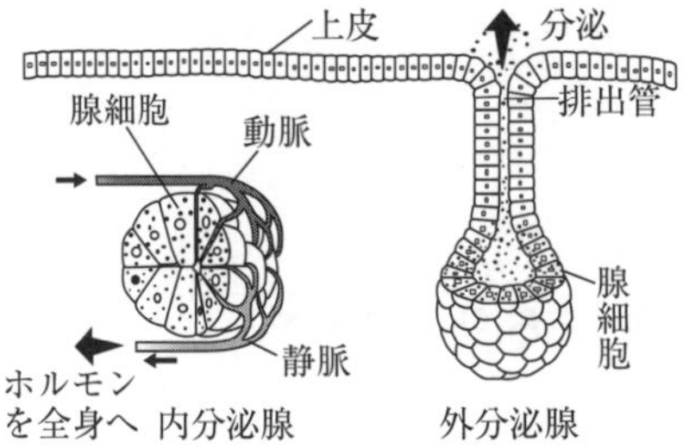

図 1　内分泌腺と外分泌腺

⑵　内分泌系

動物には器官が多数あり，共通したはたらきを共同して行ういくつかの器官をまとめて器官系という。内分泌系は内分泌腺で構成され，ホルモンによる調節作用をおこなう。

⑶　内分泌腺とホルモン

ホルモンはからだの特定の部分でつくられ血液や体液中に分泌される化学物質である。からだの他の部分に運ばれ，特定の組織や器官の活動に影響を与える。ホルモンは，ごく微量で強いはたらきをして，作用は特異的である。ホルモンは，内分泌腺で分泌され，ヒトでは脳下垂体（成長ホルモン用状腺刺激ホルモンバソプレシンなど），甲状腺（チロキシン），副甲状腺（パラトルモン），副腎（糖質コルチコイトアドレナリン），膵臓のランゲルハンス島（インスリン，グルカゴン），精巣（テストステロン），卵巣（エストロゲン）などがある。ペプチド系ホルモンとステロイド系ホルモン，アミノ酸誘導体系（アミン）ホルモンに分類され，一般に分子量は小さい。

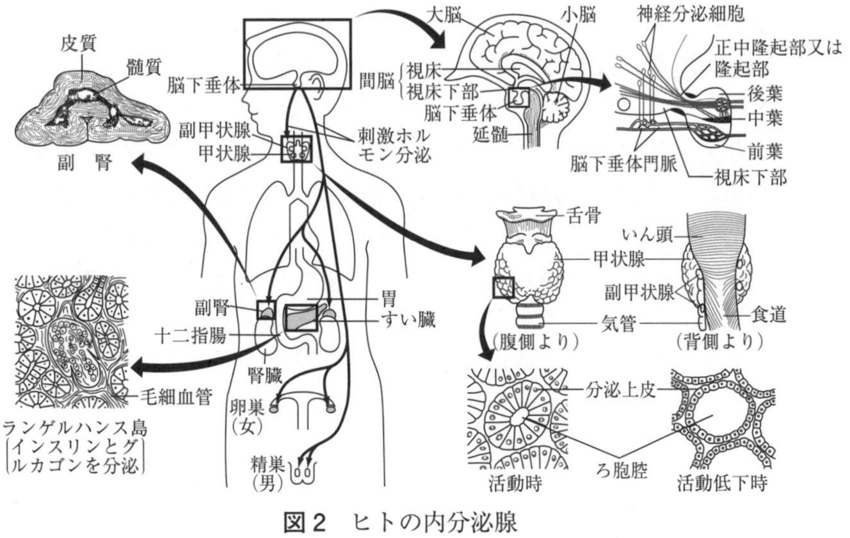

図 2　ヒトの内分泌腺

例題 66　内分泌腺と内分泌系を区別して説明しなさい。

解答 内分泌腺は発生のときに上皮が落ち込んででき，ホルモンを分泌する。動物には器官が多数あり，共通したはたらきを共同して行ういくつかの器官をまとめて器官系という。内分泌系は内分泌腺で構成され，ホルモンによる調節作用をおこなう。

ドリル No.66	Class		No.		Name	

問題 66.1 ヒトの内分泌系について具体例をあげて説明しなさい。

問題 66.2 ホルモンについて具体例をあげて説明しなさい。

【コラム】血糖量の調節

血液中のグルコースを血糖という。通常ヒトでは100mL中に約100mg含まれており，60mg以下になるとけいれんや意識不明などが起こる。このように血糖値が下がることはきわめて危険である。血液中のグルコースは，必要に応じて肝臓でグリコーゲンを分解することで放出され，一定の濃度に調節されている。この調節には，自律神経とホルモンの両方が関与している。

① 低血糖の場合

運動をしたり，食事をしなかったりして血糖値が減少し，低血糖の血液が視床下部の血糖量調節中枢に入ると，この中枢から交感神経および脳下垂体を通して指令が出る。

交感神経から副腎髄質にはたらいてアドレナリンを分泌する。アドレナリンは，肝臓や筋肉に作用し，貯蔵されているグリコーゲンをグルコースに変える。そのため血糖量は増加して正常にもどる。一方，交感神経のはたらきによりすい臓のランゲルハンス島A細胞からグルカゴンを放出させる。また，すい臓は低血糖の血液そのものにも反応してグルカゴンを分泌する。グルカゴンは，肝臓や筋肉のグリコーゲンをグルコースに変え，血糖量を増加させる。

脳下垂体は，成長ホルモンを出し，甲状腺刺激ホルモンを出して甲状腺からチロキシンを分泌させる。成長ホルモンとチロキシンはグリコーゲンを分解してグルコースにする反応を高めて，血糖値を上げる。また脳下垂体は，副腎皮質刺激ホルモンを出して副腎皮質から糖質コルチコイドを分泌させる。糖質コルチコイドはタンパク質をグルコースに変える反応を高め，血糖値を上げる。

② 高血糖の場合

消化管から多量の糖を吸収した場合には，視床下部から副交感神経である迷走神経を経て，すい臓ランゲルハンス島B細胞にはたらいてインスリンを分泌する。インスリンは細胞でのグルコースの取りこみを高め，その消費を促進する。また筋肉や肝臓で，グルコースからグリコーゲンへの合成を促進する。これらのはたらきにより血糖量を減少させる。

チェック項目	月　日	月　日
ヒトの内分泌腺をあげて，そのはたらきがいえたか。		

6 体の成り立ちと反応 6.12 植物の成長とホルモン

植物ホルモンのはたらきがいえる。

植物の体内でつくられ，ごく微量で植物の器官形成や成長を調整する物質を植物ホルモンいう。植物ホルモンは，根・茎の先端や葉など，ある一定部位でつくられ，他の部分へと移動したのちにはたらく。植物ホルモンには，**オーキシン** (auxin), **ジベレリン**, **サイトカイニン**, **エチレン**，**アブシシン酸**などがある。

オーキシンはインドール酢酸とよばれる物質で，芽や茎の先端部で合成される。合成されたオーキシンは，生物体がもつ軸に沿って決まった方向に移動し，やや離れた組織の成長を促進する。決まった方向に移動する性質を極性輸送という。また光があたると，オーキシンは光の当たらない側にかたよることが知られている。オーキシンは器官によって，成長促進の最適濃度が異なり，茎＞芽＞根の順に高い。そのため茎の最適濃度では茎の成長は促進されるが，芽や根の成長は阻害されてしまう。

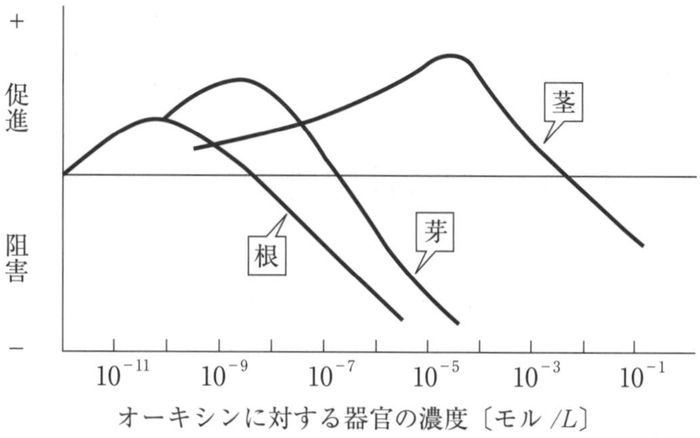

図1 オーキシンに対する器官の感受性

オーキシンには，側芽の成長阻害の作用がある。頂芽で成長が促進される濃度では，側芽の成長は阻害される。これは頂芽でつくられて下降してくるオーキシンによって側芽の成長が抑制されているからである。このように茎のいちばん上にある頂芽があると，その近くにある側芽はあまり伸びない。これを頂芽優勢という。

また，若い葉でつくられたオーキシンは，葉柄へ移動して，そこで離層の形成を阻害して，落葉や落果を抑制している。

例題 67 オーキシンのはたらきについて説明しなさい。

解答 合成されたオーキシンは，生物体がもつ軸に沿って決まった方向に移動し，やや離れた組織の成長を促進する。オーキシンのおもな作用を次に示す。

① 細胞の伸長成長を促進する。
② 呼吸を促進する。
③ 細胞分裂を促進する。
④ カルス（植物体の組織の一部を培養してつくった細胞塊）から根の分化を促進する。
⑤ 発根を促進する。
⑥ 落葉や落果を防止する。
⑦ 側芽の成長を抑制する。

ドリル No.67	Class		No.		Name	

問題　67.1　ジベレリンのはたらきについて説明しなさい。

問題　67.2　サイトカイニンのはたらきについて説明しなさい。

問題　67.3　エチレンのはたらきについて説明しなさい。

問題　67.4　アブシシン酸のはたらきについて説明しなさい。

チェック項目	月　日	月　日
おもな植物ホルモンのはたらきがいえたか。		

6.13　植物の反応と調節

①　水分調節・花芽形成（flower-bud formation）

植物の水分調節，花芽形成のしくみがいえる。

⑴　**花芽形成と発芽の調節**

多くの種子植物では，種ごとに開花の季節が決まっている。これは，光や温度などの条件によって花芽の形成が調節されているからである。

植物は,花芽形成（開花）と日長（明期の時間）との関係から3つに分けることができる。このような日長（暗期の時間の場合もある）によって花芽形成などが影響を受ける現象を**光周性**（photoperiodism）という。

①　**長日植物**

一日の暗期が一定時間（約10～13時間）以下になると花芽を形成する。春から初夏が開花期となる。アブラナ，キャベツ，ホウレンソウ，ダイコンなどがある。

②　**短日植物**

一日の暗期が一定時間（約8～10時間）以上になると花芽を形成する。夏から秋が開花期となる。コスモス，キク，イネなどがある。

③　**中性植物**

日長と関係なく花芽を形成する。ナス，トマト，タンポポなどがある。

コムギでは，日長のほかに温度も花芽形成に関係している。秋まきコムギは冬の低温にさらされないと開花結実しない。これは，低温が花芽形成に必要な生理的変化をコムギにおこさせているためと考えられ，このような現象を春化という。また，春に芽生えたものでも，人工的な低温に一定期間おいてから畑に植えると開花結実させることができる。このような処理を**春化処理**という。

⑵　**水分の調節**

高等植物では，根を通じて土壌から水と栄養を吸収する一方，葉からは大気中に水の蒸散をおこなうために，水の移動は根から上方へ維管束内の木部（道管や仮道管）を通っておこなわれる。また，葉でつくられた産物を含む水溶液は葉からからだ全体へは，維管束内の師部（師管）を通って送り出される。

土壌中の水と養分の吸収は，根の先端部にある根毛から吸収される。給水のしくみは次のように説明される。植物細胞の外側にある細胞壁は全透性で水も塩類も自由に通れるが，その内側にある細胞膜は半透性と選択透過性をもつ。Na^+，Cl^-，K^+，NO_3^-などの塩類はイオンチャネルなどを通るが，分子の大きなスクロース（$C_{12}H_{22}O_{11}$）は通れない。そのため，塩類は拡散されて移動し，細胞膜内外で濃度が等しくなると移動は止まる。しかし，スクロース分子は膜外に出られないので，細胞内の濃度は外液より高くなる。すなわち，浸透圧が高くなるので，細胞膜外から水が入る。そうなると，塩類の濃度も下がるので，拡散によって塩類も入ってくる。

根の組織では，内側の細胞ほど吸水力が大きく，水は根毛から道管へと流れて，道管の中の水をおし上げる。さらに蒸散によって生じる細胞内の浸透圧の増大が大きな吸水力となっている。

例題 68　土壌中の水と養分の吸収について説明しなさい。

解答　細胞膜は半透性と選択透過性をもつ。Na^+，Cl^-，K^+，NO_3^-などの塩類はイオンチャネルなどを通るが，分子の大きなスクロース（$C_{12}H_{22}O_{11}$）は通れない。そのため，塩類は拡散されて移動し，細胞膜内外で濃度が等しくなると移動は止まる。浸透圧が高くなるので，細胞膜外から水が入る。そうなると，塩類の濃度も下がるので，拡散によって塩類も入ってくる。

ドリル No.68	Class		No.		Name	

問題　68.1　春化処理について説明しなさい。

問題　68.2　植物にとって水の重要性をあげなさい。

問題　68.3　蒸散について説明しなさい。

【コラム】気孔の開閉のしくみ

気孔の孔辺細胞は内側の細部壁が特に厚くなっているので，吸水して膨れると，細胞壁の厚いところはのびにくいが薄いところはのびるので，外側へそり返って気孔が開く。孔辺細胞の浸透圧が高まると吸水が起こり，膨圧が高まって気孔が開く。逆に浸透圧が低下すると，水が細胞外へ出て膨圧が下がるので，気孔は閉じる。また，植物体の水分が欠乏すると，植物ホルモンの1つであるアブシシン酸が急速に合成され，孔辺細胞内の浸透圧の低下を促すために，膨圧が下がり，気孔は急速に閉じる。

チェック項目	月　日	月　日
植物の水分調節，花芽形成のしくみが具体的にいえたか。		

6　体の成り立ちと反応

6.14　植物の反応と調節　②　植物の水分調節

植物の水分調節のはたらきがいえる。

(1)　水分の吸収と運搬

水は植物体を構成する細胞の膨圧を維持し，形態を保持する。また光合成や呼吸などの代謝に使われるほか，養分を溶かして運ぶための溶媒としても重要なはたらきをしている。

植物は，土壌中の水分を根の先端付近にある根毛や根の表皮細胞から吸収する。根からの吸水は，根毛細胞や表皮細胞の浸透圧が外圧よりも高いために起こる。吸収された水は、根の組織細胞のそれぞれの浸透圧の差によって，根毛・表皮細胞，皮層，内皮，道管（仮導管）へとおし上げる。このおし上げる力が根圧である。根圧は根の吸水によって生じる。水分の上昇は，根圧のほかに，水分子どうしが引き合う力である凝集力や蒸散でも起こる。

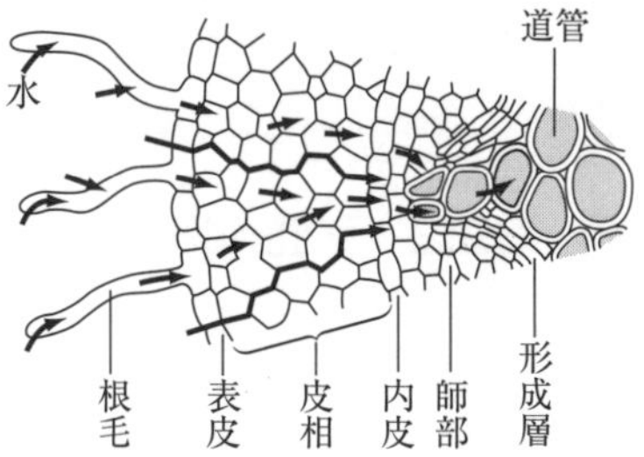

図 1　根毛での給水のしくみ

(2)　気孔による蒸散量の調節

植物体から水が水蒸気となって蒸発する現象を**蒸散**という。植物体内の水分量は，ほぼ一定に保たれ，生理作用が円滑に進められている。水分量を一定に保つためには，根での吸水量と葉での蒸散量の均衡がとれていなければならない。根での吸水量は，土壌中の水分が不足しないかぎり大きく変動することはない。したがって，植物体内の水分量の均衡は，葉での蒸散量を調節することで行われている。

陸上の植物での蒸散作用は，葉やわかい茎・がく片などの表皮にある気孔で行われる。これは植物が光合成や呼吸を行うときに，二酸化炭素や酸素のガス交換の通路でもある。**気孔**は，2 個の**孔辺細胞**に囲まれている。孔辺細胞が吸水して細胞内の**膨圧**が高まると，外側にわん曲して，気孔が開く。一方，孔辺細胞が脱水して膨圧が低下すると，気孔側の厚い細胞壁の弾性でもとの形にもどり，気孔が閉じる。

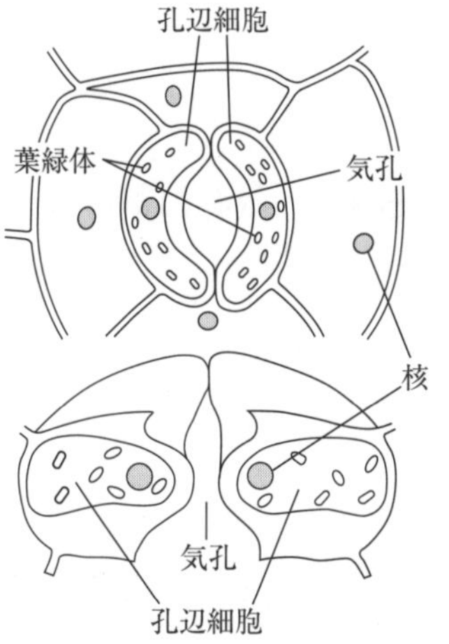

図 2　気孔のつくり

蒸散量は，光や風・湿度などの環境の影響を受けて変化する。光をたくさん受ける晴れの日には光合成が盛んで，気孔を開いて酸素や二酸化炭素を出し入れする。それとともに蒸散が起こり，温度の上昇を防ぐ。風があると，気孔付近の空気が移動し，蒸散量が増加する。空気が乾燥すると，気孔を閉じ，過度の蒸散が防がれる。

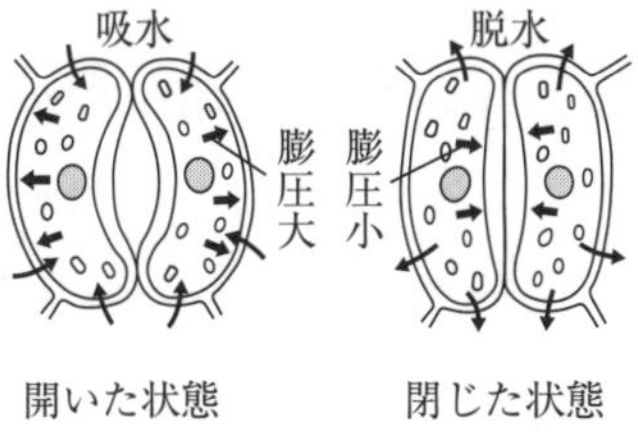

図 3　気孔の開閉のしくみ

例題 69　植物にとって水が重要であることを説明しなさい。

解答 次のように植物にとって水は重要である。①植物体を構成する細胞の膨圧を維持し，形態を保持する。②光合成に必要である。③生体の維持に必要な無機塩類を水に溶けた状態で，根から吸収する。④蒸散によって，根から水を吸収するための原動力を生み出す。

ドリル No.69	Class		No.		Name	

問題　69.1　植物の水の吸収のしくみについて説明しなさい。

問題　69.2　気孔の開閉のしくみについて説明しなさい。

問題　69.3　気孔の蒸散量の調節について説明しなさい。

コラム　植物の水分調節

植物体内には50～90%の水分が含まれている。植物体内で代謝が円滑に行われるには，一定量の水分が保たれていなければならない。この一定量の水分は，根の吸収速度と水が植物体内を通過する速度と葉からの蒸散速度の3つかつり合っていることが必要である。

晴天で気温が高く，風が強く吹いていると蒸散が高まる。また土壌中の水分が少なくなったりして，植物体の水分が欠乏して，葉はしおれる。

気孔の開閉には，アブシシン酸とサイトカイニンの2つの植物ホルモンが関係している。植物体が水不足の状態になるとアブシシン酸が合成され，孔辺細胞の脱水を促し，急速に膨圧が低下して気孔を閉じる。サイトカイニンは，気孔を開くはたらきを行う。

植物は体内に水分が多すぎて害を受けることはない。水分が十分にあるときは。気孔も大きく開き，より多くの二酸化炭素を取り込んで，さかんに光合成をする。しかし，草本植物などでは，根圧による吸水が大きすぎるような場合には，葉の先端にある水孔から排水する。

チェック項目	月　日	月　日
根の吸収と気孔のはたらきから植物の水分調節がいえたか。		

7 免　　疫　7.1 生体防御

生物が生命を維持するために，外界の異物や他の生物から身を守り，自身の体内の異常な細胞からも正常な細胞を守ることを生体防御といえる。

ヒトを中心に，対象を微視的存在に限って考える。まず体内に侵入させない事が重要である。

生体防御の最前線は外界にさらされている皮膚であろう。皮膚は外側から表皮，真皮，皮下組織から成る。表皮は深層部で細胞が分裂して増え，次第に表層部に移行しながらタンパク質ケラチンを蓄積して角化し，体表を守る。緻密な上皮細胞が，外界の微生物の侵入を防ぎ，体液や体温の保持，調節などを担う。皮膚が損傷すると，体液の漏出や，微生物の侵入を招く。火傷などによる皮膚の損傷の程度や範囲が大きいと，生命に関わる。

また，食物を取り込む消化管系，呼吸で常に外気を取り込む呼吸器系，目や耳など外界に開かれている感覚器系など，強固に閉ざすことの出来ない部分では，粘液の被膜や，繊毛《じゅうもう》による異物除去，分泌液による保護などで対応している。私達が摂取する食物は，滅菌されたものはむしろ稀で，外界のさまざまな微生物も一緒に取り込むことになる。体内でそれら微生物の増殖を抑えているのは，胃が塩酸を分泌し，内部をpH1～2の強酸性にして，殺菌作用をもっているためである。もしも微生物が胃の障壁を乗り越えた場合，腸に定着している非病原性の腸内細菌が，新参の病原微生物の増殖定着を妨げる。呼吸で取り込まれた異物は，繊毛の外部に向かう動きで，咳，くしゃみ，痰などで粘液と共に体外に放出される。目は涙で常に潤い，耳も気圧の調節時以外は，耳管を閉じて，内耳や中耳を守る。

それでも内部に侵入した異物にどう対処するか。生物はさまざまな生体防御システムを発達させて来た。その究極がわれわれの免疫系であろう。ヒトの生存にはウイルス，細菌，カビなどの病原性微生物の攻撃に耐え，さまざまな自然界の化学物質や薬品などの影響を軽減する必要がある。侵入したものが生物であるなら増殖させない，排斥する，死滅させる，毒性物質であれば作用させない，分解する，排出するなど，可能な限りの防御システムを駆使することになる。肝臓の解毒作用もその一つである。

また，体内の細胞自体が異常を来たすこともありうる。癌は異常な増殖能を獲得した細胞であり，もともとは自分の細胞である。外界のみならず，内部の異変にも対応する必要がある。

例題 70.1　メモ帳代わりに，皮膚にペン書きをしてもいずれ消えるのは何故か。

解答 皮膚は表皮細胞が下層（深層）から上層（表層）へと移動し，常に細胞が更新されている。ペン書きのインクも，剥離して垢となった体表の細胞とともに消える。

例題 70.2　針が真皮まで刺さり，細菌などが侵入した場合，どうなるか。

解答 真皮には次項目で述べるマクロファージなどが存在し，細菌を貪食《どんしょく》すると予想される。

ドリル No.70	Class		No.		Name	

問題　70.1　外傷が化膿したとする。どのような現象が起きているか。

問題　70.2　風邪をひいて発熱したとする。病原ウイルスと生体の反応を考察しなさい。

チェック項目	月　日	月　日
生体防御システムの破綻と，疾病の関連がいえたか。		

7.2 自然免疫(innate, or natural immunity)と獲得免疫(adaptive, or acquired immunity)

免疫系は異物を非特異的に排除しようとする自然免疫と，対象に特異的に対応する獲得免疫に大別されることがいえる。

免疫系は，自然免疫(非特異的免疫)と獲得免疫(特異的免疫)に大別される。進化的に早い時期に現れた自然免疫が，まず大まかで敏速な防御を担い，それを増強する獲得免疫がさらに作用する。

自然免疫にはマクロファージ(大食細胞)(macrophage)や樹状細胞(dendritic cell)，好中球の食作用や，補体(complement)の反応，ナチュラルキラー細胞などが含まれる。好酸球の寄生虫攻撃などもある。

補体とは，酵素前駆体などから成るタンパク質群であり，段階的活性化により，細菌に穴を開けるなど，劇的な反応を起こすことができる。特異的免疫系が未発達な段階で，効果的に病原菌を排除するための強力な手段であったと考えられる。

獲得免疫は，特定の抗原に対する特異的反応が基本である。ヒトが麻疹《はしか》や水疱瘡《みずぼうそう》に一度かかる(感染する)と二度と同じ病気にかからないということから，「疫」を「免れる」意味で「免疫」の名称の由来となっている。マクロファージが無脊椎動物でも見られるのに対して，獲得免疫の担い手のリンパ球(T細胞やB細胞)は脊椎動物から見られるようになり，高等な生物ほど発達している。

しかし，自然免疫と獲得免疫は，実際は非常に密接に関連している。獲得免疫の特異性には，自然免疫の主体の樹状細胞やマクロファージによる抗原提示(7.6)が必要である。また，細菌やウィルスを種類に関わらず攻撃排除するために，自然免疫が備わっている。樹状細胞やマクロファージが異物である可能性の高い物質を感知し，自然免疫を発動させるToll様受容体(TLR)の系が明らかになった。TLRが感知するのは，通常の細胞にはあまり存在せず，細菌やウィルスに特徴的な次の例のような物質である。例；リポ多糖やペプチドグリカン(細菌の細胞壁に特徴的)，二本鎖RNA(ある種のウイルスゲノムを構成)，非メチル化CpG(ヒトではCGの順に並んだ塩基配列はメチル化されていることが多い)，フラジェリン(細菌の鞭毛の構成タンパク質)など。

参考；Toll遺伝子は，キイロショウジョウバエの発生に関わり，細胞膜レセレプターをコードする。Tollタンパク質は背腹軸の決定に関与し，腹部構造の形成を促す。Toll様受容体はTollとの類似性を有する受容体の意味である。

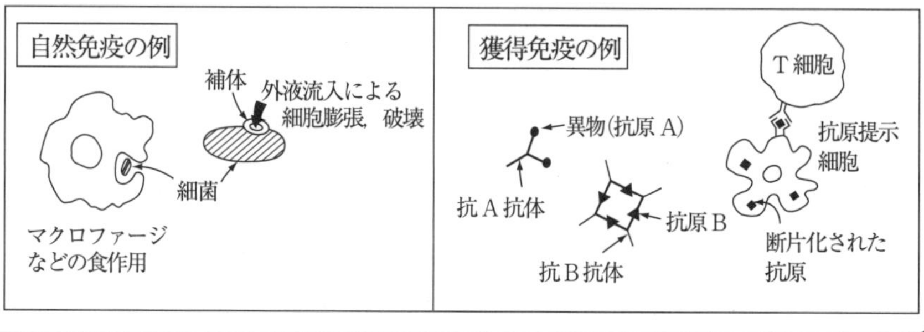

例題 71　自然免疫でも獲得免疫においても重要な役割を果たすマクロファージとはどのような細胞か。

解答 造血幹細胞から作られる血球系の細胞由来である。血液中では白血球の一種である単球として存在する。血管外に遊走して，組織内でマクロファージとなる。偽足による運動性を有し，マクロファージの名の通り，食作用が発達している。

ドリル No.71	Class		No.		Name	

問題　71.1　マクロファージや好中球の食作用で取り込まれた，侵入微生物などの異物はその後どのように処理されるか。

問題　71.2　好中球もマクロファージも共に，異物の食作用を担う。両者の相違点を答えなさい。

問題　71.3　免疫の働きで，二度，同じ病気にかからないとされているが，風邪やインフルエンザには何度もかかることがあるのは何故か。

チェック項目	月　日	月　日
複雑な免疫系を分類整理することができ，細胞の特徴や相互作用がいえたか。		

7.3　リンパ球(lymphocyte)（T細胞とB細胞）

リンパ球は白血球の一種で，免疫の主役であることがいえる。

ヒトの血液は血漿中を，有形成分として赤血球と白血球，血小板が流れている。血球細胞は骨髄で造血幹細胞から分化する。赤血球は，酸素運搬の主体でヘモグロビンを含む無核の細胞である。白血球は有核で，好酸球，好中球，好塩基球，単球および免疫系の主要細胞であるリンパ球を含む。血小板は巨核球の断片で血液凝固に関わる。血液 1mm^3 中，赤血球は380～530万個，白血球は4000～9000個が存在する。

リンパ球は末梢血の白血球の20～40%ほどを占め，直径6～15μm程度である。他の白血球が数時間から数日の寿命なのに比べ，比較的寿命が長く数日から数年の場合もある。

免疫系の主要細胞であるリンパ球には特異性が要求されるので，さらに分化が必要となる。この分化の場所が骨髄(bone marrow）と胸腺(thymus）であり，それぞれ分化の場所の頭文字からB細胞とT細胞と呼ばれる。分化の結果，B細胞やT細胞は特徴的な表面抗原を持つことになる。CDと略記される細胞表面抗原(cluster of differentiation）があり，ヘルパーT細胞はCD4$^+$，細胞障害性T細胞（キラーT細胞）はCD8$^+$である。B細胞はCD4やCD8を持たず，他のCDを持つ。

B細胞は体液性免疫に関わり，抗原刺激があると形質細胞（プラズマ細胞 plasma cell）に分化して対応する抗体を産生する。この時，対応抗体産生クローンが選択的に増殖分化する。

T細胞は細胞性免疫に関わり，前駆細胞から種々のT細胞に分化し，インターロイキンなど細胞間の連絡物質の分泌や細胞相互作用を行う。ヘルパーT細胞は免疫系全般を制御する最も重要なリンパ球である。多くの場合，B細胞の形質細胞への分化にも，ヘルパーT細胞が関与する。ヒト免疫不全ウイルス(human immunodeficiency virus HIV）感染で後天性免疫不全症候群(acquired immune deficiency syndrome AIDS)が引き起こされるのは，HIVがヘルパーT細胞に特異的に感染し，感染細胞の死滅によるヘルパーT細胞の減少が免疫系全般の制御を乱すからである。

<table>
<tr><th colspan="3">骨　髄 ⇒</th><th>末梢血 ⇒</th><th>組　織</th></tr>
<tr><td rowspan="8">造血幹細胞</td><td rowspan="5">骨髄系幹細胞</td><td>赤芽球</td><td>赤血球</td><td>——</td></tr>
<tr><td>巨核球</td><td>血小板</td><td>——</td></tr>
<tr><td rowspan="3">骨髄芽球</td><td>好中球*</td><td rowspan="3">*血管壁を通過，組織へ遊走可能</td></tr>
<tr><td>好酸球</td></tr>
<tr><td>好塩基球</td></tr>
<tr><td rowspan="3">リンパ系幹細胞</td><td>単芽球</td><td>単球</td><td>マクロファージ</td></tr>
<tr><td>Tリンパ芽球</td><td>T細胞</td><td>活性化T細胞</td></tr>
<tr><td>Bリンパ芽球</td><td>B細胞</td><td>形質細胞（プラズマ細胞）</td></tr>
</table>

例題 72　血球系細胞のもととなる細胞の名称と存在場所を答えなさい。

解答　造血幹細胞　骨髄

ドリル No.72	Class		No.		Name	

問題　72.1　リンパ管，リンパ液，リンパ節，リンパ腺を説明しなさい。

問題　72.2　B 細胞と T 細胞の分化の場所，器官を答えなさい。

問題　72.3　抗体産生のプラズマ細胞は，B，T 細胞どちらから分化するか。

チェック項目	月　日	月　日
T 細胞，B 細胞の特徴がいえたか。		

7.4 体液性免疫（humoral immunity）と細胞性免疫（cell-mediated immunity）

B 細胞が産生する抗体が中心の体液性免疫と，T 細胞主体で細胞が細胞に作用する細胞性免疫が協調して，免疫系が機能していることがいえる。

抗原に対する特異的反応として，大きく 2 通りが考えられる。抗原が体内に入ってもまだ細胞内に侵入しない状態と，細胞内に侵入してしまった状態のそれぞれに対する反応がある。細胞外の抗原には，特異的抗体が抗原抗体反応で結合し，凝集や不活化を行い処理する方法が有効である。しかし，細胞内の抗原に対して，細胞外の抗体が直接反応するのは難かしい。この場合は，抗原を含む細胞全体に対処する必要があり，細胞間相互作用が重要である。これら 2 通りの反応が，体液性免疫と細胞性免疫である。

たとえれば，外敵を矢や弾で攻撃するのが体液性免疫であり，敵に奪われた城を敵もろとも攻撃するのが細胞性免疫であろう。

体液性免疫は抗体が主体の免疫である。生体は常に病原体などの異物にさらされている。体内に侵入させない，侵入しても素早く反応するために，血液やリンパ液，涙，唾液，汗，母乳などに含まれる抗体が抗原と反応する。また抗原と特異的に反応する抗体を作る B 細胞が選択され，形質細胞（プラズマ細胞）に分化し多量の抗体を産生する。しかし，細胞内に侵入した細菌やウイルスなどに対して，抗体は細胞内に入れないので，抗体による攻撃は効果が乏しい。体液性免疫は抗原たる物質や生物が，細胞に取り込まれてしまうと，対応が困難である。

細胞性免疫は細胞そのものを対象に免疫系を働かせる系であり，主体は T 細胞である。細胞間相互作用には，細胞が分泌するサイトカイン（cytokine）が関与している。細胞傷害性 T 細胞（cytotoxic T lymphocyte）は，感染細胞や異常細胞を攻撃して，細胞死（アポトーシス apoptosis）に導く。ヘルパー T 細胞（helper T lymphocyte）は，樹状細胞やマクロファージに活性化された後，抗原性の合致する B 細胞に作用し形質細胞への分化を促す。この活性化には T 細胞表面に存在する T 細胞受容体（T − cell receptor, TCR, 7.6）が MHC（7.5）と分解された抗原の一部（抗原提示 7.6）の両方を認識する必要がある。このように，ヘルパー T 細胞は免疫系の中心的存在で，細胞性免疫と体液性免疫の免疫系全体が協同して働くように制御する。

注；免疫系の用語は混乱しやすいので注意。

サイトカイン；細胞（〜 cyte）が分泌，動きの意味の kine を付けた名称。

インターロイキン（interleukin IL）；白血球（leukocyte）の相互作用の意味から。IL-1 と数字を付けて区別。

リンフォカイン（lymphokine）；リンパ球が分泌。

例題 73.1　B 細胞の産生する抗体は各細胞に固有で，対応する抗原に特異的な抗体を産生する細胞が選ばれて増殖する。この考え方は何という仮説か。

解答 クローン選択説（clonal selection theory）

例題 73.2　細胞性免疫の制御の要となる，T 細胞の名称を答えなさい。

解答 ヘルパー T 細胞

ドリル No.73	Class		No.		Name	

問題　73.1　体液性免疫の指す体液とは，主に血液や組織液，リンパ液などと考えられる。抗体の含まれる液体にどのようなものがあるか。働きと共に考えなさい。

問題　73.2　B 細胞が抗体を多量に産生するには，形質細胞（プラズマ細胞）に分化する必要がある。形質細胞の特徴を答えなさい。

問題　73.3　細胞性免疫の制御の要は T 細胞の内のどの細胞か。

問題　73.4　細胞性免疫には，細胞間相互作用が非常に重要である。そのために，T 細胞に備わっている構造や機能の代表例を 2 つ挙げなさい。

問題　73.5　T 細胞受容体（TCR）が抗原と反応するには，抗体が抗原と反応するよりも複雑な過程が必要である。簡潔に説明しなさい。

チェック項目	月　日	月　日
B 細胞と抗体の特徴を確認し体液性免疫について述べ，T 細胞の種類や特性を整理し細胞性免疫についていえたか。		

7 免　　　　　疫　7.5 自己(self)と非自己(non-self)の認識

特異的免疫には自己と非自己の認識が非常に重要である。自己の認識機構と，非自己の識別方法がいえる。

自己とは自明と思われるかもしれないが，免疫系細胞が反応すべきか，反応しないかの判断や識別は難かしい。自己を認識する基礎が主要組織適合性複合体（major histocompatibility complex, MHC）である。ヒトではMHCはヒト白血球抗原（human leukocyte antigen,HLA）とも呼ばれ，遺伝子領域は第6染色体短腕上に存在し220以上の遺伝子からなる。これらにはallele（アリル）と呼ばれる対立遺伝子が多数確認され，遺伝的多型の基となっている。遺伝子はHLA−A，HLA−B，HLA−Cなどに大別されている。

MHCはタンパク質の構造(7.6参照)と存在様式から，IとIIの2つのクラスに大別される。

MHCクラスI分子はほとんどすべての細胞表面に存在し，多くの遺伝子的多型が存在する。MHCの多型性は膨大で，あたかも細胞の指紋のように機能し，自己の印となる。一般に皮膚や臓器の移植が拒絶反応を伴い困難なことは，この多型性に起因する。近年(2015年)までに9000を超す対立遺伝子が確認されている。また，ABO式やRh式血液型が合致すれば非自己からの輸血が可能な理由は，赤血球にMHCが存在しないからである。

MHCクラスII分子は，主にマクロファージ(macrophage)，樹状細胞(dendritic cell)，B細胞など免疫系の細胞で発現している。3000種類程度の多型性が確認されている。免疫系の最も重要な細胞であるヘルパーT細胞の機能には，MHCクラスII分子と抗原の相互作用が必要である。

T細胞の抗原認識には，自己と非自己を識別するMHCが必須である。

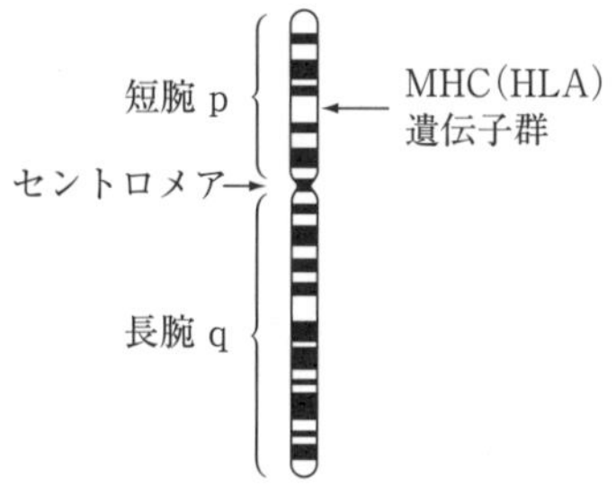

図1　ヒト第6染色体

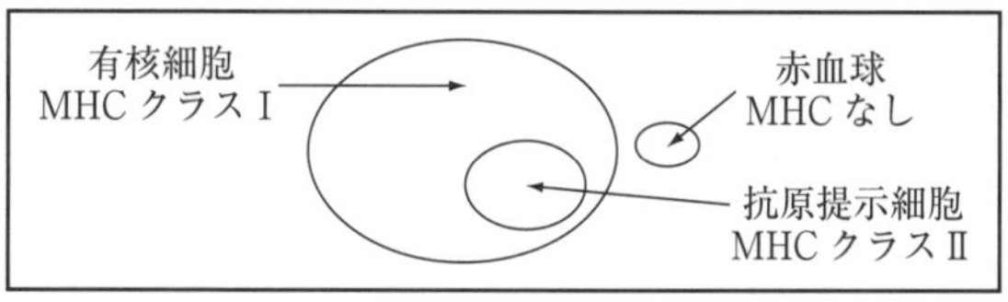

図2　細胞とMHCの関連図

例題 **74.1** 骨髄移植の骨髄バンクには多くの人の登録が必要である。理由を述べなさい。

解答 MHCの多型性に対応するには，多くの登録者がないと，MHCの類似した人を見つけ難い。いわば「他人の空似」を探すのである。

ドリル No.74	Class		No.		Name	

問題　74.1　自己の細胞には，自己の印のMHCが存在する。他の個体の臓器を移植しても，異物と判断するのは，MHCの違いによる。通常，ABO式とRh式血液型が適合すれば，輸血は可能であるのは何故か。

問題　74.2　拒絶反応と移植片対宿主反応GVH(graft-versus-host) を説明しなさい。

チェック項目	月　日	月　日
自分は自分。自己の目印は何か。我思う故に我あり。自己のMHCを持つものが自己。MHCとは何かがいえたか。		

特異的免疫が機能するには，抗原の認識が必須である。マクロファージや樹状細胞は，代表的な抗原提示細胞であり，断片化した抗原を細胞の表面に提示することがいえる。

身体中を探査しているマクロファージと，皮膚やリンパ節を始め全身に常在する樹状細胞が，食作用（phagocytosis）で取り込んだ抗原を断片化して細胞表面に提示する抗原提示細胞(antigen-presenting cell,APC）である。マクロファージや樹状細胞のMHC（主要組織適合性複合体）（7.5参照）を認識し，さらに提示された抗原に特異的に対応するT細胞受容体（Tcell receptor,TCR）をもつT細胞が，選択的に活性化される。こうして，抗原に対応しうるT細胞クローン(clone)が増殖し，対象の細胞に細胞性免疫を引き起こす。また，B細胞にも働きかけ，抗原に対応する抗体の産生を促す。

T細胞は，細胞性免疫の主体であり，免疫系全般の制御にも関わる。抗原により変化した自己の細胞を認識しなければならない。そのために，自己の印であるMHCの認識と同時に，正常な自己の細胞と区別するために，抗原による変化を被っているという印も必要である。この，変化の印付けが，抗原提示に相当する。自己の細胞でありながら，このような抗原性の異物で変化していると示すのである。

体液性免疫の主体のB細胞は，抗原そのものを認識して，結合し，細胞内に取り込み分解する。その後，B細胞表面のMHCクラスⅡ分子に抗原の分解産物の断片を提示する。対応する抗体を産生するB細胞クローンの形質細胞(プラズマ細胞 plasma cell)への分化には，このMHCと提示された抗原の両方を認識するヘルパーT細胞の関与が必要である。

抗原提示はMHCを介して行われる。MHCクラスⅠ分子は，細胞内と膜貫通および細胞外領域から成るα鎖に，β_2－ミクログロブリンが結合している。MHCクラスⅡ分子は，N末端側を細胞外に突出させた細胞膜貫通型のα鎖とβ鎖のヘテロ二量体である。どちらもMHCの細胞外の溝状のくぼみが，抗原提示部位となる（**図1**）。

抗原提示細胞の働きは，体液性免疫と細胞性免疫の緊密な連携はもちろん，自然免疫と獲得免疫の関連を明らかにした。マクロファージや樹状細胞は，非特異的に抗原を処理するだけでなく，次の特異的な獲得免疫への重要な道標になっている。

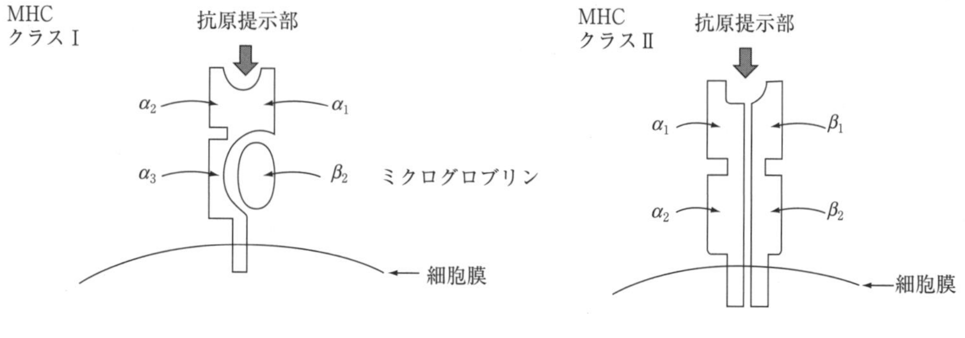

図1　細胞とMHCの関連図

例題 75.1 抗原提示細胞は，マクロファージと樹状細胞に限られているか。

解答 病原性微生物の感染など，非自己抗原で変化した細胞は，いずれも抗原提示細胞となりうる。抗原提示に特殊化した細胞がマクロファージや樹状細胞である。

ドリル No.75	Class		No.		Name	

問題　75.1　マクロファージや樹状細胞の，もととなる細胞は何か。

問題　75.2　B 細胞は，抗原の一部（抗原決定基，エピトープ）と特異的に結合する。T 細胞の抗原認識には，抗原が細胞表面に提示される必要がある。提示される抗原はどのような状態か。

チェック項目	月　日	月　日
抗原提示は，免疫系の緊密な関連を示す一例であり，どのような相互作用かがいえたか。		

7.7 免疫寛容(immunological tolerance)と自己免疫(autoimmunity)

特定の抗原に対して，免疫学的反応を起こさない状態が免疫寛容であり，自己に対する免疫寛容の破綻が自己免疫であることがわかる。

免疫「寛容」には特定の抗原を受け入れ，許容する意味合いがある。自己のみに「寛容」，他は攻撃する事で，自己と非自己の認識の基盤となっている。

どのような機構で免疫寛容を確立するか。最も有効な方法は，自己に反応する免疫系細胞をすべて排除することである。抗体産生を担うB細胞は，DNA再編成で多様な抗原特異性を獲得する。B細胞集団は多様だが，個々のB細胞は1種類の抗体しか作らない。自己に対する特異性をもつ細胞を除去するか不活化することにより，非自己にのみ対応するB細胞集団を確立する。

T細胞でも同様な過程が存在する。ただしT細胞では，自己を攻撃する細胞を排除するネガティブ選択に加えて，自己のMHC(7.5参照）をゆるやかに認識する細胞を選び生かすポジティブ選択も必要である。

T細胞の名称の由来の胸腺では，さまざまな自己タンパク質が少量ずつ作られる。T細胞が胸腺で分化する際，自己に対する反応性を有する細胞はアポトーシスにより排除される。自己のMHCに高い親和性を示すT細胞も，免疫寛容に反するので，やはり排除される。自己のMHCの認識はT細胞の免疫反応に必須なので，自己のMHCに親和性がないT細胞も排除される。積極的に選ばれて温存されるのは，自己のMHCに対して，適度な弱い親和性をもつ細胞である。

このように確立された免疫寛容も破綻することがある。その結果，自己に対して免疫反応を起こす自己免疫疾患が引き起こされる。疾患の原因，対象が自己であるため，自己免疫疾患は予防，完治が難しく，重篤な疾病も少なくない。

疾患と原因の例；関節リウマチ（滑膜に対する抗体など)，バセドウ病（甲状腺刺激ホルモン受容体に対する抗体)，重症筋無力症（抗アセチルコリン受容体抗体）など。

なお，抗体の表現法としてAという物質に対する抗体を，抗A抗体とすることが多い。

例題 76.1　ヌードマウス(nude mouse）というマウスの系統が存在する。突然変異で，体毛の無い（ヌード）外観を呈するマウスである。マウスで移植実験を行ったとする。通常は，非自己の移植片は排除(拒絶反応）され，定着しない。ヌードマウスで移植実験を行うと，結果はどうなると予想されるか。

解答　ヌードマウスでは，移植片は拒絶されることなく，定着する。ヌードマウスの最大の特徴は，胸腺の不備に起因するT細胞の欠損である。免疫系が正常に機能しないため，移植片に対して，疑似的免疫寛容を呈したと考えられる。

ドリル No.76	Class		No.		Name	

問題　76.1　臓器移植が可能な，必要条件は何か。

問題　76.2　腎臓などの臓器移植後，免疫抑制剤の投与が必要とされるのは何故か。

問題　76.3　骨髄移植の前段階で，レシピエントの患者に対する放射線照射などによるリンパ球除去の目的は何か。

問題　76.4　無菌室の役割は何か。

問題　76.5　臓器移植の根本は何か。

問題　76.6　自己に対する免疫寛容状態を作る方法には，大別して２通りある。名称を答えなさい。

チェック項目	月　日	月　日
免疫寛容とは自己認識の基盤であることがいえたか。		

7.8 抗原(antigen)と抗体(antibody)

抗原は免疫反応を惹起《じゃっき》する(引き起こす)物質，抗体は抗原と特異的に反応するタンパク質であることがいえる。

抗原は対応する抗体の産生を促すなど，免疫反応を引き起こす物質である。タンパク質，多糖類，金属など様々な物質がある。生体にとって異物であれば抗原と成りうる。

抗体は免疫グロブリンあるいはイムノグロブリン（immunoglobulin），略称Igと表記されるタンパク質である。血漿の7%を占めるタンパク質成分中の，グロブリン分画のうち，γ（ガンマ）グロブリンに相当する。抗原と抗体は抗原抗体反応という特異的結合反応を起こす。抗体は構造と機能からIgA，D，E，G，Mに大別される。主要抗体はIgGである。抗原刺激後，最初にIgMが作られる。IgAは涙，唾液，気道や消化管分泌液，母乳などに多い。IgDはB細胞表面に存在するが，機能は不明である。IgEはアレルギーに関与する。

抗体は，短いL鎖2本と長いH鎖2本が，ジスルフィド結合でつながったY字型の特徴的な基本構造を有する。Y字型の先端方向がタンパク質のアミノ末端(N末端)，基部方向がカルボキシル末端(C末端）である。類似構造のドメイン(domain）が4～5個並んでいる。抗体の先端部分のドメインは変異に富み可変領域(variable region，V領域）と呼ばれ，抗原結合部位があり，さまざまな抗原に対応する多様性の元となっている。V領域に続いて，定常領域(constant region，C領域）があり，変異が少なく共通性が高い。抗体に要求される役割として，さまざまな抗原に対応しながらも，細胞の免疫系を動かす生物学的共通機能を示す必要がある。C領域はその構造の一定性から，補体や様々な受容体との結合など，抗原の種類に関わらず共通の生理活性を示す部分となっている。抗体には分泌型と膜結合型がある。また，Y字型が2つ基部でつながった形のIgAや，五量体のIgMなどがある。

抗原抗体反応により，凝集や沈降反応が起き，病原体の不活化や異物の排除に寄与する。膜結合型の抗体に抗原が結合することにより，細胞にシグナルが伝わり，さらなる免疫反応が惹起《じゃっき》される。

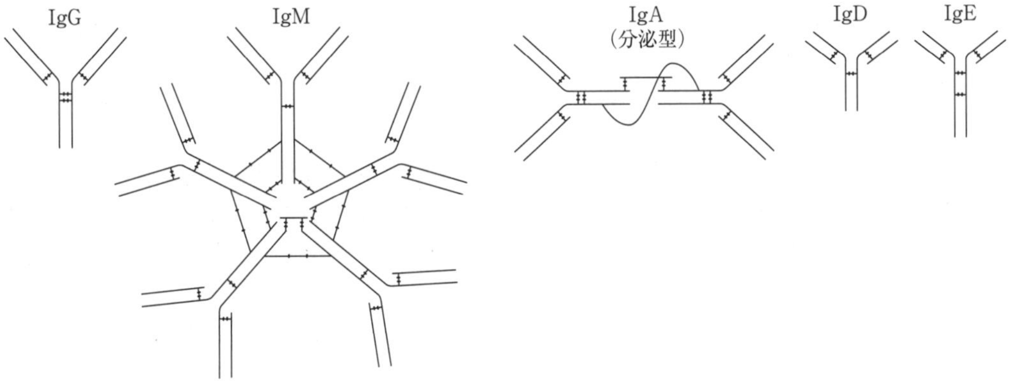

図1

例題 77.1 抗体は分泌型と膜結合型がある。その違いはどこにあるか。

解答 C末端の構造の違いで，分泌型と膜結合型になる。(選択的スプライシングによる)

ドリル No.77	Class		No.		Name	

問題　77.1　IgA,D,E,G,M の構造の共通点と相違点を簡潔に説明しなさい。

問題　77.2　タンパク質分解酵素を用いると，抗体はさまざまな断片に分解される。胃液に含まれるペプシンで処理すると，Y字型の抗体分子の下部が分解され，上端部分が，あたかもVの字のような構造になる。抗体の抗原結合能の解析などに利用される。
パパイヤやパイナップルに含まれるパパインは，Y字型の枝分かれ部分（ヒンジ部，蝶番ちょうつがいの意味）よりも上部で，H鎖を切断する。抗体をパパイン処理すると，どのような構造の分解産物になるか。

問題　77.3　抗体の基本構造はH鎖2本，L鎖2本，計4本のポリペプチド鎖から成る。ヘモグロビンは α 鎖 β 鎖各2本の $\alpha_2\beta_2$ のサブユニット構造である。抗体の場合は，ヘモグロビンのサブユニット構造と異なる特徴がある。説明しなさい。

問題　77.4　IgG や IgM などの抗体の種類をクラスと呼ぶ。抗体のC領域遺伝子は DNA で縦に並んでいる。同じ抗体に対して各クラスの抗体を別々に最初から作るよりも，合理的なクラススイッチという機構がある。クラススイッチとはどのような現象か。

チェック項目	月　日	月　日
抗原と抗体の相互作用の特異性，抗体の可変領域と定常領域の構造と役割がいえたか。		

7 免　　疫　7.9 抗体の多様性

限られた種類の抗体遺伝子が，DNA 再編成（DNA rearrangement）により，抗体の多様性を生み出すことがわかる。

免疫グロブリンはY字型の特徴的な共通構造をもつ。タンパク質鎖H鎖とL鎖，長短各2本が，ジスルフィド結合している。

ヒトは60兆個の細胞から成るとされている。そのうち免疫系の細胞が2兆個である。数限りない抗原に対応するすべての抗体の遺伝子がゲノムに備わっているとすると，ヒトのゲノムはすべて免疫系の情報のために使われてもまだ足りない。抗体の多様性を創出する機構の解明が，長年免疫学の大きな課題であった。

多様性のヒントは抗体の構造そのものにある。IgGを例にとると V_L，C_L，V_H，C_{H1}，C_{H2}，C_{H3} のドメイン構造が見られる。各ドメインが遺伝子のエキソンにほぼ対応するのみならず，L鎖ではJ（junction）領域，H鎖ではJとD（diversity）領域という比較的短いエキソンが複数存在している。

一般の細胞は遺伝子がエキソンとイントロンからなる場合，RNAスプライシングでエキソンがつながった形になる。元のゲノムは不変である。ところが免疫系では，B細胞内でDNA再編成が起こり，DNA段階で変化が起き，抗体の多様性に寄与している（利根川進博士が証明，ノーベル医学生理学賞受賞）。なお，T細胞でもT細胞受容体TCRの産生に，DNA再編成が関与する。

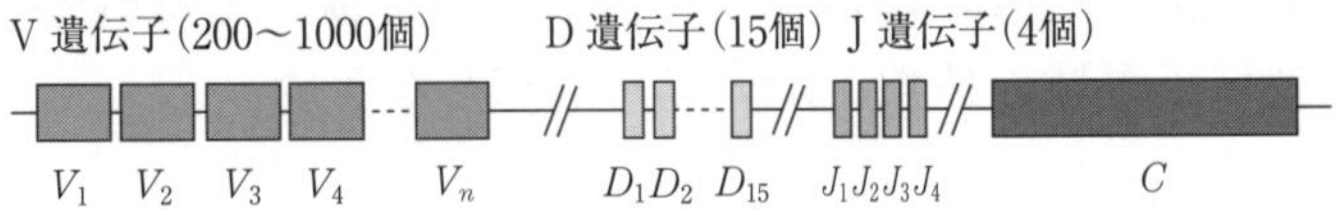

図1　H鎖遺伝子領域の例

例題 78.1 利根川博士のDNA再編成の証明を説明しなさい。

解答 抗体産生細胞の多様性は，逆に1種類の抗体の産生量が少ないことを示唆する。薄利多売ならぬ多種類少量産生である。優れた着眼点は，単一抗体を多量に産生するミエローマ（骨髄腫）細胞の利用である。マウスの初期胚の細胞と，ミエローマ細胞からDNAを調製した。各DNAを同じ制限酵素で切断し，電気泳動でDNA断片の長さに応じて分離した。ミエローマで異常産生されている抗体のV領域とC領域に対応するDNA断片を放射線標識してプローブ（探針と訳すが，プローブの語そのままで理解できるようにすること）とした。プローブがハイブリダイズ（雑種形成）したDNA断片の長さは，初期胚とミエローマで異なり，ミエローマでのVC間のDNA再編成が示唆された。

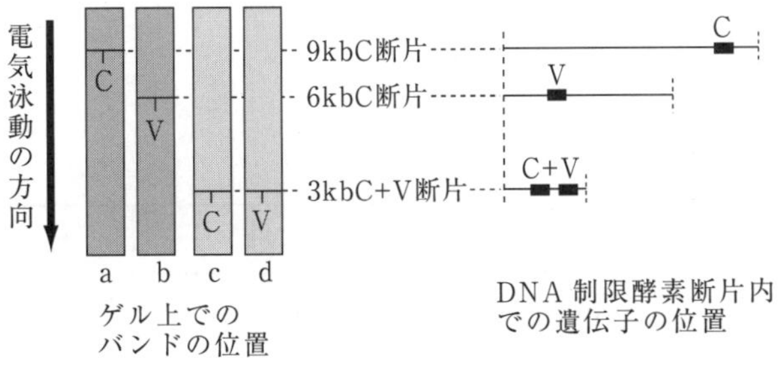

a　初期胚DNA断片　　C領域プローブ
b　初期胚DNA断片　　V領域プローブ
c　ミエローマDNA断片　C領域プローブ
d　ミエローマDNA断片　V領域プローブ

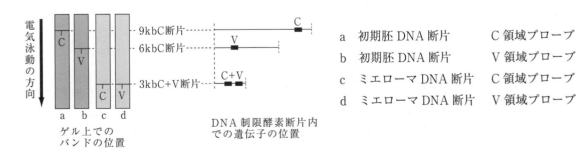

ドリル No.78	Class		No.		Name	

問題　78.1　B 細胞 L 鎖 κ 鎖の遺伝子は，約 300 種類の V 遺伝子領域と 5 種類の J 領域断片，1 種類の C 遺伝子領域をもつ。κ 鎖の多様性は何通りになるか。

問題　78.2　B 細胞 H 鎖の遺伝子は，約 1000 種類の V 遺伝子領域と 15 種類の D 領域，5 種類の J 領域断片，5 種類以上の C 遺伝子領域をもつ。H 鎖の多様性は何通り以上になるか。

問題　78.3　前問の L 鎖と H 鎖の組合せで，何通りの抗体の多様性が生じるか。抗体のクラスの区別を除いて（C 遺伝子領域の種類を除いて）計算しなさい。

問題　78.4　V と J は DNA 再編成で VJ となるが，VJ と C は離れたまま RNA スプライシングで VJC のつながった mRNA となる。何故 VJC の形の DNA に再編成してしまわないのか理由を考えなさい。

チェック項目	月　日	月　日
抗体の多様性は，限られた数の遺伝子から，DNA 再編成や RNA スプライシングによって生み出されることがいえたか。		

7 免　　疫　7.10 ワクチン（vaccine）と免疫記憶

何故一度かかった病気に「二度」かからない理由がいえる。

抗原刺激を受けると，対応するB細胞が抗体を作る形質細胞に分化する。形質細胞は粗面小胞体などが非常に良く発達した細胞で，抗体の産生に特化している。この変化には，数日を要するため，最初の抗原刺激に対処するだけの抗体を，すぐには産生できない。

しかし，いったんその特定の抗原に対応すると（一次応答），形質細胞にならず，免疫記憶を担うための記憶B細胞が体内に保持され，免疫記憶として残る。そのため，再度同じ抗原に出会ったとき，短時間のうちに形質細胞を分化させて，素早く多量の親和性の高い抗体を作り（二次応答），二度目の感染を未然に防ぐことになる。また，細胞性免疫に関しても記憶T細胞が作られ，二度目の免疫応答に備える。ただし，免疫記憶の持続期間は一様ではなく，再感染も皆無ではない。

重篤《とく》な症状を来たし，生存を脅かすような病原体には，二度目の免疫応答を待っていられない。一度目が勝負である。最初の感染に打ち勝つにはどうすればよいのか。人為的に疑似的感染の状況を作り，免疫記憶を樹立することが試みられてきた。

病原ウイルスや細菌の表面たんぱく質の一部や，弱毒化，無毒化した病原体そのものを接種することで，実際の病原体の感染無しに免疫記憶の定着を図るのが，ワクチンである。天然痘を予防するため，ジェンナー（E.Jenner）が1796年，牛痘を接種したことがワクチンの始まりとされ，ワクチンの名称に「牛」の意味が込められている。種痘と称される天然痘ワクチンが普及していたが，天然痘撲滅によって近年の若年層は未接種となっている。普及しているワクチンとしては，ポリオウィルスに対するワクチンや結核菌に対するBCG（Bacille Calmette-Guerin vaccine）などがある。

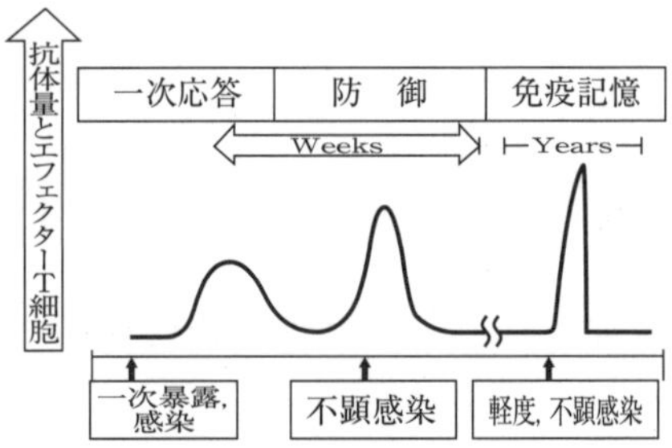

図1

例題 79.1 自分が今までに接種したワクチンを例示しなさい。

解答 ポリオ（急性灰白髄炎），百日咳，ジフテリア，破傷風，流行性耳下腺炎（おたふくかぜ），麻疹，風疹，日本脳炎，結核，インフルエンザ，などに対するワクチン。各自の接種歴は異なるので自分にどんな免疫があるか認識しておく。

ドリル No.79	Class		No.		Name	

問題　79.1　免疫記憶を担う細胞は何か。

問題　79.2　ワクチンとして使用されるものは何か。

問題　79.3　20 世紀末に根絶が宣言された，ウイルス性疾病は何か。

チェック項目	月　日	月　日
ワクチンが人為的に免疫記憶を作ることがいえたか。		

8 進　　　化　8.1 種(species)とは何か

種の定義についていえる。

「種(species)とは,自然条件下で交配を行い,子孫を残し,その子孫が生殖能力を持つ集団」である。種の定義は,1942年ハーバード大学のErnst Mayerによって提唱された。つまり他の集団と生殖的隔離(reproductive isolation)がなされていることが重要である。いくら外部形態が似通っていても交配して次の子孫ができなければ,同一種とは言えない。例えば,ラバは,雄のロバと雌のウマを交配した動物であるが,不妊であり,子どもを産むことができない。そのため,ロバとウマは,近縁種であるが,同一種ではなく別種である。以前,動物園で,ヒョウの雄とライオンの雌から雑種レオポンを誕生させたことがあった。これは人工的な環境で交配されたものであり,自然界では起こり得ないことである。もちろん,レオポンも不妊であった。

しかし,この生殖的隔離に基づいた種の定義は,細菌などのように無性生殖を行う生物には適用できない。そのため,遺伝子の塩基配列などを調べ,総合的に種を認定している。種には二名法による学名がつけられる(8.6参照)。

種とよく似た用語に品種(variety, race, strain)がある。「品種とは,同一種内において,一つ以上の性質において,他の集団と明らかに異なる表現型,遺伝子型をもつ集団」である。

例えば,イヌ,イネ,ジャガイモなどは,次の表に示すように,たくさんの品種が知られている。これらの品種はいずれも同一種である。したがって,品種間では,交配可能であり子孫を残すことができる。イヌの場合は,物理的に直接交配不可能でも体型の似通った品種と交配を繰り返すことで遺伝子を交流することができる。

イヌ *Canis familiaris*	イネ *Oryza sativa*	ジャガイモ *Solanum tuberosum*
ゴールデンリトリバー	コシヒカリ	男爵薯
ダックスフント	ひとめぼれ	メークイン
チャウチャウ	ヒノヒカリ	キタアカリ
秋田犬	あきたこまち	とうや
コリー	キヌヒカリ	ワセシロ
シベリアンハスキー	ななつぼし	トヨシロ
プードル	はえぬき	ホッカイコガネ

このように人類に有用である飼育動物,栽培植物は,古くから望ましい形質をもった個体の間で交配を繰り返す育種といわれる方法で新しい品種を作り出してきた。しかし,1927年にHermann Joseph Mullerがキイロショウジョウバエに X 線を照射し,突然変異体(mutant)を得ることができて以来,X 線,γ 線を用いた突然変異体を利用した品種改良が行われるようになった。

例題 80.1　下記の(　　　)の中を埋めよ。

種とは,自然条件下で(　　ア　　)を行い,子孫を残し,その子孫が(　　イ　　)を持つ集団である。

解答 ア　交配　　　イ　生殖能力

ドリル No.80	Class		No.		Name	

問題　80.1　トウモロコシには次のような品種がある。品種同士を交配させることは可能か。理由も述べよ。

ゴールドラッシュ，未来，ピュアホワイト，キャンベラ，ハニーバンダム，ゆめのコーン

問題　80.2　1800年代までは，望ましい形質を持つ個体を交配させながら品種を作りだす育種が行われてきたが，現在では，異なった方法を使って品種が作りだされている。それは，どのような方法か。

問題　80.3　一般に血統書（品種を証明するもの）がないイヌを雑種ということがある。この雑種について考えられることを説明せよ。

問題　80.4　イノシシ（*Sus scrofa*）とブタ（*Sus scrofa*）は，通常違った形質を持つ生き物と認識されているが，学名は同じである。このことからどのようなことが考えられるか。

【コラム】　イヌの品種の由来

ゴールデンリトリバー	ダックスフント	秋田犬
イギリスで 1870 年代に Lord Tweedmouth が、水鳥や小動物をリトリーブ (retrieve 捕まえる) させるためにつくられた品種。	ドイツで 1600 年代にアナグマやネズミを捕まえさせるためにつくられた品種。短い脚と長い胴は、アナグマの巣に適している。Dachshund は、アナグマ脚というドイツ語である。	日本の北方山地で 1600 年代、番犬や狩猟犬としてつくられた品種。秋田犬は、深い雪のなかでも狩猟ができ、泳ぎも得意である。

チェック項目	月　日	月　日
種について説明できたか。		

8 進　　化　8.2 ダーウィンの自然選択説 (Darwin's natural selection theory)

ダーウィンの自然選択説がいえる。

イギリスのダーウィン (Charles Darwin) は，1831 年，ビーグル号に乗船し，5 年間の旅行に出かけた。世界各地で動植物の観察を行い，化石の収集を行った。彼は，動植物の多様性に驚くと同時に化石の中には，現生の動物と比べて大型のものがいたことを不思議に思った。

1835 年，ダーウィンはガラパゴス諸島に着いた。ここで，彼は動物の比較を行い，相違点と類似点を検討した。例えば，フィンチとよばれる小鳥は，くちばしの形が異なっていた。硬い種を割って食べるフィンチは，太いくちばしをしており，昆虫を食べるフィンチは，細いくちばしをしていた。さまざまなくちばしの形は，適応 (adaptation) の例であり，フィンチの食べ物に適したくちばしとなっている。リクガメであるガラパゴスゾウガメは，ある島では，甲羅がドーム型をしており，別の島のものは，甲羅が鞍型をしていた。ダーウィンは，ハトの育種を行っていた。育種は，好まれる形質同士を交配させ，その特徴が際立った子孫を育成していく。彼は，尾が大きく広がるようなハトの育種を行っていた。

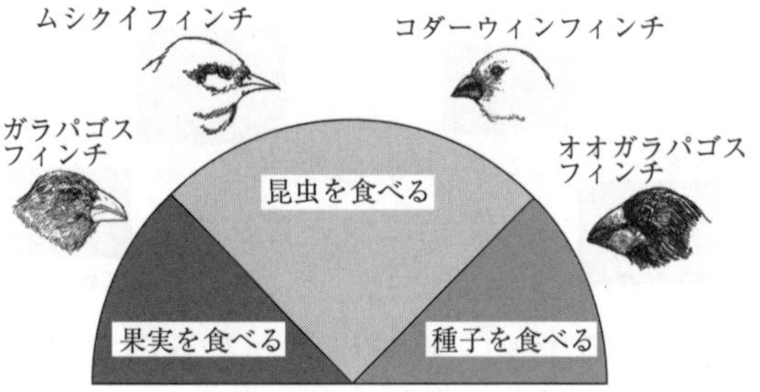

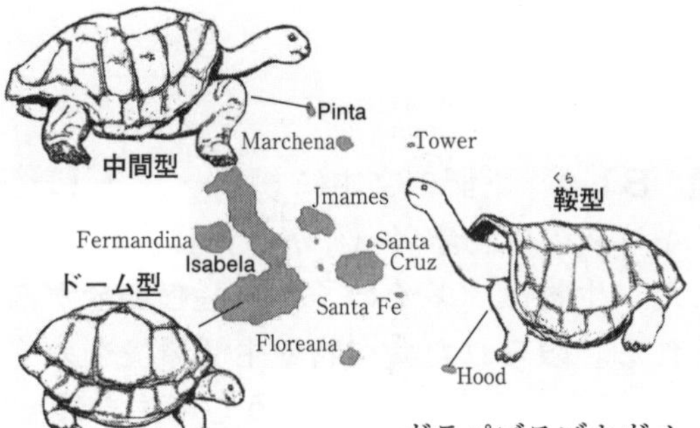

ガラパゴスゾウガメ

ダーウィンは，ウォレス (Arfred Russel Wallace) と議論し，進化 (evolution) のメカニズムを 1859 年「種の起源」で発表した。彼は，進化は，自然選択 (natural selection) によっておこると主張した。自然選択とは，環境に適応した個体が生き残り，生殖をし，子孫を残すというものである。ダーウィンは，多くの生物がたくさんの子供を産むことを知っていた。食べ物や住むところが限られているため，これらの子供達は，少ししか生き残ることができない。また，たくさんの子供達の形質は，全て同じではなく，少しずつ異なっている。これを変異 (variation) という。その結果，食べ物や住むところに適応した子孫だけが生き残り，生殖し形質を次の子孫に伝えることになる。

このように，長い間，環境に適した変異は残り，適していない変異は消えていくことが続くことになる。自然選択が積み重なることにより，生物の形質は，祖先から子孫では大きく変化していくことになる。これが進化である。

進化は，検証することが困難であるため，進化の仕組みについては，理論として説明されている。

例題 81　進化とは何か。説明せよ。

解答 自然選択が積み重なることにより，生物の形質が，祖先から子孫で大きく変化していくこと。

ドリル No.81	Class		No.		Name	

問題　81.1　ダーウィンがビーグル号での旅で見い出したことは何か。

問題　81.2　ガラパゴス諸島に生息しているフィンチの間には，どのような違いが見られたか。

問題　81.3　進化の仕組みは，なぜ，理論として説明されるのか。

問題　81.4　下記の文中に（　　　　）に適切な語を下のわくの中から選べ。

イギリスの生物学者（　ア　）は，彼の著書（　イ　）で，進化について次のような考えを提案した。生物は，多くの子供を産む場合がある。多くの子供の間には，（　ウ　）が幅広く見受けられる。限られた食べ物や生活環境をめぐって，競争を行い，環境に適したものが生き残る。これを（　エ　）という。こうして生き残った個体はその形質を子孫に伝える。このことが長い間続き，生物の形質が変化していく。

種の起源	変異	ダーウィン	適応

【コラム】ラマルクの用不用説

ダーウィンが自然選択説を提唱する前にラマルクが進化の仕組みの説明として用不用説を提唱していた。これは，獲得形質の遺伝とも言われている。親が獲得した形質が子供に伝わるというものである。この考えに従えば，親が努力して獲得した形質は，子供は努力しなくても生まれながら親が獲得した形質を備えていることになり，現在否定されている。しかし，ラマルクは，進化の仕組みを初めて提唱したものであり，この点では，意義がある。

チェック項目	月　日	月　日
ダーウィンの自然選択説の内容がいえたか。		

8 進　　化

8.3 大進化(macroevolution) と小進化(microevolution)

大進化と小進化について説明できる。

大進化(macroevolution) は，種レベルやそれより高次レベルでの進化であり，それに対して,小進化(microevolution)は,種内や同じ個体群での遺伝的変化とされている(小進化は,8.4 種分化を参照)。

大進化に関連するいくつかの考えがある。それらは,絶滅(extinction),適応放散(adaptive radiation)，収斂《しゅうれん》進化(convergent evolution)，共進化(coevolution) である。

これまで進化してきた種の99%は，絶滅したと考えられている。地球の歴史において，何度か大量絶滅が起ったことが知られている。これは，生物が環境の大きな変化に耐えられなかったことが原因である。例えば，白亜紀に彗星が地球に衝突し，気候が大きく変動し，恐竜が絶滅したことである。この他には，多くの大きな火山の噴火，大陸の移動，海面の上昇などが原因であると推測されている。

化石や現生生物の研究から，しばしば，１つの種から幾つかの種に進化してきたと考えられているものがある。これは，適応放散として知られている。ダーウィンが研究したフィンチの例では，１つの種から12以上の種が分化したとされている。適応放散のより大きなスケールの例としては，同じ祖先をもつ恐竜と現生の爬虫類が進化してきた例である。約１億5千万年前恐竜が繁栄していた時代，哺乳類の祖先が細々と生きていた。しかし，恐竜が大量絶滅した後，新たな環境を得て，哺乳類の適応放散が始まった。

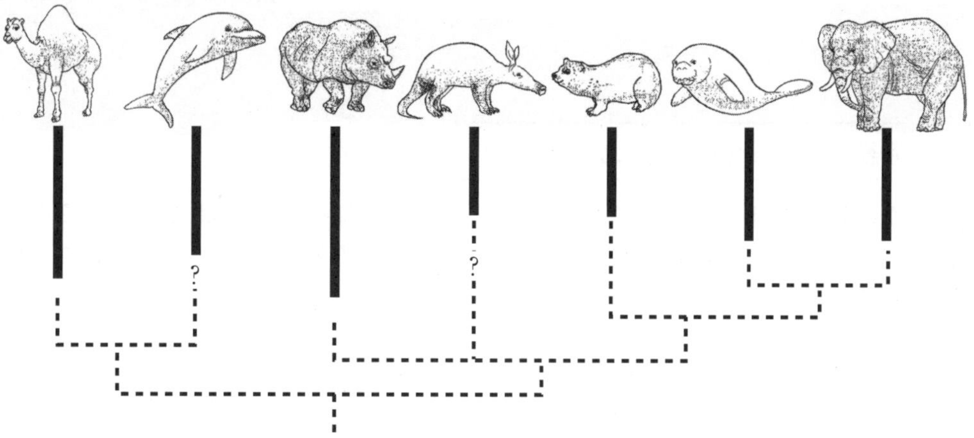

収斂進化(convergent evolution) は，進化の系統が異なった生物が類似した形質を個別に進化させることである。例えば，サメは魚類であり，ペンギンは鳥類であり，イルカは哺乳類であるが，同じような形質を持っている。

共進化(coevolution) は，複数の種が互いに影響を及ぼしながら進化する現象である。例としては，昆虫と植物がある。植物は，昆虫に食べられないように毒物を放出する，昆虫は，その毒素を避けるか解毒物質を獲得するようになる，といったようなことである。

例題 82　次の進化は大進化と小進化のいずれか。その理由も記せ。
共通の祖先からパンダとクマが進化したこと。

解答 大進化。種を超えた進化であるから。

ドリル No.82	Class		No.		Name	

問題　82.1　大進化に関連する考えを２つ述べよ。

問題　82.2　大量絶滅は，大進化にとってどのような意味を持つか。

問題　82.3　収斂進化について例をあげながら説明せよ。

問題　82.4　共進化について例をあげながら説明せよ

【コラム】　断続平衡 (punctuated equilibrium)

進化は，徐々に進む（漸進進化）のではなく，ある場合には短い期間で進化するという考えである。化石を調べてみると，形質と形質の間をつなぐ中間の形質が見つからないことがある。この場合の短い期間とは，10万年，100万年を意味している。

漸進進化

断続平衡

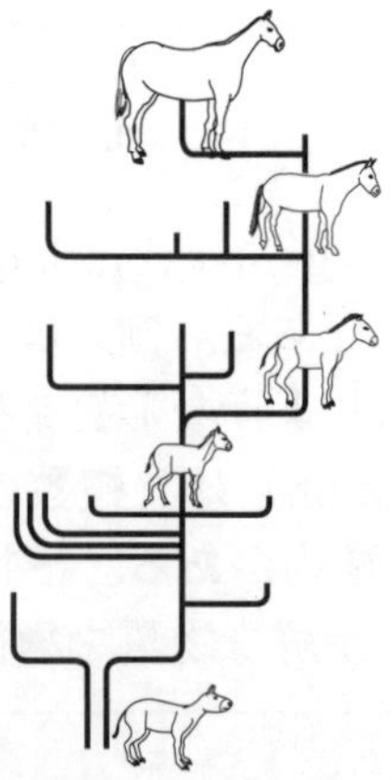

チェック項目	月　日	月　日
大進化と小進化について説明できたか。		

8 進　　化　8.4 種分化(speciation)

種分化について説明できる。

種(species)とは，自然条件下で交配を行い，子孫を残し，その子孫が生殖能力を持つ集団である。同一種内では交配が可能なため，様々な変異を生じることができる。遺伝子プールを形成しているといわれることもある。

新しい種の形成，種分化(speciation)は，この遺伝子プールが2つに分かれていくことを意味している。いい換えると，種分化が起こる際には，同一集団の生殖的隔離(reproductive isolation)が起こり，2つの集団に分かれることになる。生殖的隔離の要因としては，行動的隔離(behavioral isolation)，地理的隔離(geographic isolation)，時間的隔離(temporal isolation)が知られている。

行動的隔離は，交尾に至るまでの行動が異なる場合に生じる。例えば，鳴き声の美しい西マキバドリ属(学名 *Sturnella*)と東マキバドリは，中央アメリカに生息している。これらは，形態が非常に似通っているが，交尾の合図である鳴き声が異なっている。そのため，オスの東マキバドリの鳴き声に対して，メスの東マキバドリは，反応するが，メスの西マキバドリは，反応せず，交尾をすることはない。生殖的隔離が起こっているのである。

地理的隔離は，山や川などによって，同一集団が2つの集団に分断されることによって生じる。アメリカの南西に生息するアバートリス(学名 *Sciurus aberti*)が，その一例である。約1万年前，コロラド川がこのアバートリスの集団を分断した。遺伝子プールが分断されたのである。片方の集団の変異は，もう片方の集団には伝わらなかった。環境が異なるため，自然選択も双方の集団で異なる。その結果，アバートリスによく似たカイバブリスが出現した。アバートリスとカイバブリスは，形態がよく似ているが，毛づくろいなどが異なっている。

時間的隔離は，生殖の時期をずらすことによって生じる。右の図に示しているように，同じ場所に4種類のカエルが生息しているが，生殖時期が異なっているのである。

4種類のカエルにおける交尾の時期

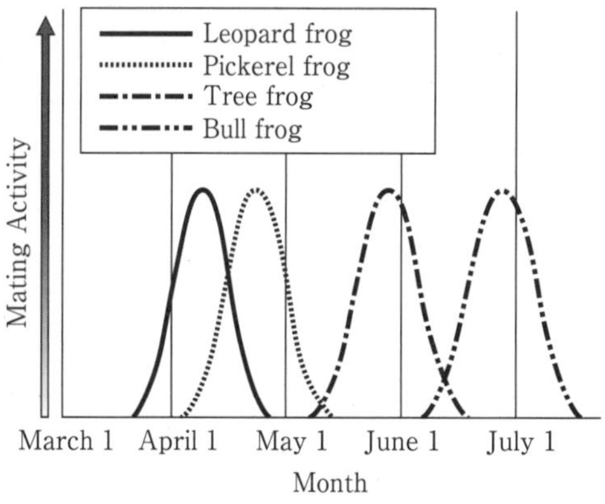

Leopard frog の交尾が盛んな時期は，4月中旬であり，Pickerel frog は，4月下旬，Tree frog は，5月下旬，Bull frog は，7月初旬である。

このように地理的隔離が生じなくても生殖時期の異なる時間的隔離でも生殖的隔離が生じる。

例題 83.1　同一集団が隔離されることにより，新しい種が形成されることを何というか。下記から選べ。

種分化　　生殖的隔離　　遺伝的変異　　自然選択

解答 種分化

ドリル No.83	Class		No.		Name	

問題　83.1　生殖的隔離は，種分化にどのように関係しているか。

問題　83.2　非常に似通った2つの種の被子植物の花が異なった季節に咲く。これらの2つの被子植物が別種となっている仕組みは何か。

問題　83.3　行動的隔離と地理的隔離の違いを説明せよ。

問題　83.4　下記は，種分化の様子を示している。㋐，㋑のわくの中を最も適する用語で埋めよ。

変異 → ア → イ → 種分化

問題　83.5　ラバは，メスのウマとオスのロバとを交配した雑種である。ラバのオスは，不妊であり，ラバ同士を交配しても子どもは生まれない。ウマとロバは，同じ種と考えられるか，別の種と考えられるか。その理由も記せ。

チェック項目	月　日	月　日
種分化について説明できたか。		

8 進　化　8.5 生物進化の歴史・生物界の変遷

生物進化の歴史についていえる。

化石(fossil)は，生物がどのように進化してきたかを私達に教えてくれる。科学者は，放射性同位体(radioisotope)の半減期(half-lie)を利用して，化石の年代測定を行ってきた。その結果，地球は約46億年前に誕生したことが分かってきている。こうした地球の歴史は，地質時代(Geologic time scale)とよばれている。地質時代は，代(era)に大きく分けられ，さらに紀(period)に分けられている。

地球の歴史のほとんどは，先カンブリア時代(Precambrian)で占められている。約40億年間である。しかし，この時代の生物のことは，あまり分かっていない。細菌や腔腸動物は生息していたと思われるが，化石としてほとんど残っていないからである。数少ない例としては，約27億年前のラン藻類(シアノバクテリア)の化石ストロマトライトがある。これは，光合成を行い，酸素を放出し，酸素は鉄と結びつき酸化鉄となり約20億年前の縞状鉄鉱層の地層形成に関与したと考えられている。

次の時代は，古生代(Paleozoic era)(5.4億年前から2.5億年前)，中生代(Mesozoic era)(2.5億年前から6600万年前)，新生代(Cenozoic era)(6600万年前から現在)と分けられている。

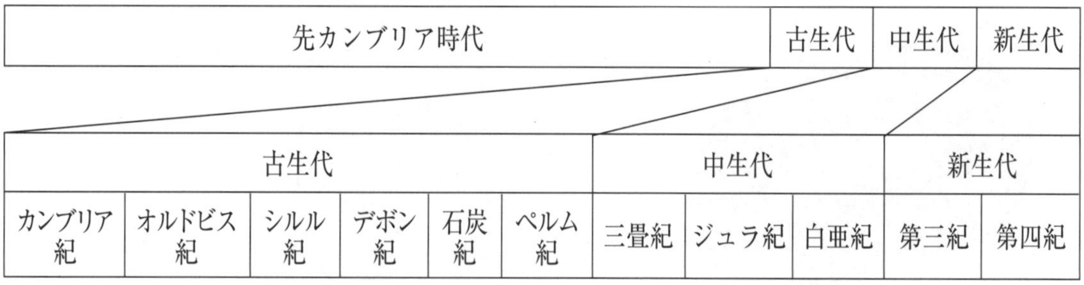

古生代のカンブリア紀(Cambrian)には，三葉虫や海綿動物，軟体動物，オルドビス紀(Ordovician)には，最初の脊椎動物である初期の魚類，シルル紀(Silurian)には，ダニ類，陸上植物，デボン紀(Devonian)には，両生類，アンモナイト，石炭紀(Carboniferous)には，ゴキブリ，トンボなどの昆虫類，シダ植物，裸子植物，ペルム紀(Permian)には，爬虫類が出現した。一方では，三葉虫は，ペルム紀で絶滅した。

中生代の三畳紀(Triassic)には，哺乳類と始祖鳥が出現し，ジュラ紀(Jurassic)には，アンモナイト，大型爬虫類(恐竜)，裸子植物が繁栄した。白亜紀(Cretaceous)には，被子植物が出現したが，恐竜，アンモナイトは絶滅した。

新生代の第三紀(Teriary)には，哺乳類，鳥類，昆虫の多様化が進み，マンモス，類人猿が出現した。第四紀(Quatenary)には，人類が出現し，繁栄し現在に至っている。

化石の中でも，年代の基準となる化石は示準化石(index fossil)とよばれている。典型的な示準化石としては，古生代の三葉虫，フズリナ，中生代のアンモナイト，新生代のマンモスが知られている。また，水温や水深などの地層の環境を示すサンゴの化石などは，示相化石とよばれている。

例題 84.1 生物の化石が出現し，生物の変遷が分かる地質時代を，大きく3つに区分せよ。

解答 古生代，中生代，新生代

ドリル No.84	Class		No.		Name	

問題　84.1　化石の年代測定はどのような技術を用いて行われるか。

問題　84.2　先カンブリア時代は，地球の歴史のほとんどを占めているが，この時代の生物のことはよくわかっていない。なぜか。理由を述べよ。

問題　84.3　次の化石からどんなことがわかるか。

三葉虫

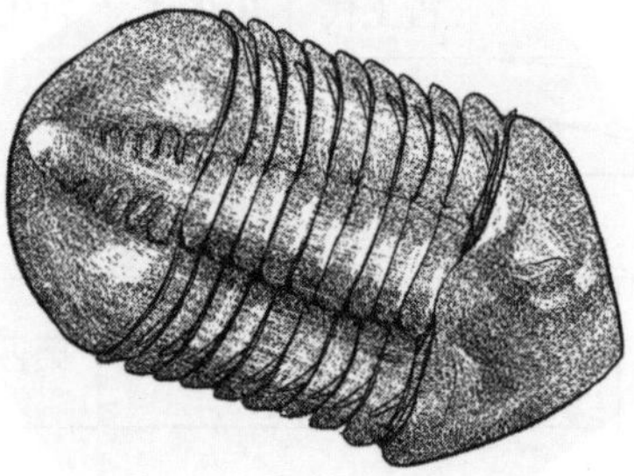

サンゴ

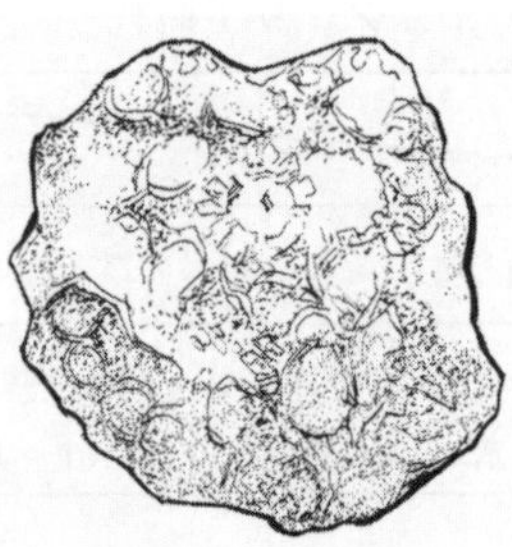

問題　84.4　恐竜は，いつ繁栄し，いつ絶滅したか。

問題　84.5　哺乳類の多様化が進んだのは，どの時代か。それは，およそ何万年前頃か。

チェック項目	月　日	月　日
生物進化の歴史についていえたか。		

8.6 生物の分類（classification）と系統（phylogeny）

生物の分類と系統についていえる。

多様な生物を識別するためには，分類が必要である。1750年代スウェーデンのリンネ（Carl von Linné）は，二命名法（二名法 Binomial nomenclature）を考えた。これは，生物名を属名と種小名で表記することであり，学名といわれている。例えば，ヒトは，*Homo sapiens* である。学名は通常イタリックか下線で表記される。

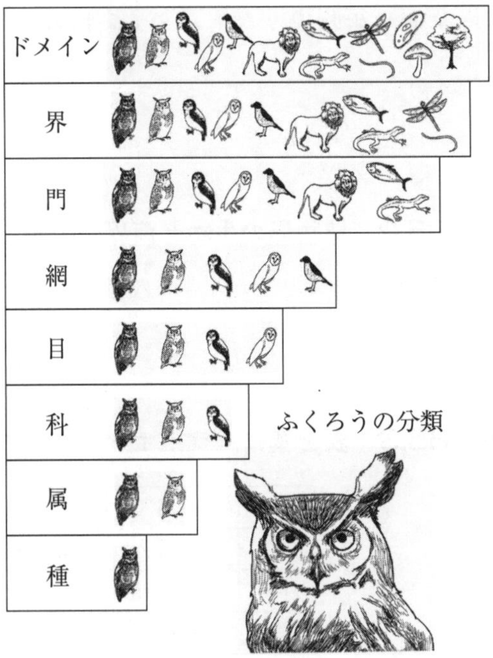

ふくろうの分類

分類体系は，一番上位がドメイン（Domain）であり，順に界（Kingdom），門（Phylum），綱（Class），目（Order），科（Family），属（Genus），種（Species）と分類の単位が小さくなっていく。

三ドメイン説によるとドメインは，真核生物（Eukarya），真正細菌（Bacteria），古細菌（Archae）に分けられている。古細菌の多くは，高温，高い塩濃度，強い酸性という過酷な環境で生息しており，原始地球の環境に似ていることから，生命の始まりの解明に役立つことが期待されている。真正細菌と古細菌には細胞内に核（核膜）がない。

真核生物は，細胞内に核がある生物であり，五界説によると，さらに動物界（Animalia），植物界（Plantae），菌界（Fungi），原生生物界（Protista, Protoctista）に分けられる。

ドメイン		
真正細菌	古細菌	真核生物
	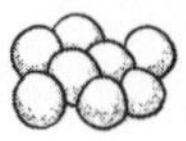	

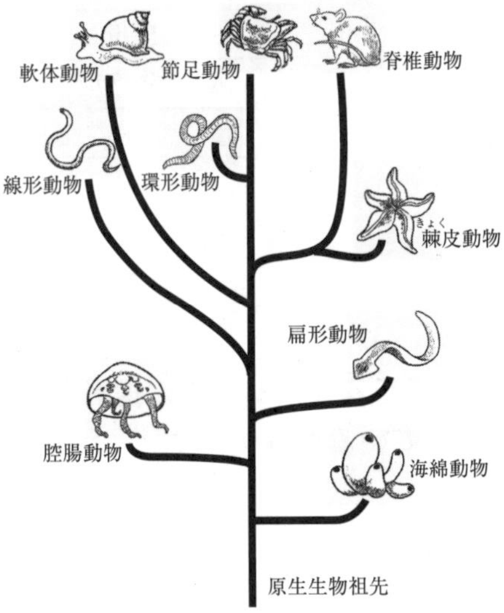

分類は，系統分類が行われている。これは，ヘッケル（Ernst Haeckel）が1868年に提唱した「個体発生は系統発生を繰り返す」という考えに基づいている。個体発生は，進化の道筋に従っているという考えであり，右図のような系統樹（phylogenetic tree）が描かれている。例えば，ヒトの発生を見ると，鰓《えら》や尾がある時期があり，他の脊椎動物の特徴を有していることが分かる。

例題 85.1　3つのドメインとは何か。

解答　真正細菌，古細菌，真核生物

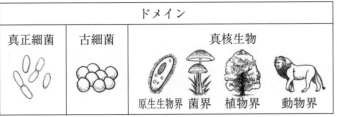

ドリル No.85	Class		No.		Name	

問題　85.1　下記の生物が属する界を線で結べ。

・カイコ　　・シイタケ　　・アメーバ　　・クスノキ

・原生生物界　　・動物界　　・植物界　　・菌界

問題　85.2　植物界の生物と菌界の生物の共通点と相違点を述べよ。

問題　85.3　表を基に，ライオン，タマネギ，ゾウリムシの学名を記せ。

	ライオン	タマネギ	ゾウリムシ
界	Animalia	Plantae	Protista
門	Chordata	Tracheophyta	Ciliophora
綱	Mammalia	Angiospermae	Ciliatea
目	Carnivora	Liliales	Hymenostomatida
科	Felidas	Liliaceae	Paramecidas
属	*Panthera*	*Allium*	*Paramecium*
種	*leo*	*cepa*	*caudatum*

問題　85.4　ヘッケルが提唱した「個体発生は系統発生を繰り返す」とは，どのようなことを意味しているか説明せよ。

チェック項目	月　日	月　日
生物の分類と系統についていえたか。		

8.7 分子進化 (molecular evolution) と分子時計 (molecular clock)

分子進化と分子時計がいえる。

DNA やタンパク質などの生体分子の進化のことを**分子進化**という。突然変異による DNA の塩基配列の変化と，それに伴うタンパク質のアミノ酸配列の変化，タンパク質の機能や構造の変化，酵素活性の変化など，分子のあらゆる性質，挙動に関して，生物の進化に伴って生じる変化が含まれる。

遺伝子の種類によっては，DNA の塩基配列やタンパク質のアミノ酸配列に生じる変化が漸進的で，一定の速度で変化していくことから，こうした分子の情報が生物の種の**分岐年代**など，生物の進化の過程を研究する上での指標となる“時計”とみなされることがある。これを**分子時計**という。

分子時計として用いることができる遺伝子には，ヘモグロビンを構成する α グロビン遺伝子，ミトコンドリアの呼吸鎖に関わる COI 遺伝子，光合成に関わる rbcL 遺伝子などが知られている。

図 1 は，α グロビン遺伝子を分子時計として用い，その遺伝子産物であるヘモグロビン α 鎖タンパク質のアミノ酸配列（140 個）を各種脊椎動物間で比較したものである。例えば，ヒトとウシとの間には 17 個のアミノ酸の違いがあり，カンガルーとコイとの間には 71 個のアミノ酸の違いがある。

これらの 2 種の間でアミノ酸配列を比較し，その**アミノ酸置換率**から 2 種の分岐年代を推定することが可能となる。α グロビン遺伝子の場合，横軸に種の分岐年代，縦軸に推定されるアミノ酸置換率を置いてグラフを作成すると，ほぼまっすぐな直線を得ることができる。

こうした分子進化速度は遺伝子，タンパク質ごとに異なるので，注意する必要がある。

約 140 個のアミノ酸をもつヘモグロビン α 鎖を比べたときのアミノ酸の違いの数

	サメ	コイ	イモリ	カモノハシ	カンガルー	ウサギ	イヌ	ウシ	ヒト
ヒト									
ウシ									17
イヌ								28	23
ウサギ							26	25	25
カンガルー						37	33	26	27
カモノハシ					49	49	42	43	37
イモリ				71	67	69	65	64	62
コイ			74	75	71	71	67	65	68
サメ		85	84	84	80	75	80	75	79

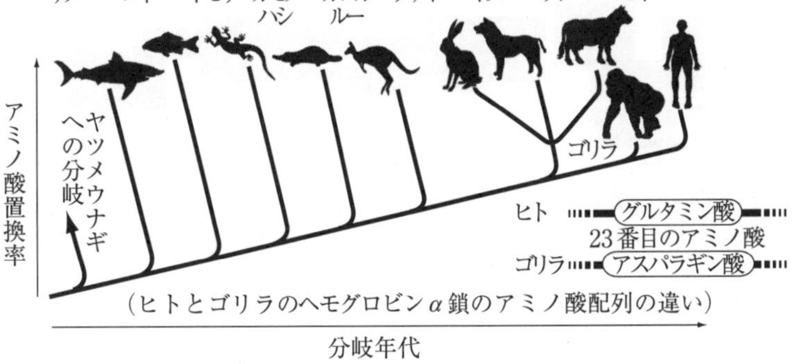

図 1　分子時計（α グロビン遺伝子）

例題 86.1　分子進化はどのようにして起こり，生物進化にどう影響するかを説明しなさい。

解答 突然変異により，DNA の塩基配列に置換，欠失，挿入などが起こることにより，それに起因するタンパク質のアミノ酸配列の変化（置換，欠失，挿入など）が起こり，立体構造や機能が少しずつ変化すると考えられる。DNA の塩基配列の変化やタンパク質のアミノ酸配列の変化が，生物の表現型に影響を与える場合には，自然選択による生物進化を引き起こすと考えられるが，表現型に影響を与えない場合には有利にも不利にもならない（中立的である）と考えられる。

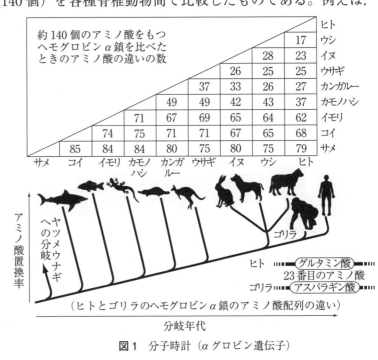

ドリル No.86	Class		No.		Name	

問題　86.1　分子進化とは何か，簡単に説明せよ。

問題　86.2　ある2つの酵素（A，B）のアミノ酸配列を脊椎動物の主なグループである魚類，両生類，爬虫類，鳥類，哺乳類の生物種の間で比較したところ，酵素Aのアミノ酸配列は，とりわけ哺乳類と爬虫類の系列において，他の系列に比べて分子進化速度が速かったが，酵素Bのアミノ酸配列は，どの系列においても一定の速度で分子進化が起こっていた。分子時計としてふさわしいのは酵素A，酵素Bのどちらか。

問題　86.3　トマトとナスのrbcL遺伝子の塩基配列を調べたところ，両遺伝子で14個の塩基が置換していた。rbcL遺伝子はおよそ80万年で1個の塩基が置換する。トマトとナスは何万年前に分岐したと考えられるか。ただし，復帰突然変異（例：A→T→A）は起こっていないものとする。

チェック項目	月　日	月　日
分子進化と分子時計が理解できたか。		

8.8 突然変異（mutation）と進化（evolution）との関係

突然変異と中立進化，遺伝的浮動のしくみがいえる。

4.15で述べたように，**突然変異**とは，DNAの塩基配列に生じる永続的な変化のことであり，原則としてDNAのどの部分にも，ランダムに起こり得る。突然変異が生物の表現型に不利な状況をもたらす代表例が，**鎌状赤血球貧血症**に代表される種々の遺伝病であるが，不利にならない場合，それは生物進化の材料となる可能性をもつ。

ハーディー・ワインベルグの法則は，遺伝子の突然変異が起こらない，集団と外部との間で**遺伝子流動**が起こらないなどの条件の下では，子孫世代の集団内での遺伝子頻度が変化しない，すなわち進化しない場合の法則だが，実際には突然変異が起きたり，遺伝子流動が起きたりするのでこの法則は成り立たず，生物は進化する。

生物の表現型に有利にも不利にもならない場合，そうした突然変異はゲノムにそのまま残され，その後の進化に何らかの影響をもたらすと考えられている。こうした中立的な突然変異の蓄積が分子レベルでの進化のもとになったとする学説を**中立進化説**（**中立説**）といい，1968年に**木村資生**により提唱された（**図1**）。中立説では，こうした中立的な突然変異が**遺伝的浮動**により集団中に偶然固定されることで，**分子進化**が生じるとしている。

実際の生物の集団は，ハーディー・ワインベルグの法則が前提とする巨大な集団ではなく，より小さな集団であるため，**ビン首効果**による遺伝的浮動が起こりやすい（**図2**）。これが，自然選択などと共に，生物進化を引き起こす重要な原因となっていると考えられる。

中立説は，発表当初は反発を受けたが，現在では広く受け入れられている。**イントロン**や偽遺伝子の領域における突然変異率が遺伝子の領域に比べて高いこと，同じ遺伝子領域の中でも，タンパク質の機能に非常に重要な部分の突然変異率は，そうでない部分よりも低いことなど，中立説を裏付ける数多くの観察が成されている。また，ショウジョウバエの個体群におけるある酵素の遺伝子に，機能は維持されながらもさまざまな塩基置換が見られる実例も中立説が支持される根拠の一つである。

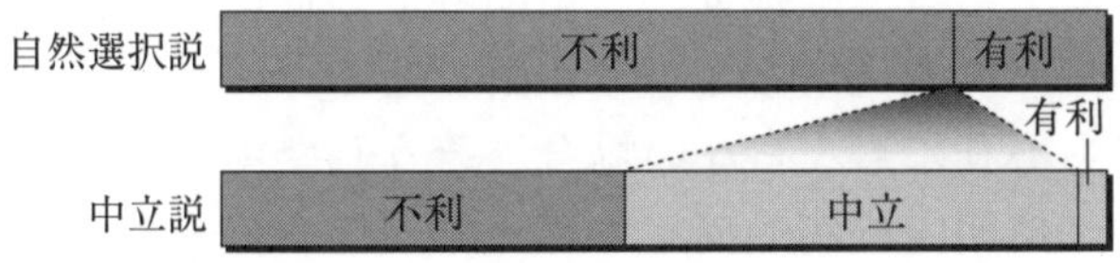

図1　自然淘汰説と中立説の違い
（出典：『サイエンスビュー生物総合資料　増補三訂版』，実教出版）

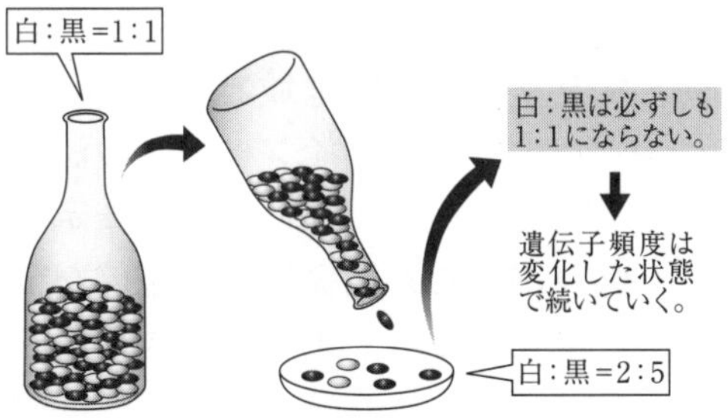

図2　ビン首効果

例題 **87.1**　中立説について説明しなさい。

解答　DNAの突然変異は，さまざまな要因によってランダムに生じると考えられており，あるものは不利になるようにはたらき，あるものは有利になる場合もあるが，そのどちらにも含まれないような突然変異もある。生物の表現型に有利にも不利にもならない場合，そうした突然変異はゲノムにそのまま残され，その後の進化に何らかの影響をもたらすと考えられている。こうした中立的な突然変異が，遺伝的浮動により集団中に偶然固定されることで，分子進化が生じるとする学説を，中立説という。

ドリル No.87	Class		No.		Name	

問題　87.1　ダーウィンの自然選択説と木村資生の中立説の違いは何か，説明せよ。

問題　87.2　ビン首効果とは何か，簡単に説明せよ。

問題　87.3　次の文章のうち，誤っているものを選べ。

① 突然変異とは，ＤＮＡの塩基配列に生じる永続的な変化のことであり，どのＤＮＡにもランダムに起こり得る。

② 鎌状赤血球貧血症は，突然変異が生物の表現型に不利な状況をもたらす代表的な例だが，マラリアの多い地域では，かえってマラリアにかかりにくいという有利な点もある。

③ ハーディ・ワインベルグの法則は，大きな生物集団であり，突然変異が起こらず，遺伝子流動も起こらないなどの一定の条件の下では，子孫世代の集団内での遺伝子頻度がごく低い割合だが，極めて安定的な割合で徐々に変化するという法則である。

④ 中立説では，生物の表現型に有利にも不利にもならない場合，そうした中立的な突然変異はゲノムに残され，遺伝的浮動により集団内に偶然固定されることで，分子進化が生じると考える。

⑤ 中立説は，1968 年に木村資生により提唱されたもので，当初は反対意見も多かったが，現在では生物進化の中心的理論として広く認められている。

チェック項目	月　日	月　日
突然変異と中立進化，遺伝的浮動のしくみがいえたか。		

8 進　　化　8.9 重複（duplication）による進化

生物進化における遺伝子重複・ゲノム重複の重要性がいえる。

生物の長い進化の過程では，そのゲノムにはさまざまな変化が起こる。**遺伝子重複**もそのうちの一つである。

遺伝子重複のうちよく見られるのは，ある遺伝子のコピーが作られ，それが元のオリジナルの遺伝子の場所と隣接した部分に挿入された**縦列重複**である。**図 1A** に見られるような非常に短い塩基配列の重複（9 塩基の配列 TAGGCTAGG が子で挿入されて縦列重複の態を成したもの）もあれば，**図 1B** に見られるような遺伝子レベルの重複（ショウジョウバエのヒストン遺伝子の例で，→は転写の方向を表している）もある。重複した遺伝子に突然変異が蓄積していくと，オリジナルの遺伝子とは異なる機能を獲得する場合もあり，生物進化と大きく関わっている。

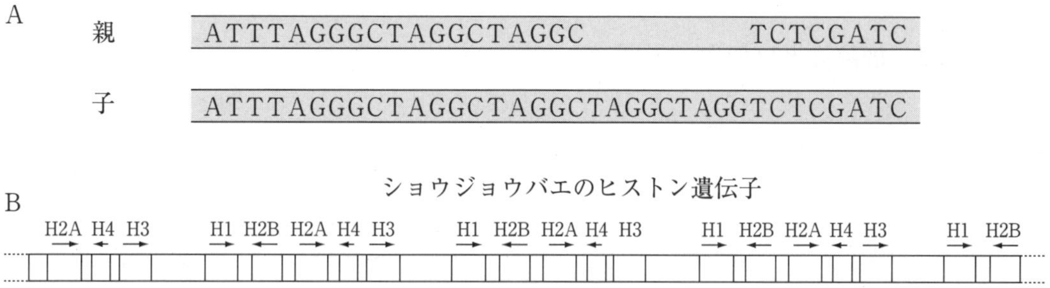

図 1　縦列重複
（出典：バートン他『進化』，メディカル・サイエンス・インターナショナル）

また，個々の遺伝子だけではなく，ゲノム全体の重複が起こる場合もある。染色体レベルでの重複としては，減数分裂時の染色体分配エラーに起因する**トリソミー**（通常は 2 本である染色体が 3 本ある状態）が有名だが，通常，こうした染色体重複は，その個体に重篤な影響をもたらすため，集団中で維持されることはないが，ゲノム全体での重複の場合，往々にして新しい種の誕生（**種分化**）をもたらす場合がある。ゲノム重複は，倍数性に変化をもたらすが，進化の過程において，とりわけ植物において過去に多くゲノム重複による倍数性の変化が起こってきたことが知られている。一つの種のゲノムが重複（倍加）する場合は**同質倍数性**といい，異なる種の交雑を通じて生じるものを**異質倍数性**という（**図 2**）。

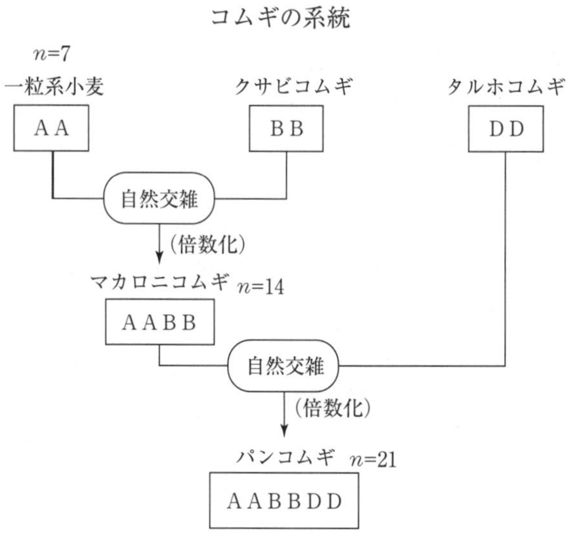

図 2　小麦の異質倍数性
（出典：『サイエンスビュー生物総合資料　増補三訂版』，実教出版）

例題 88.1　重複について説明しなさい。

解答 ある遺伝子のコピーが，ゲノムの他の場所に挿入される現象を遺伝子重複という。ある染色体全体が一コピー増えることを染色体重複といい，トリソミーなどが知られる。ゲノム全体が倍加することをゲノム重複といい，この場合，倍数性に変化がもたらされる。

ドリル No.88	Class		No.		Name	

問題　88.1　縦列重複とは何か，説明せよ。

問題　88.2　倍数性とは何か，説明せよ。

問題　88.3　次の文章のうち，正しいものを２つ選べ。

① 染色体重複は生物の生存には不利にならないことが多く，生物進化を引き起こしやすい。

② 遺伝子重複によって新たに生じた遺伝子の“コピー”は，常にオリジナルと同じ機能を果たす遺伝子であり，その分子進化はオリジナルと同一の過程を経る。

③ 縦列重複は，別の染色体に遺伝子の“コピー”が挿入される現象である。

④ 染色体重複は個体に重篤な影響をもたらすため，集団中で維持されることはほとんどない。

⑤ 一つの種のゲノムが倍加することを同質倍数性，異なる種の交雑によりゲノムが倍加することを異質倍数性という。

チェック項目	月　日	月　日
生物進化における遺伝子重複・ゲノム重複の重要性がいえたか。		

8.10 集団遺伝学 (population genetics)

集団遺伝学の概念を説明することができ，遺伝子頻度の計算ができる。

メンデル遺伝で典型的に扱われるヘテロ接合体同士の交配結果（優性：劣性＝3：1）を考えると，優性遺伝子が集団の多くを占め，劣性遺伝子は消滅するかのように思える。しかし，実際の集団では，劣性遺伝子が多くを占める場合がある。これは，ヘテロ接合体同士の交配結果では，自家受精を想定しているからである。実際の集団では他家受精が行われる。

また，進化の要因を考えるときに，進化の要因がない集団を考えることが重要である。この集団にどのような要因が作用して集団が変化したかを考えることで進化の要因を考えることができる。このような遺伝学を集団遺伝学 (population genetics) という。

進化の要因がない集団とは下記のような集団である。

- ランダムな交配が行われている。
- 集団のサイズが十分に大きい。
- 集団間で個体の移動が起こらない。
- 突然変異が起こらない。
- 自然選択がない。

ランダムな交配が行われることにより，どの個体の遺伝子も均等に子孫に受け継がれることが可能になる。近親交配が行われるとホモ接合体の個体の頻度が上昇し，ヘテロ接合体の個体の頻度が減少する。集団のサイズが大きいことは，遺伝子の頻度を保つことに重要である。個体の移動が起こると，新しい遺伝子が導入されたり，集団に存在した遺伝子が失われたりする。地理的隔離のような現象が起こらないということである。突然変異が起こると新たな対立遺伝子が生まれることもある。自然選択がないので，全ての個体は同じ生存確率であり，同じ割合で生殖可能である。

このような集団でなりたつ法則は，ハーディ・ワインベルグの法則 (Hardy-Weinberg principle) であり，1908年にイギリスの数学者ハーディとドイツの物理学者ワンベルグにより提唱された。これは，集団内での対立遺伝子 A と a の比率は，世代を重ねても一定であるということである。

A 遺伝子の頻度を p，a 遺伝子の頻度を q，$p + q = 1$ とすると，次世代は，

$$p^2 + 2pq + q^2 = 1$$

となる。

例題 89.1　海辺に100羽の鳥が生息している。2つの対立遺伝子 W と w が集団内にあり，W は，優性遺伝子で，赤い羽となり，w は，劣性遺伝子で，劣性ホモで白い羽となる。今，この100羽の集団のうち，96羽が赤い鳥で，4羽が白い鳥である。W と w の遺伝子頻度を求めよ。

解答　W の遺伝子頻度を p，w の遺伝子頻度を q とすると，

$q^2 = 4/100$　であり，

$q = 2/10 = 0.2$ となる。

$p + q = 1$　であるから，

$p = 1 - 0.2 = 0.8$

よって，W の遺伝子頻度 0.8，w の遺伝子頻度 0.2 である。

ドリル No.89	Class		No.		Name	

問題 89.1 次のうち，集団の遺伝的な変異を起こさないものはどれか。理由も述べよ。

ア 集団間の個体の移動

イ ランダムな交配

ウ 自然選択

エ 突然変異

問題 89.2 鎌状赤血球貧血症は，赤血球が鎌状となり，酸素を運搬する能力が正常な赤血球に比べ劣るため貧血となる病気である。しかし，マラリアの原因となる原虫が赤血球内に増殖しにくいため，マラリアには，感染しにくいという利点がある。鎌状赤血球貧血症の遺伝子がホモ接合体の患者は，貧血が重症なため，結婚して子供をもうけることが難しい。ヘテロ接合体の患者は，マラリアに抵抗性があり，貧血は重症ではない。

現在，マラリアの発生がほとんど見られないアメリカ合衆国において，鎌状赤血球貧血症の遺伝子の頻度は，どのように推移すると考えられるか。

問題 89.3 欧米で多く見られる嚢胞性線維症という肺に障害をもたらす病気は遺伝病であり，劣性遺伝子が関与していることが知られている。この遺伝子をヘテロに持つ人は保因者であり，際立った健康障害はないが，この遺伝子を子孫に伝えることになる。嚢胞性線維症の患者の割合は，0.048%である。

① 嚢胞性線維症の遺伝子の頻度を求めよ。

② 嚢胞性線維症の保因者の割合を求めよ。

チェック項目	月　日	月　日
集団遺伝学の概念を説明することができ，遺伝子頻度の計算ができたか。		

9　生態系・生物と環境　　9.1　地球環境の変遷と生命の誕生

46億年の地球環境の変遷と生命の誕生についての現在までの見解をいえる。

地球は約46億年前に誕生し，生命は38億年から35億年前に誕生したといわれている（**図1**）。最初の生命はどのようなものか，まだ，明らかではないが，おそらく酸素 O_2 のない条件下なので，光合成細菌やメタン細菌，硫酸還元菌などの嫌気性細菌（原核生物）であったろうと思われる。光合成細菌では，紅色硫黄細菌のように光エネルギーを利用して硫化水素 H_2S と二酸化炭素 CO_2 から有機物を合成するが，酸素は放出しない。また，メタン細菌は嫌気条件下で有機物を分解しメタンガス CH_4 を生成する古細菌である。古細菌とは，分子系統樹から全生物を3つのドメイン（領域）に分けられた内の一つで，他は（真正）細菌，真核生物ドメインである。

その後，約27億年前になると，光合成を行う原核生物のシアノバクテリア（藍藻）が誕生したといわれている。シアノバクテリアの光合成では CO_2 と水 H_2O から有機物を合成し，O_2 を放出するので，原始海洋中や大気中に酸素が蓄積していったと考えられている。こうして，生物は，酸素を利用できない嫌気性生物から酸素を呼吸に利用する好気性生物へ，さらに約21億年前には真核単細胞生物へ，約10億年前には多細胞生物へと進化し，海洋から陸上，大気中へと生活圏を広げていったのである。

生物の陸上への進出には，大気中にバンアレン帯が形成されて生物にとって有害な宇宙線が弱まり，さらに，大気中の O_2 濃度が増加してオゾン層 O_3 が形成されることにより，宇宙からの紫外線が弱まることが必要であった。

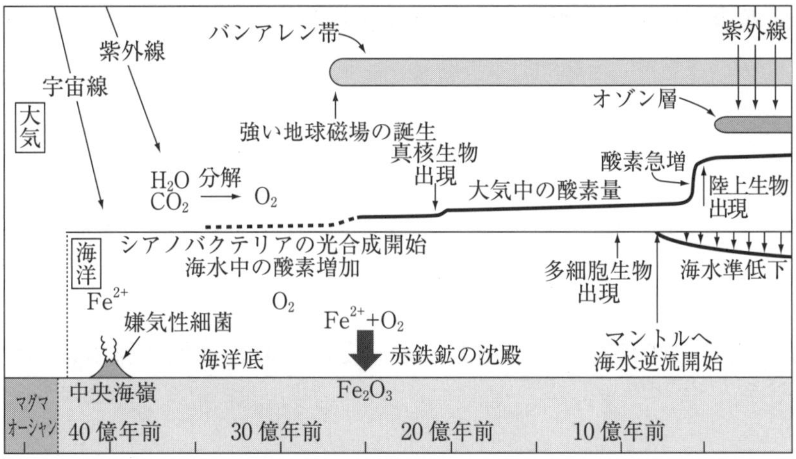

図1　地球環境の変遷
（出典：『生命と地球の歴史』丸山，磯崎著，岩波新書，1998年）

例題 90　地球上に最初に現れた生命は細菌（バクテリア）であろうと考えられている。では，現世のバクテリアの中で，最も原始的なバクテリアとはどのような特徴を持ったものであろうか。

解答　おそらく，原始地球では，陸地は少なく海洋がほとんどで，しかも酸素のない高熱環境であったろうと思われるので，現世では，嫌気性で，特に熱に強い好熱菌の一種であろうといわれている。

ドリル No.90	Class		No.		Name	

問題 90.1 光合成細菌の紅色硫黄細菌では，光エネルギーを利用して硫化水素 H_2S を硫黄 S に酸化し，有機物を合成している。紅色硫黄細菌における光合成の反応式はどのようになるか。

問題 90.2 約 27 億年前にシアノバクテリア（藍藻）が現れたことは，どのような証拠によっているか。

問題 90.3 シアノバクテリアの光合成により，海洋や大気中に酸素が蓄積するようになったが，その他にも，酸素濃度が増加したという証拠はあるか。

問題 90.4 数億年前に生物が陸上へ進出したが，そのためには地球環境におけるどのような変化が必要であったか。

チェック項目	月　日	月　日
地球環境の変遷と初期の生命の進化についていえたか。		

生物の集団には，同じ種の集まりである個体群と，複数種の集まりである生物群集があることがいえる。

(1)　個体群

個体群の特徴として，まず，個体数の時間的変化や個体群の年齢構成が挙げられる。ある野生動物の場合，もし，食物が豊富で，個体間の競争も少ないような理想的な環境では，個体数は指数関数的に急激に増加するであろう。もし，個体数が増加しすぎ，食物が不足し，生息場所も限られてくると，個体数の増加速度は減少し，ついにはある平衡状態に達する。グラフで示すと，S字曲線，あるいはシグモイド曲線となる（**図1**）。自然状態では，このように，それぞれの種の個体数は安定した状態を示すことが多い。

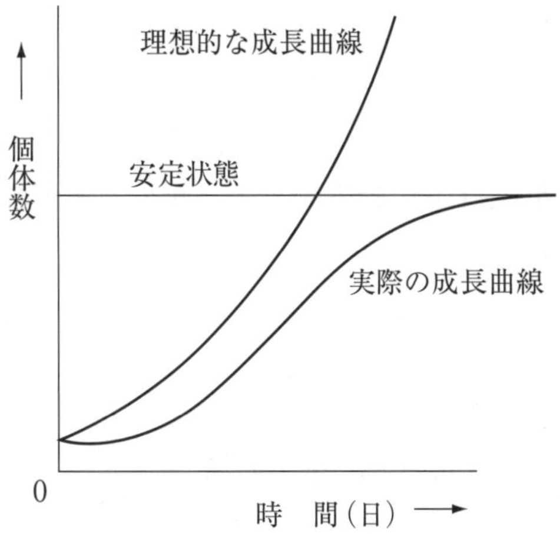

図1　個体群の成長曲線

野生動物の個体群の年齢構成を見ると，もし，若い年齢の個体数が多く，高年齢の個体数が少ない場合，その個体群は，将来，増加が予測される。逆に，若い年齢の個体数が少なく，高年齢の個体数が多い場合，その個体群は，将来減少が予測される。

個体群の構造にもいろいろな種類がある。お互いに関係性が少ないヒツジなどの「群れ」，個体に強弱が現れ「順位」が生じるニワトリの群れ，お互いに生活領域を独占しようとするアユなどの「なわばり」，さらにミツバチやニホンザルのようにリーダーが現れ，役割分担を行う「社会」が形成される。

(2)　生物群集（群集）

ある地域の生物群集は，異なる種間にいくつかの種間関係が見られる。最もよく見られる関係は，共通の食物や棲みかを得るための争い，「競争」の関係である。次によく見られるのは，お互いに食うか食われる関係，「捕食と被食」の関係である。多種間で見ると食物連鎖，食物網の関係ということができる。

その他の種間関係としては，棲みかを分け合う「すみわけ」，食物の配分や外敵から守るため互いに助け合う「共生」の関係，ある種が他の種内に入り，一方的に利益を得る「寄生」の関係，などがある。

例題 91　ある種の野生動物において，個体数が増えすぎると増殖が止まり平衡状態になる。この場合，どのような原因が考えられるか。

解答　個体数が増えすぎると，食物の不足や，同一種の高密度によるストレス，生息域が限定されることなどが原因で，増加が抑えられると考えられる。これを密度効果という。

ドリル No.91	Class		No.		Name	

問題　91.1　海や湖沼で，ある微生物の個体数が指数的に増え続けると，どのようなことが起こるか。具体例を示して答えなさい。

問題　91.2　野生のニホンザルの個体数の変動や年齢構成はどのように調べたらよいか。

問題　91.3　野生動物の「なわばり」の例を示しなさい。

問題　91.4　異種間で「競争」関係が続くと，どのようになるであろうか。

問題　91.5　渓流の魚であるイワナとヤマメには，どのような関係があるか。

問題　91.6　異種間における「共生」の例をあげなさい。

チェック項目	月　日	月　日
生物どうしの関係には，同種間と異種間の関係があることがいえたか。		

9.3 バイオーム（群系）と生態系

生物の集団であるバイオーム（群系）と，それに無機的環境を含めた生態系の特徴がいえる。

生物群集の地理的分布を表す場合，各地域に定着している植物，特に樹木の地理的分布（植生）と気候で，地域の特徴を示す。この場合，バイオームまたは群系（生物群系）ともいう。それに対し，生態系（エコシステム）では，ある地域の自然を，生物群集と無機的・物理的環境を含めた総合的，包括的なシステムとしてとらえる。

(1) バイオーム（群系）

世界のバイオームは，森林や草原などの形態的特徴と気候区分から，熱帯雨林，亜熱帯の常緑樹林，熱帯・亜熱帯の砂漠，常緑硬葉樹林（夏に少雨，冬に多雨地域），暖温帯常緑広葉樹林，冷温帯夏緑広葉樹林（冷温帯落葉広葉樹林），温帯草原，北方針葉樹林（タイガ），ツンドラ（凍土）などに分けられる（**図1**）。

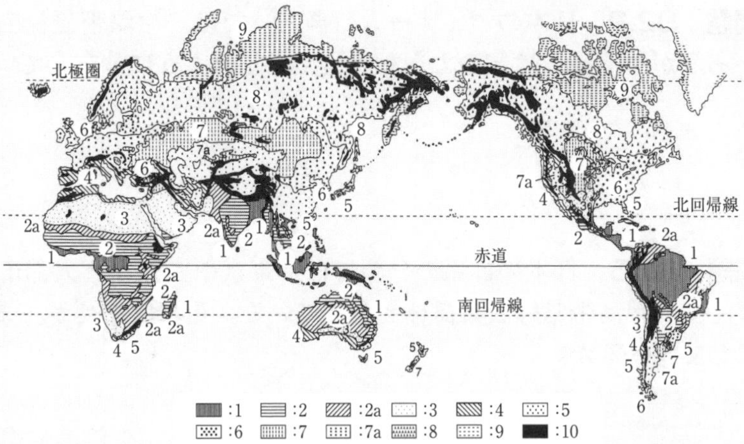

図1 世界の群系の分布

1：熱帯降雨林，2：熱帯・亜熱帯の半常緑樹林，2a：熱帯・亜熱帯のサバナ，低木林など，3：熱帯・亜熱帯の砂漠・半砂漠，4：冬雨地帯の常緑硬葉樹林，5：暖温帯常緑広葉樹林，6：冷温帯の夏緑広葉樹林，7：温帯草原（ステップ，プレーリー，パンパ），7a：寒冷な冬を持つ砂漠・半砂漠（チベットを含む），8：北半球の北方針葉樹林（タイガ），9：ツンドラ，10：アルプスなどの高山植生。（Walter, 1968）
（出典『地球環境と自然保護』，培風館，1997年）

日本のバイオームは，例えば，亜寒帯常緑針葉樹林，冷温帯夏緑広葉樹林（冷温帯落葉広葉樹林），暖温帯常緑広葉樹林（照葉樹林），亜熱帯常緑広葉樹林，などに分けられる。

(2) 生態系（エコシステム）

生態系は生物群集と無機的・物理的環境で構成されている。無機的・物理的環境としては，光，温度，水，大気，土壌があり，生物群集としては，群集内の役割から，植物などの生産者，動物などの消費者，微生物などの分解者の三者がある。ここで，生産者とは，光合成により無機物から有機物を生産する植物や藻類を意味し，消費者とは，他の生物を捕食して有機物を消費する動物を意味し，分解者とは，動物の死骸や植物の枯れ木を無機物や低分子の物質に分解する，おもにカビやバクテリアなどの微生物を意味する。

生態系は，これらの構成要素が密接に関連して，安定したシステムを形成しているが，大きな地震や，火山の噴火，気候変動などの他，人為的な自然の改変があると，不安定になり，その地域の生態系が機能を失い，自然が破壊されることがある。生態系の規模は，大は地球全体から，森林の生態系，湖沼の生態系，小は金魚水槽の中の生態系まで考えることができる。

例題 92 世界の群系（バイオーム）の図は1968年頃の状態を示しているが，現在はどのように変化していると思うか。

解答 世界人口の増加と急速な開発により，この40年間で熱帯林（熱帯降雨林）などの森林は減少し，砂漠の増加が著しいと思われる。

ドリル No.92	Class		No.		Name	

問題　92.1　バイオーム（群系）は，なぜ動物の群集を含めないで，植物の分布を中心に分類するか。

問題　92.2　日本のバイオーム（群系）では，冷温帯夏緑広葉樹林，暖温帯常緑広葉樹林などがあるが，それらはどのような樹種で，どのように分布しているか。

問題　92.3　日本の群系の分類では，東京や大阪など大都市のように，ほとんど樹木が見られなくても暖温帯常緑広葉樹林となっている。それはなぜか。また，都市における群系をどのようにして調べるか。

問題　92.4　窓際の水槽に金魚とオオカナダモなどの水草を入れ，さらに，ときどき金魚に餌を与えている場合，どのような生態系になっているか。

問題　92.5　生態系が安定しているとは，どのような状態か。生態系を構成している生産者，消費者との関連で述べなさい。

問題　92.6　植物群系（群落）は，大きな地震や，洪水，火山の噴火などがあると，一時的に破壊されるが，その後，どのようになるか。

チェック項目	月　日	月　日
生物群集と生態系についていえたか。		

9　生態系・生物と環境　　9.4　物質生産と物質循環

生態系における植物による有機物生産量の意義と地球規模の CO_2 の循環がいえる。

(1)　**物質生産**

光合成を行う植物や藻類が，光エネルギーを利用して無機物の二酸化炭素と水からグルコースなどの有機物を生産することをいう。植物や藻類は，自らの生存，成長のために酸素呼吸を行い，一定量の有機物を消費する。したがって，正味の生産量（純生産量）は，光合成によって生産した有機物の総量（総生産量）から，呼吸量を差引いた量となり，次式(1)で表される。ふつう，年間の単位面積当たりの量（kg/m^2/year）で表す。

純生産量＝総生産量－呼吸量……………………(1)

単位面積当たり年間の純生産量が最も大きい生態系は，湿地（沼沢地）で，次いで森林，草原となり，このことは，いわゆる「生産効率」の順位を意味する。地球上における各群系の面積では，圧倒的に森林が多いので，単位面積当たりの純生産量と総面積を掛け合わせると，世界全体では森林の純生産量が最大となり，次に草原となり，さらに農耕地，湿地となる（理科年表　平成27年版）。

(2)　**物質循環**

いろいろな生態系において，炭素（C）や窒素（N），リン（P），硫黄（S），カルシウム（Ca）などの元素は循環していることがわかる。

このうち，地球規模の炭素（C）の循環は，近年における大気中の二酸化炭素（CO_2）増加と地球の温暖化の問題に関連して重要である。まず，炭素は植物の光合成により CO_2 として体内に吸収され，炭水化物や脂質，タンパク質などの有機物として合成される。これらの植物体は動物に食べられ，動物体の有機物となる。動物の呼吸により有機物は CO_2 にまで分解され，体外に放出される。動物や植物の体は死ぬと土壌中の微生物の呼吸や発酵，腐敗作用により，最終的には CO_2 に分解される。同様に，海洋や湖沼，河川などではバクテリアや動物プランクトン，魚や貝類の呼吸により増加し，植物プランクトンや海藻類，水草などの光合成により減少する。

このような自然の元素の循環に加えて，19世紀以降の工場における生産や交通機関，火力発電など人間の産業活動により，CO_2 の排出の増加が著しい。

窒素やリンなどの元素も植物や動物に取り入れられ，タンパク質や脂質を構成する元素となるが，死ぬと，最終的に硝酸塩やアンモニア，リン酸塩，などの無機物に分解される。カルシウムはリン酸カルシウムや炭酸カルシウムとして動物の骨や貝類の殻になるが，死んでも分解されずに残ることが多い。

一方，太陽エネルギーは光合成作用により植物に吸収され，有機物を合成し，化学エネルギーに変換される。動物は，植物を摂取して得た有機物の化学エネルギーを，ATPを介して生物の成長，運動，熱エネルギーなどに変換し，消費した結果，エネルギーは失われていく。このように，物質は循環するがエネルギーは循環せず，エネルギーの流れとしてとらえることができる。

例題 93　森林における単位面積当たり年間の純生産量を比較した場合，熱帯多雨林，夏緑樹林（落葉樹林），針葉樹林ではどのようになると考えられるか。

解答　熱帯多雨林の多くは常緑広葉樹林で季節変化がないので，純生産量は最も多く，次いで冬は葉を落とす夏緑樹林となる。針葉樹林（タイガ）は北方地域で気温が低いので，純生産量は最も少なくなると思われる。

ドリル No.93	Class		No.		Name	

問題　93.1　樹木の純生産量を(1)式のように表すと，若い樹木と年老いた樹木ではどのようになるだろうか。

問題　93.2　単位面積当たり年間の純生産量を比較した場合，湿地（沼沢地）が最も多いというデータがあるが，その理由について述べなさい。

問題　93.3　近年，大気中のCO_2濃度は増加傾向にあり，現在（2014年），約400ppmとなっているが，日本の岩手県のある地点でCO_2濃度を観測した場合，季節による変動はあるだろうか。

問題　93.4　地球規模の炭素Cの循環は，おもにCO_2の循環として考えることができるが，ある場合では，ほとんど循環せず，蓄積することがある。それはどのような場合か。

問題　93.5　生態系におけるエネルギーの流れについて説明しなさい。

チェック項目	月　日	月　日
植物の有機物生産のはたらきと地球上のCO_2の循環のようすがいえたか。		

9.5　食 物 連 鎖

食物連鎖は食物網ともいい，多くの生物どうしが捕食と被食の関係にあることがいえる。

さまざまな生物が集まった生物群集では，お互いに食うか食われるかの関係，「捕食と被食」の関係がある。ある畑地では，雑草をバッタが食べ，バッタをカエルが食べ，カエルをヘビが食べる。さらに，雑草は野ウサギにも食べられ，バッタはクモや鳥にも食べられる。このような関係を食物連鎖，あるいは食物網という。

生態系における生物群集の役割から分類すると，陸上では，草や樹木は生産者であり，植物を食べる昆虫などの動物は第一次消費者，昆虫を食べるカエルなどは第二次消費者，さらにカエルを食べるヘビなどは第三次消費者となる。ある地域の生産者，消費者の量（エネルギー）を比べると，生産者が最も多く，次に第一次消費者となり，高次の消費者になるにしたがって少なくなる。その比率は10分の1から数分の1に減少する。これを図示すると，ちょうどピラミッドのような三角形になるので，個体数ピラミッド，生体量ピラミッドなどという（**図1**）。

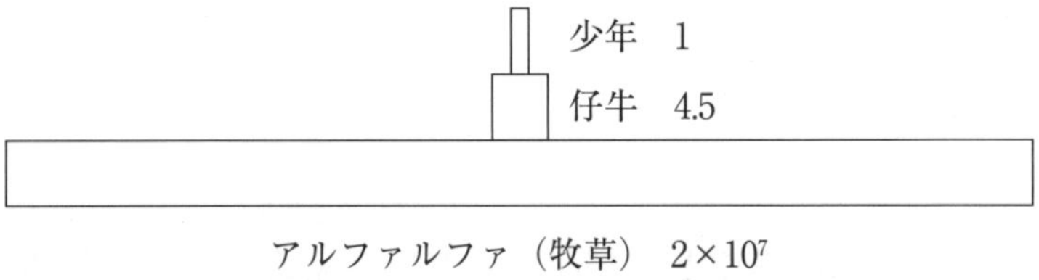

個体数ピラミッド（対数目盛）

生体量ピラミッド（対数目盛）

図1　個体数ピラミッドと生体量ピラミッド
（出典：『生態学の基礎　上』E.P. オダム，（三島次郎訳），培風館，1974より改変）

同様に，湖沼では，植物プランクトンを動物プランクトンが食べ，動物プランクトンを小魚が食べ，小魚は大きな魚が食べ，魚は野鳥が食べる，というように食物連鎖，食物網が成り立っている。

食物連鎖は，元素や物質の連鎖とも考えることができる。生物に取り入れられた元素は，食物連鎖を形成する生物間を経由し，あるいは留まり，蓄積する場合もある。

例題 94　ヒトは狩猟時代，森林の生態系においてどのような役割を果たしてきたか。

解答　ヒトは，森林において，果実や草などばかりでなく，第一次，第二次，第三次消費者に相当するさまざまな動物を捕食してきたので，最も高次の消費者であったといえる。

ドリル No.94	Class		No.		Name	

問題 94.1 ある雑木林の中には，ササなどの下草が生え，ダニ類やクモ類，ガやチョウなどの昆虫類や，シジュウカラやモズなどの小型の鳥類，ワシなどの大型の鳥類や爬虫類のヘビ類，哺乳類のネズミやイタチがいたとすると，どのような食物連鎖，食物網が考えられるか。

問題 94.2 ある池の中には，ドジョウやフナ，ナマズなどの魚類，オオカナダモ，クロモなどの水草，ワムシやミジンコなどの動物プランクトン，アオミドロやミカズキモ，ハネケイソウなどの植物プランクトンがいて，池の周りには野鳥のコサギがいたとすると，どのような食物連鎖，食物網が考えられるか。

問題 94.3 近年，栃木県日光国立公園内などではニホンジカが増えすぎて，樹木の樹皮やミズバショウ，ニッコウキスゲなどの若芽や花芽を食べる食害が激しくなってきた。シカが増えすぎた要因は何であろうか。

問題 94.4 20 世紀の初頭，沖縄では毒蛇のハブ退治のため，外来生物の哺乳類マングースが移入された。その結果，どのようになったか。

問題 94.5 食物連鎖の中で，バクテリアやカビなどの分解者はどのような役割を果たしているか。

チェック項目	月　日	月　日
食物連鎖，食物網がそれぞれの群集の中で複雑に形成されていることがいえたか。		

環境汚染物質には，カドミウムや鉛などの無機物とダイオキシンなどの有機化合物があることがいえる。

人間の活動（人為的）により，人間社会にとって有害な物質を大気や水，土壌に拡散させることを環境汚染といい，多くは18世紀の産業革命以降，表面化した環境問題の一つである。

まず，大気中の汚染については，石油や石炭などの化石燃料の燃焼や自動車の排気ガスにより，大気中に硫黄酸化物 SOx や窒素酸化物 NOx が生じ，その結果，酸性雨や光化学スモッグ（光化学オキシダント）が発生することがある。また，自動車の排気ガスに含まれる微粒子は，ぜんそくの原因ともなるといわれている。

酸性雨（pH5.5 以下）は，硫黄酸化物や窒素酸化物が大気中の水分子と反応して酸性となり，雲や雨となるもので，コンクリート建築物を腐食し，土壌や湖沼を酸性化し，森林の枯死や淡水魚の絶滅を招くことが懸念されている。また，プラスチックゴミや廃棄物を燃焼すると，ダイオキシン TCDD など有機塩素系の有害な物質が発生することがある（**図 1**）。

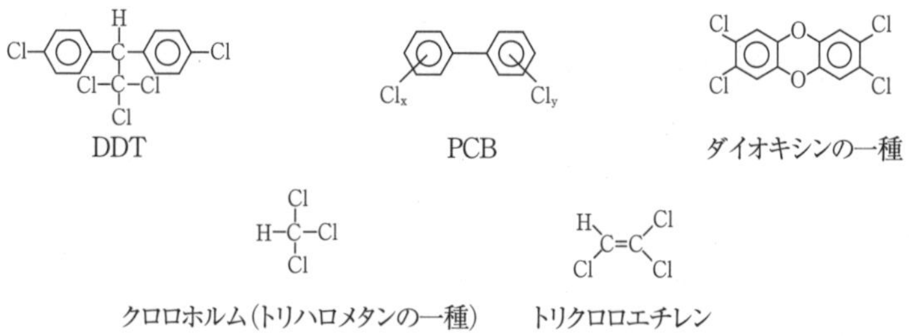

図 1　環境から検出されるいくつかの有機塩素系化合物

湖沼や河川，海洋の汚染としては，工場や家庭排水に含まれる重金属や洗剤，食物残渣による有機物汚染がある。カドミウム Cd，水銀 Hg（メチル水銀 CH_3HgX），銅 Cu，鉛 Pb，クロム Cr などの汚染は，人間の健康を害し，公害問題として大きな社会問題となった。

有機物汚染の場合は，生物の遺骸や食品残留物に含まれるタンパク質や脂肪，炭水化物などの有機物が水の中に多量に溶け込むと，バクテリアなどの微生物が大量に発生し，溶存酸素が欠乏し，いわゆる酸欠になり，魚や貝類の大量死を招くことがある（湖沼の富栄養化）。そこで，河川や湖沼の生物化学的酸素要求量 BOD や化学的酸素要求量 COD を定期的に測定し，モニタリングを行っている。BOD 値や COD 値は数値が大きいほど，それらの水はバクテリアなどの微生物や有機物に汚染されていることを意味する。

土壌汚染としては，産業廃棄物による重金属汚染や，残留農薬や化学肥料に含まれる窒素 N やリン P，カリウム K による汚染があげられる。

以上のような大気や水，土壌の汚染を防止するために，大気汚染防止法や水質汚濁防止法，廃棄物処理法により法的規制が厳しく行われている。

例題 95　石炭や石油の燃焼や自動車の排気ガスより生ずる硫黄酸化物 SOx や窒素酸化物 NOx とはどのような物質か。また，なぜ酸性雨の原因になるのか。

解答　石炭や石油に含まれる硫黄分や窒素分は，燃焼により酸化されて二酸化硫黄 SO_2 や三酸化硫黄 SO_3，それに一酸化窒素 NO や二酸化窒素 NO_2 などを生じる。また自動車の排気ガスに含まれる一酸化窒素 NO からは二酸化窒素 NO_2 が生じる。これらが雨水 H_2O に溶けると酸性雨となる。

ドリル No.95	Class		No.		Name	

問題　95.1　日本では野鳥のトキは2003年に絶滅したが，現在は中国から移入されたつがいから，人工繁殖に成功している。トキの絶滅した原因にはどのようなことが考えられるか。

問題　95.2　1950年代に熊本県水俣湾で発生した水俣病は，どのような汚染物質が原因で，どのような経過をたどったか。

問題　95.3　1968年頃，富山県に流れる神通川流域で起きたイタイイタイ病は，どのような原因によるものか。

問題　95.4　水質検査で行うBOD（生物化学的酸素要求量）とCOD（化学的酸素要求量）について説明しなさい。

問題　95.5　現在，DDT（ジクロロジフェニル・トリクロロエタン）やPCB（ポリ塩化ビフェニル）の使用は禁止されているが，これまで，どのような目的で使われ，どのような問題が生じたか。

チェック項目	月　日	月　日
環境汚染物質の多くは有益な，あるいは無害な物質として利用されたが，後になって有害であることがわかり禁止されたという経緯がいえたか。		

紫外線を防ぐオゾン層はフロンという人工物質によって破壊されやすいことがいえる。

太陽光は，おもに400nmから750nmの可視光線と400nmより短波長の紫外線UV，750nmより長波長の赤外線IRからなる。紫外線UVは，さらに380nm～315nmのUV－A，315nm～280nmのUV－B，280nm以下のUV－Cに分けられる。紫外線は，地球から上空25kmを中心に地球を囲んでいるオゾン層（O_3）によって多くは遮られる。UV－Cは地表にはほとんど届かないが，UV－Aは5％程度，UV－Bは0.5％程度通り抜け，地表に到達する。

UV－Aは少量の場合，弱い日焼け（褐色，サンタン）を起こす程度であるが，体内のビタミンDの合成にも関わるといわれている。

UV－Bは皮膚の火傷や皮膚ガンの原因ともなり有害である。もし，南極や北極上空のオゾン層が欠けてオゾンホールができると，そこから，UV－Bが地上に達する量が増えることが懸念されている。UV－Bが有害であるのは，タンパク質を変性させ，皮膚の加齢を促進することと，細胞核に存在するDNA分子を損傷するためである。DNAは二本のポリヌクレオチド鎖にあるA，G，C，Tという4種類の塩基同士が弱く結合し，二重らせん構造となっているが，そこに紫外線が照射されると，DNAの二重らせん構造が崩れ，チミンTとチミンTの塩基同士の二量体（チミンダイマー）などが形成される。その結果，DNAの複製や転写が正常に行えなくなり，場合によってはガンなどの突然変異を起こすといわれている。

UV－Cは，波長域がちょうどDNA分子の吸収極大の260nmを含むので，DNA分子を損傷する可能性がさらに大きくなる。

たしかに，地球の上空の成層圏にはオゾン層があって，紫外線が地表へ到達するのを防ぐ効果がある。ところが，われわれの生活の中で，冷蔵庫やエアコンが普及すると，それらの冷媒として広く使われているフロンガスが大気中に拡散し，オゾン層を破壊し，オゾンホールを作ることが分かってきた（**図1**）。フロンは正式には，クロロフルオロカーボンCFCといい，フッ素と塩素原子を含みCCl_3Fなどと表される。

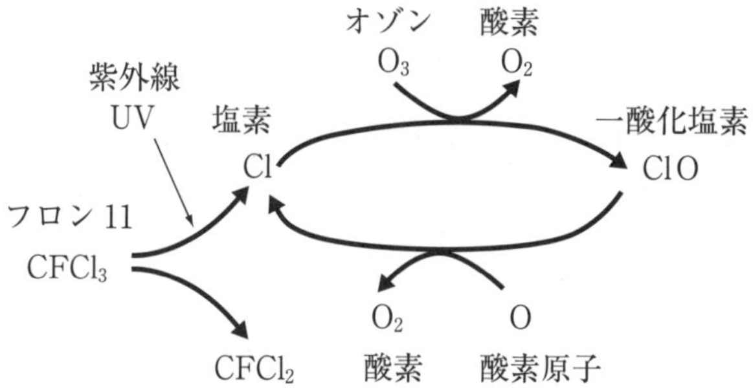

図1　フロンによるオゾン層の破壊

オゾンホールは，特に南極上空で発生することが観察されている。そこで，国際法（1987年，モントリオール議定書）によりフロンガス規制が行われ，また，フロンを改良した代替フロンの使用により，現在，南極上空のオゾンホールの増加は抑えられる傾向にある。代替フロンとしては，塩素原子を減少させたHCFC（ハイドロクロロフルオロカーボン），や塩素を含まないHFC（ハイドロフルオロカーボン）などが開発されている。

例題 96　地球上で紫外線が比較的強い地域はどこか。

解答　南極上空にはオゾンホールがあるので，南半球の高緯度地帯，特にオーストラリア南部やニュージーランド南部では，紫外線が地上に到達する量が多いと予想される。したがって，それらの地域では必要以上に紫外線を浴びないように注意が必要である。

ドリル No.96	Class		No.		Name	

問題　96.1　紫外線は，ヒトばかりでなく陸上の植物にも影響があるか。

問題　96.2　紫外線は，海に棲む魚介類や海藻類にも影響があるか。

問題　96.3　オゾンホールの原因物質であるフロン類 CFCs は，他に，地球環境問題との関連が指摘されている。それはどのようなことか。

問題　96.4　ヒトが過剰な紫外線を浴びないようにするには，どのような対策がとられているか。

問題　96.5　人工的に紫外線を出す器具を利用している例があれば示しなさい。

チェック項目	月　日	月　日
紫外線とオゾン層との関係がいえたか。		

放射線には，自然界の放射線と人工的な放射線があることがいえる。

放射線はウラン238（^{238}U），ラジウム226（^{226}Ra）などの放射性物質（放射性同位元素）が壊変して生ずるα線（ヘリウムの原子核）やβ線（電子），γ線（電磁波），中性子線などのことで，宇宙や大地，大気などの自然界から発生しているが，原子炉などの人工的な装置からも発生している。放射能とは，放射線を放出する能力を意味する。

放射線に関する単位としては，放射性物質から1秒当たり何個の原子が壊変するかを表す放射線量ベクレルBq，物質1kg当たり1J（ジュール）のエネルギーを吸収するときの吸収線量グレイGy，放射線の種類（α線，β線，γ線）ごとに吸収線量の影響を考慮した値シーベルトSvがある。シーベルトは人体に対する放射線の影響を総合的に見るときによく使われる。

自然界からの放射線は，年間，平均して宇宙線から0.39 mSv，ウラン鉱床など大地から0.48 mSv，カリウム40（^{40}K）などを含む食物から0.29 mSv，空気中のラドンRnなどから1.26mSvあるものとすると，1人当たり年間，およそ2.4mSvの放射線を浴びていることになる。

人工的な放射線は，胃のX線（ガンマ線）撮影（レントゲン撮影），CTスキャンなどの医療や，コバルト60（^{60}Co）照射による食品の殺菌などに利用されてきたが，1950年代からの核保有国による核実験や，1986年4月26日の旧ソ連，チェルノブイリ原子力発電所の爆発事故，2011年3月11日の東日本大震災による福島第一原子力発電所の爆発事故により放出された放射性物質による環境汚染問題が深刻となっている。

放射線は生物に対して様々な影響がある。福島第一原子力発電所の爆発事故により，2011年3月12日以降，放射性ヨウ素^{131}I，放射性セシウム^{137}Csなど多くの放射性物質が環境中に排出されたが，これらはβ線やγ線を出すが，半減期はそれぞれ異なっていて，生物に対する影響も異なる。

放射線の人体への影響には，環境からの外部被ばくと食品などを通しての内部被ばくがある。放射線は細胞核内のDNA（デオキシリボ核酸）など重要な生体分子を直接，傷つけることがあるが，放射線が水分子を分解して生じた「活性酸素」が生体分子を傷つける間接的な影響も大きい。とくに放射線の影響を受けやすいのは，活発に分裂する細胞である。しかし，障害を受けた細胞には修復機能があり，人体の放射線に対する影響は複雑な過程をとると思われる。強い放射線を短期間に浴びた場合はガンなどを発症し，死に至ることがあるが，比較的弱い放射線の影響の現れ方には，確定的影響と確率的影響があるといわれており，その真偽については，現在，論争が続いている（**図1**）。

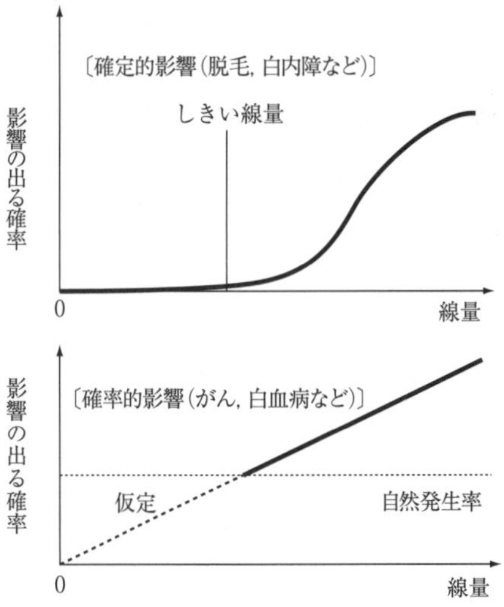

図1 弱い放射線の人体への影響

例題 97 放射線の単位としては，ベクレルBqとグレイGy，シーベルトSvがあるが，それらを比較し，簡単に説明しなさい。

解答 ベクレルは放射性物質が放射線を出す能力を表す単位，グレイは放射線のエネルギーが物質や生物に吸収された量を表す単位，シーベルトは人体が受けた放射線による影響の度合いを表す単位である。たとえば，干し昆布1kg中にはカリウム40が200ベクレル含まれ，ヒトは空気中のラドンから年間1.3ミリシーベルトの放射線を受けるという。

ドリル No.97	Class		No.		Name	

問題　97.1　放射線 α 線，β 線，γ 線の人体に対する影響について比較しなさい。

問題　97.2　放射線量を測定する方法の概略について述べなさい。

問題　97.3　強い放射線に対する影響は，生物の種類によって異なると思われる。致死線量は生物によってどのような違いがあるであろうか。

問題　97.4　2011 年 3 月の福島第一原子力発電所の爆発事故により，放射性物質ヨウ素やセシウムなどが環境中に放出されたが，それらは今後どのような経過をたどると思われるか。

問題　97.5　人工的な放射線の利用例として殺菌がある。殺菌はどのように行われているか。

チェック項目	月　日	月　日
放射線にはさまざまな種類があり，生物に対する影響も異なることがいえたか。		

最近100年間における世界気温の上昇は，おもに CO_2 などの温室効果ガスの増加によることがいえる。

地球上の気温は，長期的，短期的な周期で，温暖な時期と寒冷な時期が繰り返されているが，これは太陽活動の変動，地球の自転や公転の変動によるものと考えられている。現在は温暖な時期から寒冷な時期へ向かうとされていたが，最近100年間では世界の平均気温が上昇傾向にあり，地球温暖化が顕著になっている（**図1**）。

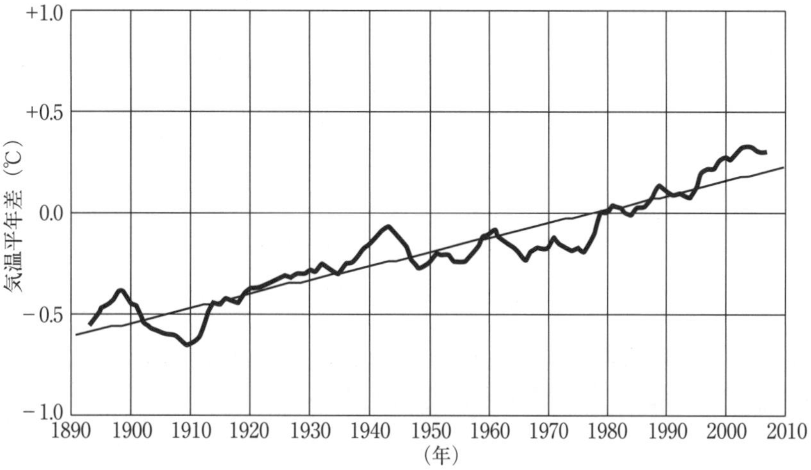

図1 世界の年平均気温の平年差
（『理科年表』，平成27年版，丸善）

この主な原因は，18世紀の産業革命以来のさまざまな人間活動，特に石炭や石油など化石燃料の燃焼による大気中の二酸化炭素 CO_2 濃度の増加や，CO_2 の吸収源である森林の減少によるものと考えられている。CO_2 は大気中に蓄積すると，地上からの熱放射を防ぐ作用があり，メタンガス CH_4 や亜酸化窒素 N_2O，フロン CFC，オゾン O_3 などと共に温室効果ガスとよばれている。フロンはオゾンホール形成の原因物質でもある。

地球温暖化の原因とされる産業活動による CO_2 の排出量を減少させるために，気候変動枠組み条約（1994年）などの国際条約による規制が行われつつあるが，先進国と発展途上国との利害の対立があり，なかなか進展していないのが現状である。

地球温暖化は，陸上における氷河の後退，海水温の上昇による海氷の融解と海水面の上昇などとなって現れ，さらに暴風雨や洪水，干ばつなど異常気象の増加など，気候変動を招いている。その結果，動物や植物の分布の変化，野生生物の減少や絶滅など，生物多様性に大きな影響を与え，また，漁業や農業へも深刻な被害が生じることが懸念されている。

例題 98 世界の年平均気温は100年間でおよそ何℃上昇したか。

解答 図1にも示されているが，理科年表（平成27年版）によると，「100年あたり0.69℃の割合で上昇しており，とくに1990年代半ば以降，高温となる日が多くなっている」としている。

ドリル No.98	Class		No.		Name	

問題　98.1　約1万数千年前は氷河期(氷期)で，現在よりも平均気温は数℃低かったが，その後，気温は上昇し，現在は間氷期といわれている。このことは生物界や人間社会にどのような影響をもたらしたと思われるか。

問題　98.2　温室効果ガスのうち二酸化炭素が最も重要な排出規制の対象になっているが，それなぜか。

問題　98.3　地球上における熱帯林や温帯林の減少の要因はなにか。また，これらの森林の減少は気候や野生生物にどのような影響をもたらしたか。

問題　98.4　近年，気温の上昇と共に海水温の上昇が懸念されている。海水温の上昇は海洋生物や地球環境にどのような影響があるか。

問題　98.5　大気中の二酸化炭素濃度が増加すると，海水温の上昇の他に海水にはどのような影響があるか。

チェック項目	月　日	月　日
気温と海水温の上昇など気候変動は，生物界に大きな影響があることがいえたか。		

10.1　バイオテクノロジー（biotechnology）

バイオテクノロジーの成り立ちと原理がいえる。

バイオテクノロジーとは直訳すれば「生物技術」，「生物工学」である。

分子生物学の発展によって遺伝子を人工的に取り扱う技術が発展したことと，細胞生物学の発展によって細胞を取り扱う技術が発展したことが，バイオテクノロジーを語る上では欠かせない。

ワトソンとクリックによりDNAの構造が明らかにされた数年後には，**アーサー・コーンバーグ**により大腸菌から**DNAポリメラーゼ**が発見された。コーンバーグはこのDNAポリメラーゼを用いて試験管内で人工的にDNAを合成することに成功し，実験室でDNAを取り扱うことのできる技術の礎を築いた。1972年，**ポール・バーグ**により世界初の**遺伝子組換え実験**が行われ，翌年には**制限酵素**を用いた世界初の遺伝子組換え実験が行われた。**DNAの塩基配列決定法**が**フレデリック・サンガー**，**ウォルター・ギルバート**らにより開発され，**キャリー・マリス**によってPCR法（10.2参照）が開発されると，遺伝子組換え技術（**図1**）に代表されるバイオテクノロジーは急速な発展を見せ，DNAを改変し，さまざまな作物を人工的に作り出したり，遺伝子治療や遺伝子診断に用いたりするなど，農業や医療の分野に革命的な変化をもたらした。

1955年，**岡田善雄**は，センダイウイルスというウイルスを用いて細胞の融合現象を発見した。この，別の細胞の細胞同士が融合し，1個または多核の細胞が生じる**細胞融合**は，その後，他のウイルスやポリエチレングリコールなどの化学物質，また機械的，電気的な刺激などによっても人工的に起こることがわかり，**雑種細胞**を作る過程を含むバイオテクノロジーの細胞工学的基礎となった。1978年にはジャガイモとトマトの雑種である「ポマト」が作成された。細胞融合は，植物細胞の細胞壁を除いたプロトプラストの融合を用いた品種開発や，モノクローナル抗体作成のためのハイブリドーマの作成などに広く利用されている（**図2**）。

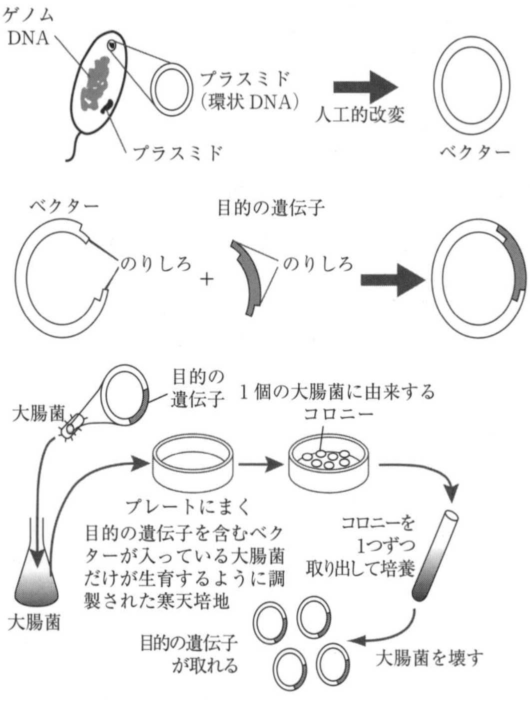

図1　遺伝子組換え
（出典：武村政春著『よくわかるDNAと分子生物学』，日本実業出版社）

●雑種細胞の作出　動物細胞には細胞壁がないので，細胞融合の際セルラーゼで処理する必要がない。

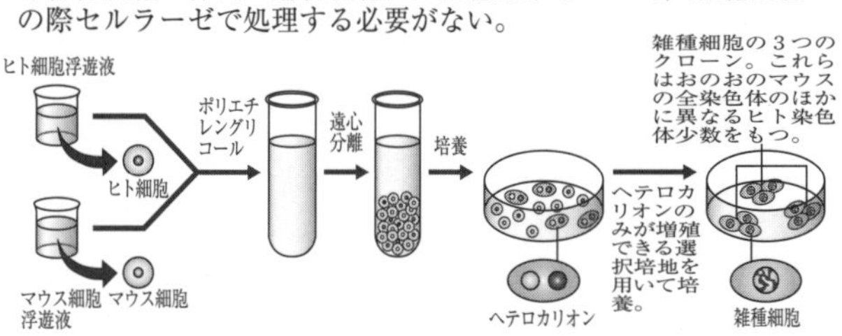

図2　細胞融合技術
（出典：『サイエンスビュー生物総合資料　増補三訂版』，実教出版）

例題 99　細胞融合について説明しなさい。

解答　別の細胞の細胞同士が融合し，1個または多核の細胞が生じる現象で，人工的にはウイルスやポリエチレングリコールなどの化学物質を細胞に添加することで引き起こすことができる。

ドリル No.99	Class		No.		Name	

問題　99.1　バイオテクノロジーの中心的技術である遺伝子組換え実験に不可欠となった技術を２つ挙げ，それぞれ簡単に説明せよ。

問題　99.2　細胞融合について簡単に説明し，バイオテクノロジーでどう応用されているかを説明せよ。

問題　99.3　次の文章のうち，誤っているものを選べ。

① コーンバーグは大腸菌から DNA ポリメラーゼを発見した。
② バーグによる世界初の遺伝子組換え実験は，科学者倫理に関する問題も提起した。
③ サンガーは，DNA の塩基配列決定法を開発し，ノーベル賞を受賞した。
④ 細胞融合は，細胞膜だけでなく，常に核膜の融合も引き起こす。
⑤ ジャガイモとトマトの雑種であるポマトは，細胞融合法によって作られた。

チェック項目	月　日	月　日
バイオテクノロジーの成り立ちと原理がいえたか。		

10.2 遺伝子組換え (gene recombination)

遺伝子組換えのしくみがわかる。

人工的に遺伝子を操作して，自然には存在しない遺伝的組成をもった生物を作り出す技術を**遺伝子組換え技術**という。

遺伝子組換えには，目的とする遺伝子，**制限酵素**，目的とする遺伝子を目的の生物に導入するための**ベクター**，遺伝子とベクターを連結させる **DNA リガーゼ**が必要である。まず目的とする遺伝子の両端に制限酵素で切断できる塩基配列をつけ，制限酵素で処理する（**図 1**）。同時に，ベクターも制限酵素で処理する。同じ制限酵素で処理すると，その末端の塩基配列が同じ（もしくは相補的）となるため，目的遺伝子とベクターを混ぜ合わせると，末端同士の塩基が相補的に結合する。DNA リガーゼを作用することで，リン酸とデオキシリボースの 3′ OH 基が**ホスホジエステル結合**を形成し，DNA は連結される。

また，目的とする遺伝子を取り出す場合，**PCR 法**（ポリメラーゼ連鎖反応法）が用いられる。この方法は，**耐熱性 DNA ポリメラーゼ**を用いて，反応温度を自動的に上げ下げすることで，目的遺伝子の両端に相補的なプライマーの結合，DNA ポリメラーゼによる合成，二本鎖 DNA の解離という一連のステップを自動的に繰り返し，目的遺伝子を大量に増幅する方法である。このとき，プライマーの先端に制限酵素部位を結合させておくことで，その後の遺伝子組換えで用いる制限酵素により「のりしろ」を作り，目的とするベクターに導入することができる。

図 2 に遺伝子組換えの代表的応用例である，細菌**アグロバクテリウムのプラスミド**を用いた**遺伝子組換え作物**の作成方法を示した。

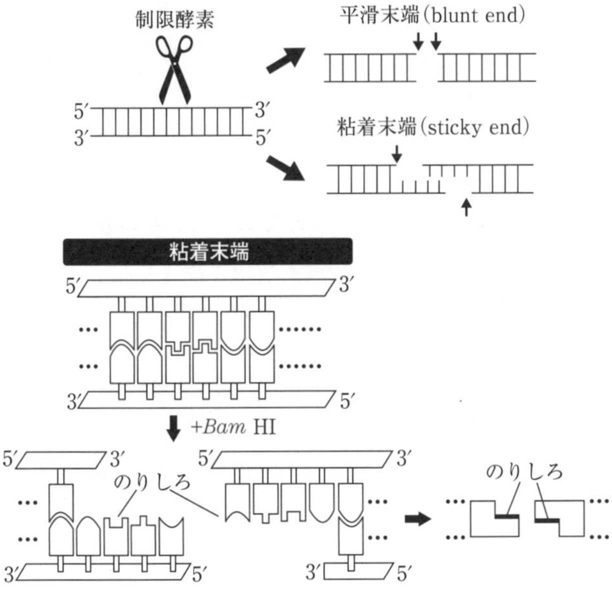

図 1 制限酵素のしくみ

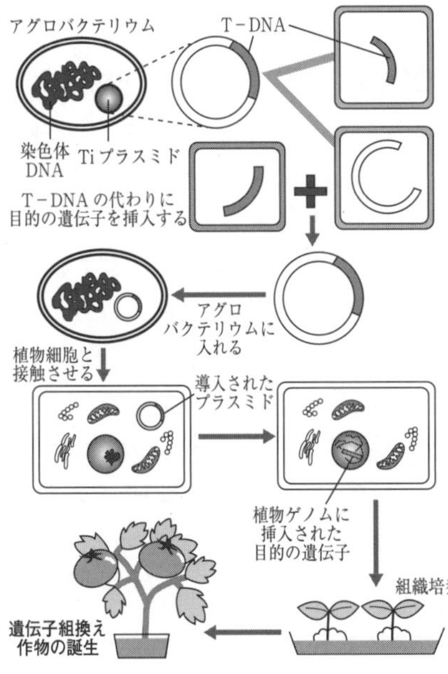

図 2 遺伝子組換え作物の作成

（出典：武村政春著『よくわかる DNA と分子生物学』，日本実業出版社）

例題 100 遺伝子組換え作物の作成法（アグロバクテリウム法）を概説しなさい。

解答 土壌中に生息する細菌の一種アグロバクテリウムは，植物の細胞に，自分がもつプラスミドの中にある T-DNA を組み込む性質をもつ。これを利用して，T-DNA を目的の遺伝子と置き換えたアグロバクテリウムを人工的に作り，これを植物に感染させることで，目的の遺伝子を組み込んだ植物を作り出すことができる。すなわち，アグロバクテリウムのプラスミドをベクターとして用いるのである。

ドリル No.100	Class		No.		Name	

問題　100.1　遺伝子組換え実験において，制限酵素はどのように用いられるのか，簡単に説明せよ。

問題　100.2　ＰＣＲ法で耐熱性ＤＮＡポリメラーゼを用いるのはなぜか，説明せよ。

問題　100.3　遺伝子組換え作物作製法に関する次の文章のうち，正しいものを２つ選べ。

①　最もよく用いられる方法がアグロバクテリウム法であり，目的の遺伝子をアグロバテクリウムのゲノムＤＮＡ中に組み込んで植物に感染させると，自動的に目的の遺伝子が感染した植物細胞へと導入される。

②　アグロバクテリウム法における目的遺伝子の植物細胞への導入では，植物の根に存在する根端分裂組織の細胞にアグロバクテリウムを感染させなければならない。

③　アグロバクテリウムには特殊なプラスミドがあり，それが植物細胞へ導入されるメカニズムが，遺伝子組換え作物作製に利用されている。

④　遺伝子組換え作物は，その全身のすべての細胞に目的の遺伝子が導入されているわけではなく，目的に合致した器官（葉や果実など）のみに導入される傾向が強い。

⑤　植物細胞には全能性があるため，目的の遺伝子が導入された植物細胞は，組織培養を行うことで一個の細胞から個体を形成させることができるので，比較的容易に遺伝子組換え作物を作り出すことができる。

チェック項目	月　日	月　日
遺伝子組換えのしくみがいえたか。		

癌のしくみがいえる。

癌は，現代特有の病気であると思われがちだが，古代ギリシャ，ローマの時代から観察されていた。癌の病巣が，あたかも人体にかじりつく「**悪魔の蟹**《かに》（cancer）」のように見えたことから，癌（cancer）という言葉が生まれたとされる。

癌は，体の正常細胞の **DNA** に何らかの**突然変異**が生じて**がん細胞**が生じ，それが無秩序に増殖して形成される。**血管新生**を行い，悪性化すると**浸潤**や**転移**をもたらす。正常細胞ががん細胞へと変化することを**がん化**という。癌が生じる原因については古来多くの研究がなされてきたが，**山極勝三郎**による**化学発がん**の発見を契機に，環境の化学物質などの外的要因によることが明らかとなり，また，DNA の構造が明らかになってからは，DNA に生じる突然変異（**複製エラー**や化学物質，放射線などによる **DNA 損傷**を主な要因とする）が原因となって細胞ががん化することが明らかとなってきた。正常細胞には**原がん遺伝子**，**がん抑制遺伝子**など，がん化に関連している遺伝子が存在し，それぞれ重要な役割を担っている。原がん遺伝子自体やその調節領域などに突然変異が生じると，原がん遺伝子は**がん遺伝子**となり，細胞の無秩序な増殖等をもたらす。がん抑制遺伝子に突然変異が生じると，その機能の喪失が細胞増殖等の引き金となる。がん遺伝子として ***ras***，***myc***，***src*** など，がん抑制遺伝子として ***p53***，***Rb*** などが知られる。現在では，種々の **miRNA**（マイクロ RNA）の**発現異常**ががん化の原因となっていることも示されている。

細胞のがん化のメカニズムは様々で，がん遺伝子やがん抑制遺伝子の複数の突然変異が必要であるのに加え，染色体組成の変化，エピジェネティック（第 53 節参照）な要因による遺伝子発現状態の変化など，より複雑な背景をもっていることが明らかとなっている。

がんは，部位によっても，個人によってもその突然変異の様子は異なり，同じ胃がんであっても，患者によってその性質が異なる。したがって，これからの癌治療は，個人の癌の特質に合わせたものを模索する必要がある。そのために**がんゲノム**という概念が重要で，個別のがん細胞のゲノム全体を解析して正常細胞と比較することで，個別のがんの突然変異のプロファイルを解析し，その特質に応じた治療法を行うという方向に，今後のがん医療は向いていくと考えられる。

例題 101　細胞がん化の分子生物学的なしくみを概説しなさい。

解答 DNA に生じる突然変異が原因となり，細胞はがん化することが知られている。がん遺伝子やがん抑制遺伝子の複数の突然変異が，細胞の無秩序な増殖を引き起こす。これらに加え，最近では染色体組成の変化，エピジェネティックな要因による遺伝子発現状態の変化も，がん化に関係が深いことが明らかとなっている。

ドリル No.101	Class		No.		Name	

問題　101.1　がん遺伝子とがん抑制遺伝子につき，その違いに焦点をあてて説明せよ。

問題　101.2　癌に関する次の文章のうち，誤ったものを1つ選べ。

① 癌（cancer）の語源は，かじりつく悪魔の蟹を表す cancer である。

② 山極勝三郎は，ウサギの耳にタールを繰り返し塗布する実験を繰り返し，癌を人工的に引き起こすことに世界で初めて成功した。

③ DNA の突然変異は，細胞の存在部位によってはランダムには起こらないため，がんが発生する臓器ごとに全く異なるメカニズムで発がんが起こる。

④ 最近の研究により，がんの原因としては，原がん遺伝子とがん抑制遺伝子の突然変異の他にも，染色体組成の変化や，エピジェネティックな要因が存在することが明らかとなってきた。

⑤ これからの癌治療には個別のがんのプロファイル，「がんゲノム」の概念が重要である。

問題　101.3　ある患者のがん細胞を解析すると，原がん遺伝子やがん抑制遺伝子には突然変異が存在しないことが明らかとなった。この細胞ががん化した理由として，他にどのような原因が考えられるか。

チェック項目	月　日	月　日
癌のしくみがいえたか。		

遺伝子医療では，生命倫理の問題と医療行為の結果としての癌などの弊害を克服しなくてはならないことがいえる。

ヒトゲノムDNAの塩基配列が解読され，疾患の背景にある遺伝情報が明らかになって来た。原因究明と治療法の確立との間には大きな溝があるが，一筋の光明である。

疾病の原因遺伝子がわかったとしても，ヒトの体細胞全体の遺伝子を改変することは，おそらく困難であり，治療法として不適であろう。可能性が高いのは，患部に局限した場合や，血球系の幹細胞など細胞が新規に更新される系に対する治療と考えられる。

レトロウイルスやトランスポゾンなど，動く遺伝子が存在する。レトロウイルスはウイルスRNAをDNAに逆転写して，宿主のゲノムDNAに挿入して増殖する特殊なウィルスである。トランスポゾンは，自身を移動させる能力をもつ塩基配列である。これらから，たとえば両端はレトロウイルスの塩基配列だが，内側に目的の遺伝子をもつように改変すると，対象の遺伝子をゲノムDNAに挿入することが可能になる。このようにベクターと称する遺伝子の運び屋を作製し，正常遺伝子を患部に運び，異常遺伝子と交換あるいは喪失遺伝子を供給する事が期待されている。

問題点の一つは，現状では対象遺伝子の挿入部位を確定できないことである。ゲノムの何処にでも挿入されればよし，とはできない。患者の正常遺伝子の破壊や，改変，発現量増減，発現時期や部位の変化，なども考えられる。あるいは癌関連遺伝子の変化，発癌遺伝子のオン，癌抑制遺伝子のオフ，など新たな病気を引き起こすことになり，治療とはいえない。

さらに，遺伝子を改変するには，ヒトの尊厳に関わる遺伝情報を操作してよいのかという，倫理面の問題も考慮する必要がある。治療を待ち望む人々を忘れずに，多くの問題を克服していかなければならないであろう。

遺伝子医療としては治療以外にも，診断，予防への活用も考えられる。その場合も，影響の波及する範囲が非常に広いため，診断した後の対処方法まで検討しなければならない。

例題 102.1 レトロウイルスベクターの問題点を考察しなさい。

解答 遺伝子の挿入部位を特定できない。このため既存の重要な正常遺伝子を破壊したり，癌化の引き金を引く事も可能性として除外できない。実際に，治療目的のウイルスベクターが白血病を引き起こした例がある。

例題 102.2 出生前の胎児の遺伝子診断を考察しなさい。

解答 遺伝子診断で異常が見つかった場合どう対処するかを考えずに，診断すべきではない。その先の治療を適格にするためと考えるべきであろう。

ドリル No.102	Class		No.		Name	

問題　102.1　遺伝子治療に用いられる遺伝子は，ウイルスベクターなどに封入されて投与される場合が一般的である。体内に入った後，投与遺伝子はどのような経過をたどることが予想されるか。

問題　102.2　遺伝子治療で避けなければならない問題を考えなさい。

チェック項目	月　日	月　日
遺伝子治療の可能性と問題点がいえたか。		

10　人間生活と生物学　　10.5　万 能 細 胞

分化能に富む多能性幹細胞 (pluripotent stem cell) を意味し，再生医療などの基礎となることがいえる。

さまざまに分化した多細胞生物の細胞も，もともとは最初の1個の細胞から始まっている。ヒトも受精卵1個が増殖，分化し，1個体となる。受精卵はすべてになりうる全能の細胞である。一般に体細胞も受精卵と同じゲノムを持つが，DNAのメチル化などの修飾や，変異の蓄積，テロメアの短縮などの影響で，全能性 (totipotency) を失うと予想される。しかし生殖細胞ではこれらの変化が元に戻る（初期化）と考えられ，このような細胞の初期化の過程を実験的に作り出す試みが行われてきた。

成体内にも血球を供給する造血幹細胞のように，増殖能と分化能をもつ細胞が存在する。幹細胞を培養細胞として維持し，自在に目的の細胞に分化させることができれば，機能不全の部位の交換や，失った器官の補充が期待できる。このような細胞が万能細胞であり，再生医療の基盤である。

万能細胞としてまず期待されたのは，発生初期の内部細胞塊に由来するES細胞（胚性幹細胞 embryonic stem cell）である。初期胚から樹立された細胞は，分化能の高さはいうまでもない。ここで問題なのは，移植の際，免疫系の個体識別の能力と，倫理性である。ヒトに応用するには，ヒト胚の人格をどこまで認めるかという問題が生じる。

また新たな万能細胞として，iPS細胞（人工多能性幹細胞 induced pluripotent stem cell）が注目されている。胚ではなく，一般の体細胞に遺伝子を導入して樹立した細胞であり，胚に関する倫理面の問題が一部回避される。しかし導入した遺伝子の影響を慎重に検討する必要があり，さらなる改良が進められている。

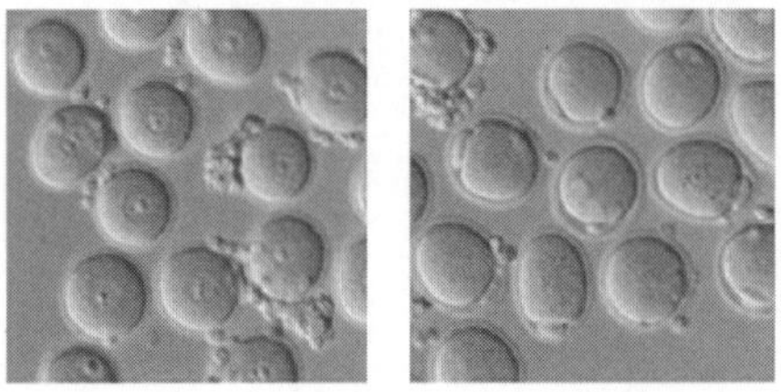

図1　マウスES細胞由来，未成熟卵（左）と成熟卵（右）

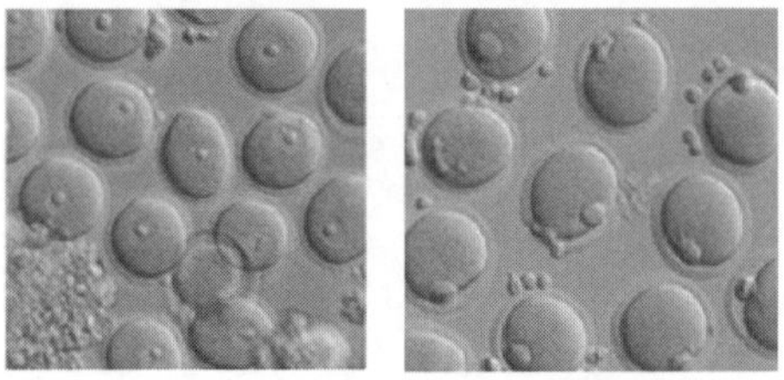

図2　マウスiPS細胞由来，未成熟卵（左）と成熟卵（右）

（京都大学　林克彦博士・斎藤通紀博士ご厚意による提供）

図1

例題　**103.1**　万能細胞からクローン生物を作れるか（5.13参照）。

解答　クローン羊作製は，体細胞（乳腺細胞）を核DNA供与細胞として，核を除いた受容細胞は未分化な未受精卵であった。つまり体細胞の核をもつ疑似受精卵を作製したものであった。万能細胞は，さまざまな細胞に分化する能力をもつが，個体にまでは分化しない細胞とされていた。しかし，科学の進歩の速さは驚くほどで，マウスのES細胞とiPS細胞から，生殖細胞系列の細胞への分化が可能になった。精子への分化が成功し，さらに卵への分化も可能になった。どちらも受精能を有し，個体に発生することができた。その個体は生殖能があり，子孫をつくることが確認された。

この例題の解答は，この数年の研究成果により，否から可に変わったといえる。

例題　**103.2**　山中伸弥博士によるiPS細胞の樹立に用いられた4種類の遺伝子Oct3/4，Sox2，Klf4，c-Mycに共通する特徴を答えなさい。

解答　DNA結合能をもつ転写因子である。

ドリル No.103	Class		No.		Name	

問題　103.1　iPS 細胞の樹立に用いられた 4 種類の遺伝子を説明しなさい。

問題　103.2　ES 細胞と iPS 細胞の相違点を答えなさい。

チェック項目	月　日	月　日
分化には転写調節因子の関与が大きいことや，ゲノム DNA との関連がいえたか。		

序章　生物の基礎と特徴

1.1　陽子の数

1.2　$\dfrac{50}{1.67\times10^{-27}}=3.0\times10^{28}$　（個）

10^{28} は1穣（じょう）の事で，1兆の1万倍である1京（けい）のさらに1兆倍に相当する。

1.3　β 線

1.4　K (2) L (8) M (18) N (32) O (50) P (72)

1.5　3p → 4s → 3d のように，3d よりも 4s の方がエネルギーレベルが低い。Ca は M 殻の 3d（10）を空席にしたまま N 殻の 4s (2) まで電子が入る。その後の元素は 3d を順次電子で満たしていくことになる。このため，イオン化する際も 4s か 3d どの電子が何個離れるかで，Fe^{2+}，Fe^{3+} のように複数のイオンの状態をとるなどの遷移元素の性質が現れる。

2.1　$H^{\delta+}-O^{\delta-}-H^{\delta+}$

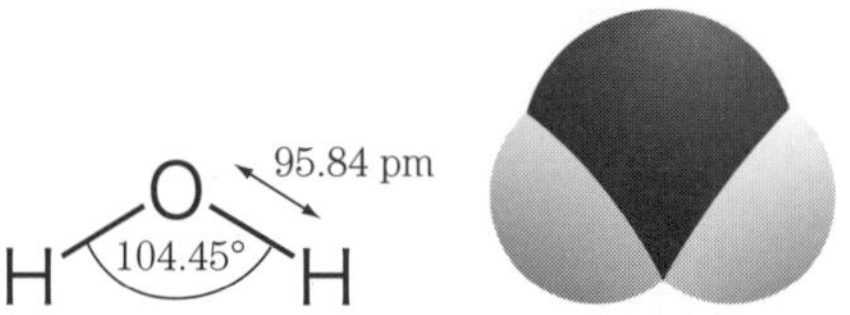

2.2　水素結合

2.3　大きな比熱，高い水和能力（優れた溶媒），大きな表面張力，大きな気化熱。固体の氷よりも液体（4℃）の水の方が体積が小さく，氷が水に浮く（一般に固体，液体，気体と体積は大きくなるため，固体は液体に沈む場合が多い）。

3.1　ヒトやサクラは数多くの細胞からできている多細胞生物である。キノコは菌類の一種で，多細胞生物である。一方アメーバや大腸菌はそれぞれ一個の細胞からできている単細胞生物である。このように，単細胞生物から多細胞生物まで，すべての生物は細胞を基本単位として成り立っている。

3.2　ロバート・フックが『ミクログラフィア』の中でコルクの細胞（正確には細胞壁）を観察したのが，細胞構造の最初の発見であるとされている。フックはこれに「cell」という名を付けたが，この「cell」が生物の基本単位であることが明らかになったのは，シュライデンとシュワンが植物ならびに動物の体が細胞からできていることを明らかにし，フィルヒョーが病理学的見地からすべての細胞は細胞から生じることを明らかにしたためである。

3.3　これは，ルドルフ・フィルヒョーが唱えた標語で，「すべての細胞は細胞から（生じる）」という意味である。すべての細胞は，その親となる細胞が分裂することによって生じるということであり，細胞の分裂が新たな細胞を作り出していくという生物の基本的原則を一言で明確にいい表したものであるということができる。

4.1　創造論は，地球上に存在する生物は，そのそれぞれ全てが別個に創り出されたとする考えで，キリスト教における創造主の考え方が大きな影響を与えていた。一方進化論は，生物はある共通の祖先から，徐々に形や性質を変えながらさまざまなものに変化してきたとする考えで，19 世紀以前からすでに複数の学者によって提唱され始めていた。古くはアリストテレスが，生物は環境に適応した構造や機能をもち，無生物から人間に至るまで，連続的な系列に順序だてて並べることができるという，現在の進化論に通じるアイディアを持っていた。

4.2　ラマルクは，生物が進化するという考えを初めて科学的に記述した人物である。ラマルクの中心的な考え方の一つに，生物が環境との相互作用で獲得した形質（変異）は次世代に遺伝するという獲得形質の遺伝があるが，現在では否定されている。またラマルクは，生物には生きるための「欲求」が内在し，そのための努力をすることでそれに用いる器官などが発達し，使われないものは小さくなるという用不用説も唱えたが，これも現在では否定的である。一方，ラマルクの後に出たダーウィンは，生物は生物間の競争を通じて，生存に適したものが選択されていき，時間をかけて生物進化をもたらすという自然選択説を唱えた。選択はあくまでも自然の力であり，生物の内在的な努力や欲求によるものではない，というのがラマルクの考え方との最大の違いである。

4.3

① 現存する生物の中間的な生物の化石が存在すること，などの化石記録。

② 脊椎動物では発生した個体では形態的な差はあるが，初期胚では類似していること。

③ 有胎盤類と有袋類の適応放散が，それぞれ別の大陸で同じような生態的地位や身体の特徴をもたらしたこと。

5.1　すべての生物は，ある共通の祖先から進化し，多様化している。このように，形や性質，生態がさまざまな生物が存在する様を「多様性」という。

ある生物のグループ（門）の中で最も多様性に富むものが節足動物門に属する生物である。その中でも昆虫類が最も多様性があり，現在知られているだけでも百万種以上のものが存在する。

5.2 生物は極めて多様性に富む存在だが，その一方で，すべての生物に共通する特徴がある。第1に，すべての生物は細胞膜を持ち，自分自身と外界とを隔てている。第2に，すべての生物は遺伝情報をもち，自分と同じ構造をもった個体をつくって遺伝情報を子孫に伝える遺伝のしくみがあり，遺伝情報を担う物質としてDNAを持っている。第3に，すべての生物はエネルギーを利用して，さまざまな生命活動を行っている。第4に，すべての生物は自分の体の状態を一定に保つため代謝のしくみをもっている。

この他，すべての生物は進化によって共通の祖先から生まれたということ，環境の変化に対して適応できる能力がある，何らかの応答を起こすこと，などの共通点もある。

5.3 サクラは植物（種子植物門），ヒトは動物（脊索動物門）であり，生物分類上大きく異なる。

細胞の構造上の相違点として，サクラは植物なので，細胞膜の外側に細胞壁があり，植物体の維持に大きく貢献しているが，ヒトには細胞壁は存在しないことがまず第一にあげられる。またサクラの細胞内には葉緑体や液胞が存在し，光合成を行ったり，さまざまな物質を貯蔵したりすることができるが，ヒトは動物なので，これらの構造体は存在しない。

共通点としては，細胞膜で覆われていること，遺伝物質としてDNAを持ち，核とミトコンドリアを有していること，タンパク質の合成，分泌を行うリボソーム，小胞体，ゴルジ体などを保有していること等が挙げられる。

1章　微視的生物学・生化学

6.1　単独で存在するタンパク質を構成する元素は，C，H，O，N，Sで，核酸では，C，H，O，N，Pである。
共通する元素は，C，H，O，Nとなっている。

6.2　糖質の元素組成は，単純糖質では，C，H，Oで，単純脂質では，同様に，C，H，Oである。細胞膜を構成するリン脂質のように，複合脂質の一種では，これらの元素の他にPやNが加わる場合がある。

6.3　リンは，生体エネルギー代謝において重要な役割を果たすATP（アデノシン三リン酸）の構成成分で，分子中ではリン酸同士が高エネルギー結合をしている。また，細胞膜などの生体膜は，リンが脂質と結合したリン脂質を主成分とし，脂質二重層になっている。

6.4　その他の微量元素としては，コバルト（Co），銅（Cu），亜鉛（Zn）などがある。これらの金属元素は酵素の活性に必要な補助因子cofactorとして重要な役割を果たしている。

6.5　背骨などの骨の主成分はリン酸カルシウム$Ca_3(PO_4)_2$で，構成元素はCa，P，Oである。その他，コラーゲンなどのタンパク質が含まれていて，その構成元素はC，H，O，N，Sである。

㊟　ハイドロキシアパタイト　$(Ca_5(PO_4)_3(OH)$も含まれている。

6.6　ヘモグロビン。構成する元素はC，H，O，N，微量金属は鉄。ヘモグロビンは鉄を含むタンパク質で，肺から各組織へ酸素分子を運ぶ役割がある。

6.7　植物の光合成色素としては，クロロフィルa，クロロフィルb，クロロフィルcなどがあるが，いずれも分子中にC，H，O，Nの他に微量金属としてマグネシウムMgを含む。

7.1　緑黄野菜などに含まれるカロテンから動物の体内でビタミンAが合成される。不足すると，夜，目が見えにくくなる夜盲症になる。

7.2　ビタミンB類には，ビタミンB_1，B_2，B_6，B_{12}などがあり，多くは各種酵素の補酵素として酵素活性に関わっている。

7.3　ビタミンCは，別名アスコルビン酸ともいい，新鮮な野菜，果物，緑茶などに含まれる。不足すると，貧血や皮膚などからの出血が起こる。

7.4　インスリンはすい臓のランゲルハンス島のB細胞（β細胞）から分泌され，血糖量を低下させる働きがある。

7.5　副腎の髄質によって作られるホルモン。心筋の収縮力を高め，血圧を上昇させる作用がある。また，肝臓のグリコーゲンの分解を促進して血糖量を上げる働きがある。

7.6　アセチルコリンは筋肉の収縮，血管の拡張，血圧低下などの作用がある。また，交感神経にはアミンの一種であるノルアドレナリンが使われ，血圧を上昇させる作用がある。

㊟　・交感神経も神経節のシナプスでは，アセチルコリンが作用する。

8.1　酵素タンパク質は化学反応の触媒としてはたらくタンパク質，構造タンパク質は生物の体を支えるタンパク質，貯蔵タンパク質は栄養物質などを貯蔵するタンパク質，収縮タンパク質は筋肉の収縮をつかさどるタンパク質，防御タンパク質は生体を防衛するタンパク質，調節タンパク質は生命活動を調節するタンパク質，そして輸送タンパク質は栄養物質などを運ぶタンパク質である。

8.2　酵素がはたらく対象となる基質は厳密に決まっており，ある酵素Aは，ある決まった基質Bとしか反応しない。またある酵素Cは，基質Dとしか反応しない。酵素Aが基質Dと反応したり，酵素Cが基質Bと反応したりすることはない。酵素のもつこうした性質を基質特異性という。この性質の範囲はさまざまで，完全に排他的に基質特異性が存在する酵素と，ある程度異なる基質も許容する酵素がある。たとえば，消化酵素のαアミラーゼは，デンプン中のα(1→4）結合しか切断することができない。一方，消化酵素のペプシンは，フェニルアラニンのカルボキシ末端側も，ロイシンのカルボキシ末端側も切断することができる。

8.3　タンパク質は，細胞の内外においてさまざまな生命活動に関与する生体高分子である。個々のタンパク質分子には寿命があり，一定の時間がたつと細胞の代謝回転に組み込まれ，分解される。これを補うために，生体はアミノ酸を利用してタンパク質を合成し続けなければならない。アミノ酸には食品中から摂取する以外には取り入れることができない（体内で合成できない）もの（必須アミノ酸）が存在するため，私たちは常に，タンパク質を食物中から摂取しなければならない。必須アミノ酸にはメチオニン，バリン，トレオニン，フェニルアラニン，ロイシン，イソロイシン，トリプトファン，リジン，ヒスチジンなどがある。

9.1　1869年にミーシャーによって白血球の核から単離されたのが最初である。このときは「核（ヌクレウス）」

に由来する物質として「ヌクレイン」と名づけられたが，後にアルトマンによって，核に存在する酸性物質という意味で「核酸」と名付けられた。

9.2 塩基と糖から成るヌクレオシドの糖部分の一部がリン酸エステルとなったヌクレオチドが，ホスホジエステル結合により長くつながったものが核酸である。

DNA は，D－2′－デオキシリボースを糖として用いるデオキシリボヌクレオチドから，RNA は，D－リボースを糖として用いるリボヌクレオチドからできている。

また DNA ではアデニン，グアニン，シトシン，チミンが塩基として用いられ，RNA ではアデニン，グアニン，シトシン，ウラシルが塩基として用いられる。DNA ではポリヌクレオチドが二本鎖となっている。

9.3 塩基は水素結合を通じて対合する性質がある。核酸を構成する塩基のうち，アデニンとチミン（またはウラシル），グアニンとシトシンとの間で，それぞれ水素結合が形成される。したがって DNA の場合，二本鎖となる DNA の一方の塩基配列が決まれば，自動的にもう一方の DNA の塩基配列が決まる。核酸のこのような性質を相補性といい，これによって DNA は正確に複製することができ，遺伝の分子生物学的基盤となっている。

10.1 グルコースは二糖類のショ糖（スクロース），麦芽糖（マルトース），乳糖（ラクトース）の構成糖である。また，多糖類のデンプン，グリコーゲン，セルロースの構成糖となっている。

10.2 スクロースはグルコースとフルクトースが結合したもの，ラクトースはグルコースとガラクトースが結合したもの。スクロースは植物のサトウキビやサトウダイコンに含まれ，ラクトースは人乳，牛乳などに含まれている。スクロースは代表的な甘味料である。

10.3 マルトースは 2 分子のグルコースが α(1 → 4) 結合したもの。マルトースは麦芽（大麦の芽）に含まれるアミラーゼをデンプンに作用させて分解したものから得られる。おもに飴の原料や甘味料として利用されている。

10.4 デンプンはグルコースが α(1 → 4) でつながった直鎖状のアミロースと，α(1 → 4) 結合と α(1 → 6) 結合により枝分かれしたアミロペクチンが混在したものである。それに対し，グリコーゲンは α(1 → 4) 結合と α(1 → 6) 結合によるさらに枝分かれした分子で構成されている。

10.5 セルロースはグルコースが β(1 → 4) 結合で，直鎖状に長くつながった構造で，植物の細胞壁の主な成分となっている。セルロースは繊維素ともいい，植物の硬い組織を形成しているが，化学処理により分解して紙パルプの原料となる。

10.6 ヒトのだ液や膵《すい》液に含まれるアミラーゼは，α(1 → 4) 結合をもったデンプンは分解できるが，β(1 → 4) 結合をもったセルロースは分解できない。セルロースを分解できる生物は，セルロース分解酵素であるセルラーゼを持ったアオカビや木材腐朽菌などである。また，草食動物やシロアリは，それらの腸内に共生している細菌によって食物中のセルロースを分解できる。

11.1 ステアリン酸などの飽和脂肪酸の融点は室温より高いので，室温では固形であるが，リノール酸などの不飽和脂肪酸の融点は室温よりも低いので，室温では液状である。

11.2 グリセリン（グリセロール）には，3 か所の水酸基があり，そのうち 1 か所の水酸基に脂肪酸がエステル結合したものはモノグリセリド，2 か所の水酸基に結合したものはジグリセリド，3 か所の水酸基に結合したものはトリグリセリドという。

11.3 リン脂質は二層になって細胞膜などの膜系を構成しており，タンパク質と共に細胞膜の選択的透過性に関与している。その際，溶質が濃度の濃い方から低い方へ移動する場合は受動輸送，ATP のエネルギーを使って濃度差に逆らって物質を移動させる場合は能動輸送という。

11.4 コレステロールは動物の胆汁酸，性ホルモン，副腎皮質ホルモンの原料となっているが，血液中に含まれる量が多くなりすぎると，胆石になったり，血管壁に沈着して動脈硬化の原因ともなったりするといわれている。

11.5 カロテノイドは，カロテン，キサントフィルなどの黄色や橙色を示す色素の総称で，水に不溶でアセトンなどの有機溶媒に可溶である。カロテンは動物体内ではビタミン A の前駆物質であり，植物では光合成の補助色素となっている。

11.6 脂肪酸は多くは偶数個の炭素を持っているが，体内ではアセチル基として 2 個ずつ分解されてアセチル CoA（アセチル補酵素 A）となり，TCA 回路（クエン酸回路，クレブス回路）へと代謝される。これを β 酸化という。

2章　細胞の構造とはたらき

12.1　細胞はほぼ同じ大きさの細胞になる。分裂。

12.2　核様体のDNAが一部で細胞膜に付着。細胞膜の伸展，成長によって，複製されたDNAの膜付着点が離れるのに伴い，２つの細胞に分配される。

12.3　好気性細菌であれば酸素が必要，他にも必要な物質や排出すべき物質もあり，単細胞でかつ内部に特別な膜系も持たない生物は，物質移動を拡散などに頼る性質上，大型化できない。

12.4　ペニシリンは原核生物の細胞壁の成分であるペプチドグリカンの合成を阻害する。真核生物のうち，動物には細胞壁が無く，植物の細胞壁はセルロースが主成分である。このため真核生物にはペニシリンの阻害作用は及ばない。(注；近年はペニシリンなど抗生物質に対する耐性菌が増え，またヒトでもペニシリンショックなどのアレルギー症状が起こる場合もある。万能薬ではない。)

13.1　核は内外２枚の膜に囲まれ，内部にゲノムDNAとヒストンから成る染色体をもつ。ゲノムDNAの安定的保持に寄与していると考えられる。核膜には核膜孔があり，内外の膜をつなぎ，物質の移動に関与する。DNA複製，RNAへの転写が核内で起こり，タンパク質への翻訳が細胞質で起こる。このため，RNAやタンパク質の核膜孔を通した移動が重要になる。

13.2　大腸菌は一倍体であり，ゲノムの変異がすぐに表現型に現れやすい。マウスは二倍体であり，相同染色体の一方に変異が生じても，他方が補う可能性があり，大腸菌よりも変異体が得られ難いと予想される。

14.1　(1)　(ア)膜間スペース，(2)　(ウ)チラコイド内腔，(3)　プロトン濃度勾配

14.2　リボソームRNAとリボソームタンパク質から成る。大小２つのサブユニットからなり，タンパク質合成の場である。

14.3　遊離型のリボソームは，細胞質に留まるタンパク質や細胞膜の裏打ちタンパク質およびミトコンドリアや葉緑体のタンパク質を合成する。細胞外に分泌されるタンパク質や，膜に組み込まれるタンパク質などは，合成途上のタンパク質のシグナルペプチドの働きで小胞体に認識され，粗面小胞体のリボソームで合成される。

15.1　①２枚の膜に囲まれている，②固有の環状二本鎖DNAを持つ，③独自に分裂する，など。

15.2　生存出来ない。理由；ミトコンドリアや葉緑体は，自身のDNAの情報の一部を核ゲノムDNAに移しており，独立の生物としては生きられない。

15.3　ミトコンドリアが先。理由；動物細胞はミトコンドリアを持つが葉緑体は無い。植物細胞にはミトコンドリアも葉緑体も存在する。つまり真核細胞の祖先にまずミトコンドリアが共生で定着し，その後，葉緑体を獲得した細胞が植物となったと考えられる。また，葉緑体はあるが，ミトコンドリアのない細胞は存在しない。

16.1　レトロウイルスは，自身の逆転写酵素によりゲノムの(+)ssRNAをDNAに変換し，宿主DNAに組み込まれる。その後宿主ゲノムと挙動を共にするプロウイルス状態をとる。あるいは，宿主の転写，翻訳機構で，ウイルス自身のRNAやタンパク質を作らせ，パッケージングを経て，ウイルス粒子が増殖する。それに対して，タバコモザイクウイルスなどは，RNA依存RNAポリメラーゼで，RNAを鋳型に自身のゲノムRNAを作り，DNAの過程を経ない。

16.2　ウイルス粒子（ビリオン）の中に，ウイルスのゲノムRNAと逆転写酵素があり，感染時に両者を宿主細胞に持ち込む。持ち込まれた逆転写酵素が，ウイルスRNAを相補的DNAに逆転写する。ウイルス粒子内の逆転写酵素は，それ以前の感染でウイルスが指令し，宿主細胞に合成させたものである。

16.3　dsDNA，ssDNA，dsRNA，(+)ssRNA，(−)ssRNA

一般の生物のゲノムが二本鎖DNA（dsDNA，double-stranded DNA）であるのに対して，ウイルスゲノムは多様で，一本鎖，二本鎖およびDNA，RNAのさまざまな場合がある。

また，一本鎖RNAでは，それ自体がmRNAとして働く方向を（+）鎖とすると，(+）も（−）も存在する。さらに，ゲノムRNAがRNAに合成される場合と，レトロウイルスのようにDNAに逆転写されるものもある。この他，ゲノムDNAやRNAが，環状や線状，あるいは分節構造のものなどさまざまである。

16.4　(オ)五量体。例：サッカーボール。

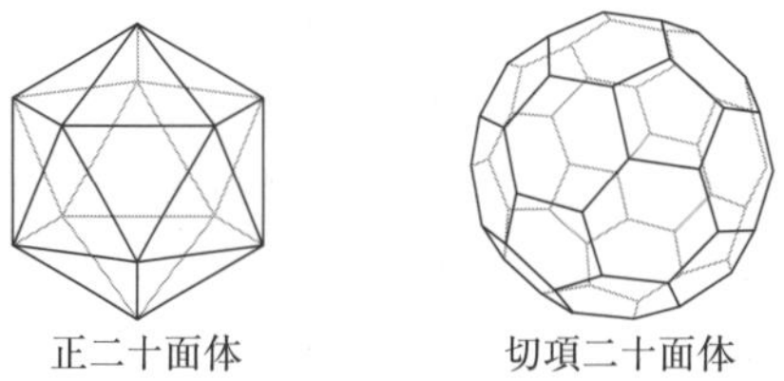

正二十面体　　切頂二十面体

3章　生命活動とエネルギー・代謝

17.1

(1) ①　植物　②独立栄養生物　③　動物
④　従属栄養生物

(2) ⑤　光（あるいは太陽）　⑥二酸化炭素
⑦　水　⑧　光合成

17.2

①　同化　②　異化　③　吸収　④　放出

17.3

(1) ①　独立栄養型；光エネルギーなどを利用して自ら無機物から有機物を合成する。
②　従属栄養型；独立栄養型がつくり出した有機物を取り込んでエネルギー源とする。

(2) ①　独立栄養型生物；クルミ
②　従属栄養型生物；リス

(3) ①　独立栄養型；生産者
②　従属栄養型；消費者

解説　(2)生物名をあげる解答としては，独立栄養生物では光合成をおこなう緑色植物を，従属栄養生物では植物食性動物をカタカナで表記する。

18.1

①　負（−）　②吸収　③呼吸
④　排出（放出）　⑤補償点　⑥光飽和点

18.2　生産者としての植物は光合成によって，太陽の光エネルギーを化学エネルギーに変換する。それを有機物の中に蓄えていて，消費者としての動物が消費する。したがって，生態系内ではエネルギーは循環せずに，最終的には生物の体内から熱エネルギーとなって生態系外へ赤外線として放出される。

18.3

陽生植物と陰生植物の比較

	陽生植物	陰生植物
補償点	高	低
呼吸速度	大	小
光飽和点	高	低
光合成速度（強光下）	大	小

解説　陽生植物は，一般に，日なたの光の強いところに生育する植物で，呼吸速度が大きく補償点は高いが，強い光のもとでの光合成速度が大きいので，日なたでの成長が速い。しかし，他の植物の陰などに入ると生育できなくなる。

これに対して陰生植物は，森林などの比較的光の弱いところに生育する植物で，呼吸速度が小さく，補償点も低いので，比較的弱い光のもとでも生育することができる。

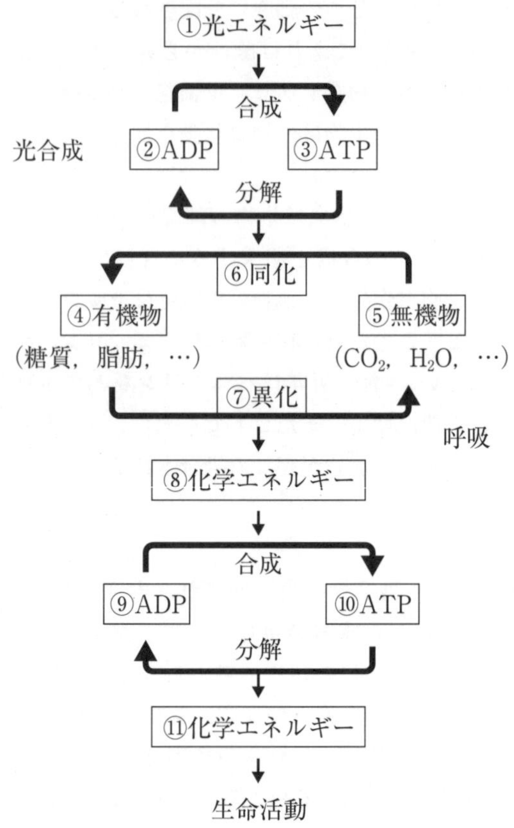

19.1

解説　光合成では，光エネルギーでATPなどがつくられ，できたATPが分解する際に生じるエネルギーで有機物生産，すなわち同化が起こる。

有機物の分解，すなわち異化の過程でもATPがつくられ，その分解で生じる化学エネルギーにより，生命活動が営まれる。

19.2

(1)　アデノシン三リン酸
(2)　A；アデニン　B；リボース　C；リン酸
(3)　アデノシン
(4)　高エネルギーリン酸結合
(5)　ADP（アデノシン二リン酸）　リン酸

解説

(1)　ATPはadenosine triphosphateの略でtriは漢数字の「三」で表記するルールになっている。

(2)〜(4)　ATPはアデニンという有機塩基にリボースという糖（五炭糖）が結合したアデノシンに，3分子のリン酸が結合した物質である。ATPのリン酸どうしの結合は高エネルギー リン酸結合とよばれ，大きなエネルギーを蓄えることができる。

(5) ATPは細胞内でその一番端にあるリン酸が1つとれてADP（アデノシン二リン酸）となり，その際に生じるエネルギーが生命活動に使われる。

㊟ ATPはRNA合成の基質でもあり，核酸のヌクレオチドの重合に際してはNTP（dNTPも）が図cに相当する部分で切れ，ピロリン酸が生じる。

NTP → NMP + <u>PPi</u>
↓
Pi + Pi

この反応では，NTP（dNTPも）は基質であり，なおかつ重合のエネルギー源になっている。ピロリン酸(PPi)は，さらに，リン酸(Pi)2つに分解される。

20.1 光合成の一般式は $6CO_2 + 12H_2O \rightarrow C_6H_{12}O_6 + 6O_2 + 6H_2O$ となる。

したがって，光合成には，6分子の CO_2 と12分子の H_2O が必要で，光合成反応の結果，1分子のグルコース $C_6H_{12}O_6$ と6分子の O_2 と6分子の H_2O が生成される。

20.2 光化学系が進行すると，チラコイド内部の H^+ 濃度が高まる。葉緑体のチラコイド内部のプロトンが外部に移動し，その作用（プロトンの濃度勾配）によってATP合成酵素により，ADPからATPが生成される。生成されたATPは，引き続きストロマ内で起こる反応，すなわち，CO_2 と H_2O からグルコースを合成する反応に利用される。

20.3 CO_2を還元する水素［H］は，光化学系ⅠとⅡにより生成された還元力NADPHにより供給されたものである。

20.4 光合成速度は，水槽に入れたオオカナダモなどの水草に光を当て，単位時間に生ずる気泡（酸素ガス）の数を測って求める。この場合は呼吸により差し引かれているので，見かけの光合成速度となる。

20.5 シアノバクテリアの光化学反応では，水分子を分解しプロトンと酸素を生成するが，紅色硫黄細菌では，硫化水素分子を分解するので，プロトンは生成するが酸素は生成せず，代わりに硫黄を生成する。その後のCO_2からグルコースを生成する反応は同じである。

21.1

(1) ① 有機物　② 無機物　③ 好気呼吸
④ 解糖系　⑤ クエン酸回路　⑥ 電子伝達系（④～⑥は順不同）

(2) ⑦ 嫌気呼吸
⑧ 乳酸発酵　⑨ アルコール発酵（⑧，⑨は順不同）

(3) ⑩ 呼吸基質　⑪ タンパク質　⑫ 呼吸商

21.2 (1) ① 有機物，またはグルコース　② 水
③ ミトコンドリア　④ 酸素
⑤ 二酸化炭素　⑥ ADP　⑦ リン酸
（⑥，⑦は順不同）
⑧ ATP

(2) ⑨ 呼吸基質　⑩ グルコース
⑪ $C_6H_{12}O_6$

21.3 (1) ① ミトコンドリア

(2) ② 内膜　③ マトリックス
④ クリステ　⑤ 外膜

(3) 燃焼では化学反応が急激に起こって大量の熱や光が放出されるが，呼吸では穏やかにエネルギーが放出され，ADPに蓄えられる。

解説 呼吸はその一部（解糖系）が細胞質基質で起こるが，大部分はミトコンドリアでおこなわれる。呼吸はふつう酸素を使って有機物を二酸化炭素と水に分解する働きで，その過程でADPとリン酸からATPがつくられる。

22.1 光合成色素により吸収した光エネルギーは，最終的には，すべてクロロフィルaの反応中心に集められ，光化学系，電子伝達系に移されるため。

22.2 褐藻類は緑色のクロロフィルを含んでいるが，その他にキサントフィル類として茶褐色のフコキサンチンを多く含むので，褐色に見える。

22.3 モミジやイチョウなどの落葉樹は，気温が低下すると葉に養分が届かなくなり，クロロフィルが分解して赤色のアントシアンや黄色のカロテノイド類が蓄積するため，紅葉や黄葉が生じるといわれている。

22.4 ユレモなどの藍藻では細胞内に核や葉緑体はないので，光合成色素は細胞内に分布するチラコイドに存在している。

22.5 緑色植物にいろいろな波長の光を当てたときの光合成活性の量（作用スペクトル）を測定すると，青色光が最も高く，次に赤色光で，緑色や黄色では最も低くなる。したがって，野菜は青色や光赤色光単独，あるいは両方の光をあてても良く育つが，緑色光ではほとんど育たない。

23.1

① 血漿《けっしょう》　② 無　③ 有　④ 無　⑤ 無
⑥ 水，タンパク質，糖質，脂質，無機塩類など
⑦ 酸素の運搬　⑧ 細菌などの異物の処理
⑨ 血液の凝固　⑩ 栄養分・老廃物などの運搬，免疫

解説 血清と血漿の区別；血清は，血液を容器にとっ

て放置したとき，血液が凝固して細胞成分と凝固成分が除かれて，上澄みにできる淡黄色の液体成分のこと。血清には血漿中の液体に溶ける成分のみが含まれており，そのものではないが，それに近いものである。免疫抗体や各種の栄養素・老廃物を含む。

23.2 母体bの酸素濃度30のときの酸素ヘモグロビンの割合はグラフより40%である。

胎盤から胎児へ放出される酸素は，

(96 − 40) ÷ 96 × 100 ≒ 58.3 %

23.3 ① 暗赤色 ② 鮮紅色 ③ 酸素
④ 酸素 ⑤ 約120日 ⑥ 脾臓
⑦ 肝臓 ⑧ ヘム ⑨ グロビン
⑩ 鉄 ⑪ ビリルビン ⑫ 骨髄

解説 酸素ヘモグロビンはオキシヘモグロビン（oxyhemoglobin）とも呼ばれる。酸素と結合していないヘモグロビンはデオキシヘモグロビン（deoxyhemoglobin）と呼ばれる。

24.1 (1) ① 咀嚼《そしゃく》 ② 蠕動《せんどう》運動
③ 酵素反応 ④ 共生
(2) ⑤ 細胞

24.2 ① 肝門脈（門脈） ② 肝小葉
③ グリコーゲン ④ アルブミン
⑤ 解毒作用 ⑥ アンモニア
⑦ 尿素 ⑧ ビリルビン ⑨ 熱

解説

(1)・(2) 肝臓は，ヒトでは最大の臓器であり，体重の3％程度を占める。また，肝臓は他の臓器とは異なり，動脈・静脈のほか，消化管などから出る血管が合流した門脈（肝門脈）ともつながっている。肝臓は，大きさ1mm程度の細胞のかたまりである肝小葉という基本単位が，約50万個程度集まった臓器である。

(3)・(4) 肝臓は体の化学工場といわれるほど，代謝が盛んで，特に小腸などで吸収したグルコースが肝臓に運ばれグリコーゲンとして肝細胞に貯蔵されることで，血糖量の維持にも働いている。また，肝臓では，血漿中で最も多いタンパク質であるアルブミンや血液凝固にはたらくタンパク質などもつくっている。

(5) 肝臓の働きの中で重要なものの1つが，解毒作用である。タンパク質やアミノ酸の分解で生じる有害なアンモニアを害の少ない尿素に変えたり，アルコールを分解する働きはその一例といえる。

(6) 肝臓や脾臓では，古くなった赤血球の破壊も行われる。ヘモグロビンの分解産物であるビリルビンは胆汁の成分として十二指腸に分泌され，やがて大部分が体外に排出される。

(7) これらのさまざまな代謝のはたらきによって，肝臓では多量の熱が生じ，この熱は体温の調節に使われている。

24.3
① アミラーゼ ② グルコース ③ 腸上皮細胞
④ 毛細血管 ⑤ ペプシン ⑥ アミノ酸
⑦ 腸上皮細胞 ⑧ 毛細血管 ⑨ リパーゼ
⑩ グリセリン ⑪ 脂肪酸
⑫ 腸上皮細胞 ⑬ 毛細リンパ管（⑩, ⑪は順不同）

25.1
① 窒素同化 ② 窒素固定
③ 硝化菌 ④ 脱窒素細菌

25.2
(1) 二酸化炭素 (2) アルコール（エタノール） (3) アルコール発酵は酸素がない状態で起こるので，あらかじめ溶液中に含まれる空気を除いておく。

解説

25.2の実験について，少し詳しく説明する。

① 発酵の基質になる10%グルコース溶液を作る。酵母菌はグルコースを分解しエネルギーを取り出す。

② アルコールの検出のためにヨードホルム反応を行う。

③ アルコール発酵は酸素がない状態で起こるので，溶液中に含まれる空気を除くために，煮沸や減圧して脱気する。溶液の注入やかき混ぜる際には，酸素が入らないように静かに行う。

④ CO_2はNaOHに溶けるので，発酵管の入口を指で閉じ、よくかき混ぜると発酵管内が減圧し指が吸われる。これで発生した気体がCO_2であることが分かる。

25.3
(1) 光合成
(2)

実験	緑色植物の有無	明るさ	被検体	結果	酸素放出
A	無	明	ろうそく	×	無
			ネズミ	×	
B	有	明	ろうそく	○	有
			ネズミ	○	
C	有	暗	ろうそく	×	無
			ネズミ	×	

(3) 二酸化炭素・水 (4) 酸素・デンプン

解説

二酸化炭素 ＋ 水 ＋ 光エネルギー → デンプン ＋ 酸素

光の強さと温度を一定にして，二酸化炭素濃度と光合成の速さとの関係を調べてみると，二酸化炭素濃度が高くなるにつれて光合成の速さも増大していく。

4章　遺伝・遺伝子・遺伝情報の発現

26.1　子葉の色が黄色の親は AA，緑色の親は aa。F_1 は Aa，黄色。

26.2　$(A + a)^2 = AA + 2Aa + aa$

遺伝子型…AA：Aa：aa＝1：2：1

表現型…子葉が黄色：緑色 ＝3：1

26.3　誤り。

純系同士を交配した場合，F_1 に現れる形質を優性，現れない形質を劣性と称する。優性，劣性の形質には優劣の意味はない。優性形質でも劣ったもの，劣性形質でも優れたものが考えられる。たとえば，エンドウで優性の丸い種子よりしわの種子の方が，味が良いあるいは病気に強いなどの優れた性質があるかもしれない。日本語の訳語に惑わされないように注意。

26.4　矛盾しない。

莢は親の世代の細胞由来なので親株の形質を反映する。正逆どちらの交雑でも，得られた F_1 の種子をまいて育てると，莢はすべて「膨れ」となり優性の法則が成立する。

27.1　$3.4 \times 10^{-9} \div 10 \times 3.0 \times 10^9 = 1.0$ m

27.2　図の左側は左巻き，右側は右巻きである。（実際に身の回りのタオルやリボンなどでらせんの向きを確認するとよい。）

27.3　染色体が娘細胞に正しく分配されず，不均等分配や染色体の分断が起こり染色体の欠落が生じる。

28.1　分裂期の染色体に1か所ずつ存在するくびれ部分に相当する。ヒトの場合は，171 塩基対の α サテライト DNA の反復により 500 kb 程度の領域となっている。動原体を構成するタンパク質と相互作用し，紡錘体付着部分となる。染色体の分配，維持に必須の DNA 領域である。

28.2　一般に致死と予想される。自然流産の原因の一つと考えられる。

28.3　間期の核は，核膜の内側の核ラミナによって核膜を安定化している。分裂期には核膜は消失するように見える。これは，核ラミナの構成成分である，タンパク質の一種，核ラミンがリン酸化され，核膜が分散することによる。染色体の分配後は，核ラミンの脱リン酸化によって，細分化された核膜が再融合する。リン酸化と脱リン酸化による制御は，生体内で多数見られる。

29.1　一倍体の生物は，一組しかないゲノムが変異や損傷を生じると，即座に表現型に反映し，影響が大きい。二倍体は，ゲノムが二組あるので，片方が変異しても，他方の働きで補完される可能性が高い。このため，高等生物は一般に二倍体である。

29.2　乗換えは，染色体が交叉しているが，もとの染色体とつながっている。組換えは，DNA レベルで切断と再結合が起こっている。また，組換えは，減数分裂以外にも起こり得る DNA の切断・再結合である。遺伝子組換え，組換え DNA などで知られる，人為的組換えもある。

29.3　(イ)が正解。

減数分裂第一分裂で，対合した相同染色体が離れて父方・母方どちらか一方ずつとなる。さらに第二分裂で姉妹染色分体が分離して DNA 量も半分となり，減数分裂が完了する。減数分裂は，第一分裂で染色体の種類を半減し，第二分裂で染色体数と DNA 量を半減すると考えられる。相同染色体の挙動に注目すると，体細胞分裂との相違点が明確になる。

対合した相同染色体が離れる際，各染色体の父方・母方どちらが両極のどちらに移動するかにより，2の n 乗の多様性が生じる。例；$2n=2$ の細胞では2通り。$2n=4$ では4通り。$2n=6$ では8通り。$2n=46$ では 8,388,608 通りと指数関数的に増加する。

また，乗換え・組換えにより，父親由来の染色体と母親由来の染色体が途中でつながった染色体が形成され，2^n の計算値を上回る多様性が生じる。

30.1　遺伝子とは，遺伝の基本的な因子であり，生物の遺伝情報を構成する機能的単位である。遺伝子の本体は DNA である。目の色や口の形，性格など親の形質が子に伝わるのは，DNA を本体とする遺伝子が，DNA の複製メカニズムを介して子の細胞に受け継がれるからである。

メンデルが，遺伝の現象をつかさどる担い手として「エレメント」という物質を想定したのを皮切りに，ド・フリースによる「パンゲン」など，多くの科学者が独自に，現在の遺伝子につながる仮想的な因子を提唱してきた。20 世紀初頭，ヨハンセンが「遺伝子（ジーン）」という言葉を用いたものが，現在に至っても用いられている。

こうした形質は，タンパク質のはたらきとして表に出る場合が多く，したがって遺伝子とは「タンパク質」の情報をコードする DNA の部分のことを言う。ただし，専門的には，mRNA 以外の機能性 RNA の情報をコードする DNA の部分も「○○ RNA 遺伝子」と呼び，こうした RNA 遺伝子も形質に影響を与えていることが知られている。

30.2　染色体は，細胞分裂に伴って細胞内に生じるもので，目に見える実体として同定されていたが，遺伝子はあくまでも遺伝の現象をつかさどる「仮想的な因子」であり，19 世紀までは染色体との関係も明らかではなかった。しかしサットンが，染色体が遺伝子の存在の場であることを提唱し，モーガンがショウジョウバエの研究によって遺伝子説を提唱するに及び，遺伝子は染色体上に一定の順序で配列したもの（ただし，その本体物質は不明だった）であることが明らかとなった。

30.3　ある遺伝子の染色体上での相対的な位置を，その染色体上で図示したもの。1926 年，モーガンがショウジョウバエにおいて世界で初めて作成した。

31.1　③　R 型菌は病原性がなく，病原性がある S 型菌も熱処理すると死ぬので，マウスは肺炎に罹らない。したがって，答えは③である。

31.2　①　病原性があるのは S 型菌なので，答えは①である。

31.3　⑤　S 型菌をすりつぶした溶液を DNA 分解酵素で処理した場合にのみ，R 型菌に対する形質転換能力が失われたため，答えは⑤である。

31.4　②

32.1　真核生物では，DNA はヒストン八量体に 2 回巻き付いた構造をしている。これをヌクレオソームといい，DNA 全体では，ヌクレオソームが数珠のように多数つながった構造を呈している。

32.2　生物をその生物たらしめている遺伝情報の最小セットをゲノムといい，ヒトのゲノムをヒトゲノムという。ヒトゲノムは 22 本の常染色体ならびに X，Y の性染色体から構成される核ゲノムと，ミトコンドリアに含まれるミトコンドリアゲノムから成る。このうち，核ゲノムの塩基対総数はおよそ 30 億塩基対であり，それぞれの体細胞には通常 2 セットのヒトゲノムが含まれる（ただし，女性には Y 染色体分は存在せず，男性は X，Y をそれぞれ 1 セットしか持たない）。

32.3　②

32.4　赤血球は，血液中で酸素を運搬する役割に特化した細胞であり，造血組織で次々に作られ，補充されるので，赤血球自らが分裂をする必要はない。したがって，ゲノムが赤血球自身に備わっていなくてもよい。

33.1　DNA の二本鎖は，細胞分裂に先立って一本ずつに開裂し，それぞれの DNA 鎖を鋳型として新しい DNA 鎖が合成されるので，新しくできた二本の DNA 二本鎖には，それぞれ複製前の鋳型として用いた DNA 鎖が一本ずつ保存されている。古いものが新しいものの中に「半分だけ保存されている」という意味で，半保存的複製という。

33.2　②

33.3　DNA には 5′→3′ の方向性があり，逆の方向を向いた二本の DNA 鎖が相補的に結合していることに加え，DNA ポリメラーゼは 5′→3′ の方向にしか DNA を合成できない。したがって，鋳型となる DNA のうちの一方は，二本鎖が開裂していくに従って新生 DNA を合成できるが，もう一方は逆向きの短い DNA 鎖を断続的に合成しなければならない。そうしないと二本鎖の開裂と同じ方向に DNA の合成を進行させていくことができないためである。

33.4　③

34.1　タンパク質の合成過程には，mRNA，rRNA，tRNA が関わる。mRNA は，遺伝子の転写産物であり，タンパク質のアミノ酸配列の情報を持っている。rRNA は，タンパク質を合成する装置としてはたらくリボソームの構成成分である。tRNA は，アミノ酸を一個ずつ結合し，リボソームまで運ぶ役割をもつ。

34.2　細胞内には，わずか 20 塩基程度の極めて短い二本鎖 RNA が存在し，mRNA のはたらきを阻害することで，遺伝子発現をコントロールするメカニズムが存在することが知られている。このしくみを RNA 干渉といい，miRNA がその主役である。

34.3　DNA が通常二本鎖を形成しているのとは異なり，RNA は通常一本鎖のままで機能を果たすが，多くの場合，RNA の一本鎖内には複数の相補的な塩基配列が存在することがあり，その相補的な部分が分子内で結合することで，結果的に複雑に折りたたまれた構造を呈する。このことが，タンパク質が立体構造を形成するのと同じ効果を発揮し，タンパク質のような化学反応の触媒反応を担う「リボザイム」の創成を可能にしたと考えられる。

35.1　アミノ酸は，一つの分子内にアミノ基（$-NH_2$）とカルボキシ基（$-COOH$）を持つ分子である。あるアミノ酸 A のアミノ基と別のアミノ酸 B のカルボキシ基がペプチド結合によって結び付き，A と B がペプチド結合によって結び付いたものができる。この反応が連続して起こると，アミノ酸同士がペプチド結合によって長く重合し，ポリペプチド鎖が作られる。

35.2

① 一次構造：アミノ酸同士が長くつながった状態で，アミノ酸配列そのものを指す。

② 二次構造：一次構造内の水素結合により，部分的に

αヘリックスやβシートなどの特徴的な立体構造をとったものを指す。

③ 三次構造：アミノ酸残基の側鎖同士の相互作用により，さらに複雑に折りたたまれ，タンパク質としての機能が発揮できるようになった状態を指す。

④ 四次構造：三次構造同士が集まってグループを形成してはじめて機能を発揮する状態を指す。この場合，三次構造を形成している個々のポリペプチド鎖をサブユニットという。

35.3 ほぼ同時に，協調してさまざまな機能を発揮しなければならないような複雑な仕事をするタンパク質では，三次構造をとるポリペプチド鎖が別個にはたらくよりも，四次構造を形成した方が効率がよい場合があると考えられる。たとえば，DNA 複製や転写などの複雑な分子動態に関わる酵素には，数個〜十個以上のサブユニットからなる四次構造が見られることが多い。

36.1 転写とは，遺伝子発現に際して，DNA の塩基配列が“コピー”されて mRNA が合成される過程を指す。基本転写因子による一連のステップを経て転写が開始され，RNA ポリメラーゼにより mRNA（前駆体）が合成される。合成された mRNA 前駆体はただちにスプライシングなどのプロセッシングを受け，成熟した mRNA となる。

36.2 CTD は，RNA ポリメラーゼのサブユニットの一つの C 末端部分が長く突き出た状態になった領域であり，この上で，合成された mRNA 前駆体のプロセッシングが起こる。プロセッシングでは，mRNA の 5′ 末端へのメチルグアニル酸の付加，スプライシングによるイントロンの除去，mRNA の 3′ 末端へのポリアデニル酸の付加が起こるが，CTD にはこれらの反応に関わる酵素群が結合していると考えられている。

36.3 ③

①は「アンチセンス鎖」→「センス鎖」，②は「原核生物」→「真核生物」，④は「塩基配列が付加」→「イントロンが除去」ならびに「長くなる」→「短くなる」，⑤は「センス鎖」→「アンチセンス鎖」が，それぞれ正しい。

37.1 翻訳とは，遺伝子発現に際して，mRNA の塩基配列情報がタンパク質のアミノ酸配列情報へと変換される過程を指す。真核細胞では細胞質へ放出された mRNA にリボソームが結合し，開始コドンから順次その塩基配列情報を読みながら，tRNA が運んでくるアミノ酸を一つずつ結合させ，ポリペプチド鎖を合成する。

37.2 タンパク質合成における翻訳の際には，ある一定の法則に則って，mRNA の塩基配列がアミノ酸配列へと変換される。この法則あるいはしくみが遺伝暗号である。4 種類の塩基の配列情報を 20 種類のアミノ酸の配列情報に変換するには，塩基 3 個を使って，アミノ酸 1 個分の情報を指定する必要がある。塩基 3 個を用いると，4 の 3 乗 =64 通りとなり，20 種類のアミノ酸の情報を指定することができる。この，アミノ酸を指定する mRNA 上の塩基 3 個の組合せがコドンである。

37.3 ⑤

①は「トリプトファン」→「メチオニン」，②は「アミノ酸は，1 種類から 6 種類のコドンによって指定される」，③は「rRNA」→「tRNA」，④は「翻訳の停止には終止コドンが必要である」が，それぞれ正しい。

38.1 一つには，イントロンが存在することで，ランダムに生じる突然変異がタンパク質のアミノ酸配列を指定する重要な部分に起こる確率を減らすことにつながっているという説があり，また一つには，イントロンを除去するスプライシングを利用して，わざとエキソン部分も欠落させることで，一つの遺伝子から複数のタンパク質を作ることができるという説がある。後者については，実際に「選択的スプライシング」という現象が知られている。

38.2 エンハンサーは，遺伝子発現を促進するはたらきを持つ DNA 上の領域のことで，プロモーターより遠く離れた遺伝子の 5′ 側の上流に存在することが多いが，中にはイントロンや，遺伝子の 3′ 側の下流に存在するものもある。エンハンサーにはアクチベータータンパク質が結合し，メディエーターを介してプロモーター上の転写開始前複合体と相互作用することで，転写開始反応が促進される。

38.3 ④

アクチベーターはエンハンサーに結合する。

39.1 よく発現する遺伝子が多く存在するクロマチンは，全体的な構造がゆるやかにほどけ，基本転写因子や RNA ポリメラーゼなどがプロモーターなどにアクセスしやすい状態になっており，そうしたクロマチンがユークロマチンである。一方，発現する必要のない遺伝子が多く存在するクロマチンは凝縮した状態となっており，転写因子などが容易にアクセスできない状態になっている。このようなクロマチンがヘテロクロマチンである。

39.2 ③

①は「アクチン」→「ヒストン」，②は「ヘテロクロマチン」→「ユークロマチン」，④は「RNA」→「DNA」，⑤は「ユークロマチン」→「ヘテロクロマチン」が，それぞれ正しい。

39.3 DNAがヒストンに巻きついていることで，そのヒストンを遺伝子発現のコントロールに利用することが可能となる。ヒストンの性質を変えてDNAとの結合を緩めたり，きつくしたりすることで，遺伝子発現を行うための転写因子などの物理的なアクセスを調節することができ，DNAの塩基配列が同じでも，細胞によってヒストンの性質を変えることで，遺伝子発現の有無や高低を調節することができる。

40.1 置換は，主にDNA複製の際に起こるDNAポリメラーゼによる複製エラーに起因し，複製エラーが修復されずにDNAに固定されることで生じる。ほかにも，損傷乗り越え修復時に誤って複製され，固定されることもある。DNAのある塩基対が別の塩基対に変化してしまうものであり，一つの塩基対のみの置換から複数の連続した塩基対の置換まで，さまざまなものが知られている。

40.2 ①

②は,「塩基対」が欠落するのが正しいため,“歯抜け”にはならない。③は，染色体だけでなく，遺伝子やゲノム単位のコピーも重複であり，正しくない。④は，ほとんどの複製エラーはエキソヌクレアーゼやミスマッチ修復等により修復されるので，正しくない。⑤は，「転座」→「逆位」が正しい。

40.3 ① 挿入　② 欠失　③ 逆位

41.1 ミスマッチ修復は，DNA複製の際に生じた複製エラーによって，通常の塩基対とは異なる「ミスマッチ塩基対」が生じると，これを認識して修復するメカニズムである。

41.2 紫外線照射によるチミンダイマーなど，複製を介さずに生じた様々なDNAの修飾は，ヌクレオチド除去修復により修復される。修飾によるDNAの「ゆがみ」を認識し，修復するメカニズムであり，修飾されたヌクレオチドを含む広い範囲のDNAが取り除かれ，新たにDNAが合成される。

41.3 ①

複製エラーを起こした直後にはたらくのはエキソヌクレアーゼであり，ミスマッチ修復はむしろ複製後にはたらく修復メカニズムである。

42.1 ある生物種の集団のある特定の塩基配列に注目した場合，1％未満の複数の個体の塩基配列に何らかの違いがある場合，それは変異とみなされる。変異は，ある個体の生殖細胞系列で突然変異により変化した塩基配列が子孫へと受け継がれたことを意味する。変異は，遺伝子流動によって集団内で拡散していくが，それが1％以上の個体にまで見られるようになった場合，多型とみなされる。

42.2 多型のうち，1個の塩基のみが別の塩基に変化しているものを一塩基多型（SNP）という。心筋梗塞をはじめとする生活習慣病において，ある特定の遺伝子にある一塩基多型が病気のなりやすさに関与している事例が多数報告されている。身近な一塩基多型の代表は，アルコールの代謝をつかさどる遺伝子の多型であり，あるタイプではアルコールの代謝産物であるアセトアルデヒドを分解する酵素の能力が高いが，あるタイプでは酵素の能力が低いことが知られ，いわゆる「上戸」「下戸」はこの遺伝子の一塩基多型がもたらしていると考えられている。

42.3 皮膚の色・瞳の色・髪の色・鼻の高さ　など。

5章　生物の発生

43.1　突然変異やウイルスやファージ，トランスポゾン，プラスミドなどの関与。

43.2　2^{23}（2の23乗，$2^{23}=8{,}388{,}608$，約八百四十万）通り以上。

43.3　2^{46}（2の46乗，$2^{46}=70{,}368{,}744{,}177{,}664=7.0\times10^{13}$，約七十兆）通り以上。

43.4　無性生殖は遺伝的に同一の個体を，多数容易に得る事ができる。短期間に多個体の集団になりうる。ただし，遺伝的同一性が，環境の変動などへの適応能力を狭めるため，集団全体の消滅などの危険性を伴う。

有性生殖は，2つの生殖細胞が出会い，接合や受精に成功しなければ，次世代が出来ない。機構も複雑になり，無性生殖よりも長期間が必要で生じる個体数も少ない傾向がある。しかし，遺伝的多様性が，個体の種類の豊かさとなり，多種多様な状況への種として適応を保証することとなる。

43.5　単為生殖とは，有性生殖において，雌性配偶子，卵のみで発生が進み，個体と成る場合を指す。ミツバチを例にとると，女王蜂と働き蜂は受精卵から発生した二倍体の雌であるが，雄蜂は一倍体である。卵が受精することなく，単為生殖するとミツバチの雄となる。

44.1　10 kb÷100＝100回

44.2　20 kb÷100＝200回

44.3　生殖細胞にはテロメラーゼ活性があり，テロメアを再生していると考えられる。

44.4　DNAポリメラーゼ。開始末端を必要とし，5′末端から3′末端の方向に合成し，逆向きには合成できない。このため，プライマーRNAの助けを借りるが，5′末端には，DNAで埋められない部分が残る。

44.5　体細胞の寿命延長が予想されるが，個々の体細胞の寿命が延びても，個体全体としては細胞分裂の制御に異常を来たすことになり，癌化などに結び付く。癌細胞では，テロメラーゼ活性が高い傾向がある。

45.1　正常な発生が出来ないと予想される。そのため，多精拒否の機構が存在する。精子が卵に入るとCa^{2+}の波が伝わり，未受精卵から受精卵への激変が生じ，卵の膜も変化して，実際には複数の精子は入れなくなる。

45.2　被子植物の受精を例に考える。卵細胞は胚珠内に存在し，花粉が付く柱頭とは，離れている。花粉内で，精細胞が分化しても，それを卵細胞まで送り届けなければならない。このため，花粉は花粉管を伸ばし，卵細胞の両横の助細胞に誘引され，卵細胞へと導かれる。精細胞は花粉管内を運ばれ，卵細胞との受精に至る。また，もう一つの精細胞が胚乳核と受精し（重複受精）胚の発達に必要な胚乳の発達も促す。

46.1　卵割によって，2細胞期，4細胞期，8細胞期，16細胞期と発生が進んでいくため，割球の数が，2^nであらわされるのである。

46.2

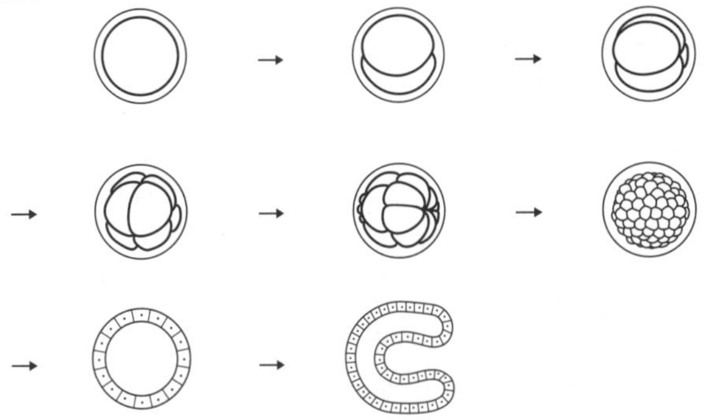

46.3

ア　節足動物　　イ　軟体動物　　ウ　環形動物
エ　線形動物　　オ　扁形動物　　カ　脊椎動物
キ　棘皮動物　　ク　旧口動物

47.1　消化器官，呼吸器官，分泌腺

47.2　骨格，筋肉，循環器官，生殖器官，腎臓

47.3　イモリの胞胚の細胞に無害な色素で染色を行った。その後，一定の間隔をおいて細胞を切断し，細胞の動きを観察した（局所生体染色法）。

47.4　移植された細胞は，神経になるはずであったが，神経とはならず，移植された周囲の細胞と同じ表皮となった。このことから，原腸胚の初期には，各細胞は運命決定の前であることがわかる。

48.1　羊膜があることで羊水を蓄えることができ，受精と発生の環境が整う。多様な外界で，受精，発生が可能となり，活動の場所が広がる。

48.2　いずれも水が中に入るのを防いでいるが，気体は通り抜けることが可能である。

48.3　尿膜が胚の老廃物を蓄えることができなければ，血液の中に老廃物が溜まり，胚に有害な状態となっていくのである。

48.4

ア　尿膜　　イ　羊膜　　ウ　漿膜　　エ　卵黄膜

49.1

ア n　イ n　ウ $3n$　エ $2n$

49.2 胞子体

49.3 花粉は，種子植物における雄の配偶体であり，胚珠は，種子植物における雌の配偶体を含む胞子体である。

49.4 胚は，若い胞子体であり，胚乳は栄養を蓄えている。発芽の際に，胚乳の栄養が使われる。種皮は，乾燥などの外界の厳しい環境から胚を守っている。

50.1

例①　赤血球；ヒトの場合，成熟赤血球は無核なので，細胞分裂も脱分化，再分化も不可能である。

例②　リンパ球B細胞；抗体遺伝子のDNA再編成（rearrangement）によって，ゲノムが改変されているため。

50.2 臓器移植では，腎臓や心臓など移植臓器そのものが，提供者からレシピエントの体内に移っても，本来の機能を果たす事が重要である。骨髄移植は，移植された骨髄に含まれる造血幹細胞が，新たに血球成分を作り，患者の白血病などを治療する事が目的である。末梢血の白血球では，幹細胞を供給できない。

51.1 発生初期に多核のシンシチウム，すなわち卵全体に細胞の仕切りがない状態を経る。胚全体が1つの細胞のような状態なので，細胞質のmRNAの分布の局在など，卵の中での物質の濃度勾配が，細胞の分化に大きく影響しやすいと考えられる。第13分裂の後に，約6000個の細胞に分かれる。

51.2 生殖細胞の発生過程には母由来のRNAが関与する。このRNAの濃度勾配がタンパク質の分布の相違をもたらし，遺伝子発現を制御する。紫外線で母由来のRNAが損傷を受けたため，生殖細胞の発生が阻害されたと考えられる。

51.3 背骨（脊椎骨）や脊髄神経。約30個の脊椎骨と，対応する31対の脊髄神経が存在（下表参照）。

52.1 すべて葉となり，花は出来ない。

52.2 遺伝子BとCの発現のみとなる。このような変異体では，B+CとCの発現領域のみとなり，花弁とがくがなく，雄しべと雌しべのみの花と成る。

52.3 遺伝子AとCは拮抗的であり，遺伝子Bの欠損では，AとCの発現のみとなる。花はがくと雌しべだけとなる。

52.4 遺伝子Cの欠損では，A，A+Bとなり（遺伝子Bのみの発現領域は無い），がくと花弁のみの花となる。この例は，八重咲きの花をよく説明している。「七重八重　花は咲けども山吹の　実の一つだに無きぞかなしき」（太田道灌伝，後拾遺和歌集　兼明親王作）。花びらは多くとも，雄しべ雌しべが無いため実の一つだに成らないのである。

52.5 この変異体では表皮細胞すべては根毛を形成する。根毛の分化は，表皮細胞よりも内側の皮層細胞との相互作用が関連する。

53.1 エピジェネティクスとは，遺伝学（ジェネティクス）と後成説（エピジェネシス）とが結びついて提唱された学問で，生物個体の発生において，遺伝的要素としてのDNAのありよう（遺伝子発現の様子など）が，後天的に変化することを研究する分野である。

53.2 ヒストンのアセチル化・ヒストンのメチル化・DNAのメチル化・ヒストンの脱アセチル化　など。

53.3 答えは③である。①は，「内部の」→「外部に突き出た部分」，②は，「相互作用が強固となり，遺伝子発現は抑制される」→「相互作用がゆるくなり，遺伝子発現は促進される」，④は，「ユークロマチン」→「ヘテロクロマチン」が，それぞれ正しい。⑤は，一卵性双生児でも年をとるにつれて，エピジェネティックな変化に相違がみられるようになるので，正しくない。

54.1 哺乳類の代表的なインプリント遺伝子に，*Igf2* 遺伝子ならびに *H19* 遺伝子がある。*Igf2* 遺伝子は，イン

脊椎骨（骨格）	脊椎（中枢神経）	脊椎神経（末梢神経）
頸椎（7個）	頸　髄	頸神経（8対＊）
胸椎（12個）	胸　髄	胸神経（12対）
腰椎（5個）	腰　髄	腰神経（5対）
仙骨（5個が合体）	仙　髄	仙骨神経（5対）
尾骨（3〜5個が合体）	尾　髄	尾骨神経（1対）
＊第一頸椎は上下から神経が出るため，頸椎の数よりも頸神経の数が1つ多い。		

スリン様成長因子をコードする遺伝子で，精子由来の染色体でしか発現しない。一方 *H19* 遺伝子の役割は不明だが，胎児の成長に必須であることが知られており，卵由来の染色体でしか発現しない。胎児の成長は，両方の遺伝子が発現しないと正常に起こらないため，精子と卵が受精することが必須である。このように，精子に由来するゲノムか卵に由来するゲノムかによって遺伝子発現が異なる調節を受ける現象がゲノム・インプリンティングであり，哺乳類の生殖にとって極めて重要である。

54.2　答えは⑤。

①は,「一個の卵のみ」→「二個の卵から」, ②は,「*H19*」→「*Igf2*」, ③は,「17 番」→「7 番」が，それぞれ正しい。④は，両遺伝子は別の染色体にあるのではなく，両遺伝子とも同じ染色体の近傍に位置するので，正しくない。

54.3　精子由来の染色体では，7 番染色体の DMD 領域が高度にメチル化されており，これによって *H19* 遺伝子発現が抑制されている。

55.1　受精卵クローンは，受精卵からある程度育った後の細胞（割球）をばらばらにし，それぞれの割球から個体をつくる方法であり，子には通常の有性生殖と同様，両親の遺伝子が混ぜ合わされて存在するが，体細胞クローンは，親の体細胞の核を未受精卵の細胞（核を抜いたもの）に移植したものからつくられるため，子は親の完全なクローンである。

55.2　答えは②。正しくは,「受精卵」ではなく, 別の「未受精卵」から核を抜いた細胞に移植された。

55.3　生物学でいうクローンとは，正確には「遺伝的に同一である個体や細胞の集合，もしくはその個体や細胞そのもの」を指す。ドリーのように，個体レベルでのクローンもあれば，培養細胞や大腸菌など，細胞レベルのクローンもある。

55.4　ソメイヨシノ（桜）・挿し木によって植え継がれる栽培植物・切断実験に用いて再生されたプラナリア・古いパンの表面にできるカビのコロニー　など。

6章　体の成り立ちと反応

56.1　神経細胞は，①感覚神経細胞（感覚ニューロン），②運動神経細胞（運動ニューロン），③介在神経細胞（介在ニューロン）の3つに分けられる。

56.2　刺激を受けて発生する活動電位の大きさはいつも一定で，刺激をいくら強くしても大きさは変わらない。つまり，ある強さの刺激以下では，全く活動電位は発生しないが，それを越える大きさの刺激に対しては，刺激の強さにかかわらず同じ大きさの活動電位が発生する。興奮は，あるか，ないかのどちらかなのである。これを「全か無の法則」という。

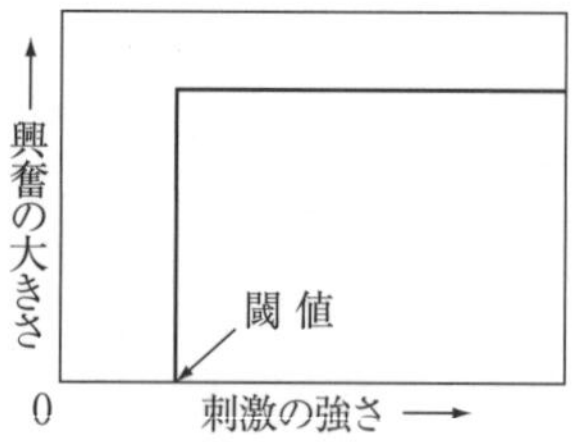

図　全か無の法則

56.3　興奮が起こる最小の刺激の大きさを閾値《いきち》（限界値）という。その刺激の大きさは，刺激の強さ×作用時間で表される。刺激が弱いときは長時間を必要として，強いときには短時間でよいことになる。

56.4　軸索のある部分に活動電位が発生して興奮すると，その部分と隣接部との間で活動電流が流れ，それによって隣接部が刺激され興奮する。このようにして興奮は次々と隣接部に伝わっていき，軸索上を伝わっていく。これを興奮の伝導という。

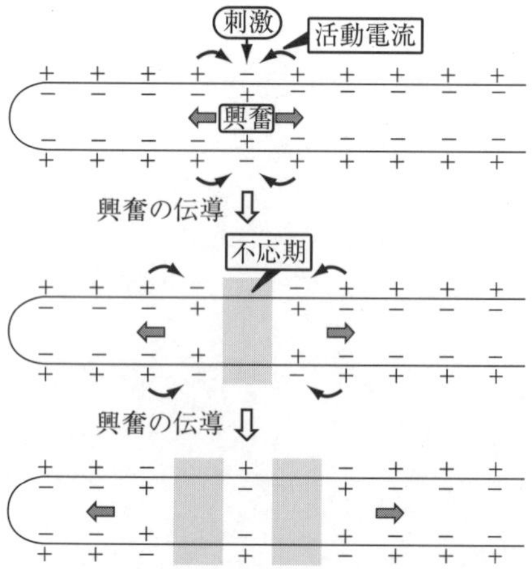

図　興奮の伝導

57.1　脳は，その機能によって大脳，間脳，小脳，脳幹に区分される。さらに脳幹は，中脳・橋・延髄に分けられる。橋は脳の両半球を接合している。

57.2　すべての脊椎動物では，神経系は頭部に集中し，中枢神経と末梢神経が明瞭に区別される。

57.3　ヒトの大脳皮質の各半球は，前頭葉，側頭葉，頭頂葉，後頭葉の4つの葉に区分されている。各葉は特殊な機能を担っており，随意運動と認識機能を制御している。特別な感情情報を受け取る感覚野，脳のいろいろな場所からの情報を統合する連合野などがある。

57.4　脊髄は，脳の延髄から続き，脳とともに中枢神経を構成している。また，脳とからだの各部からの興奮の中継を行う。

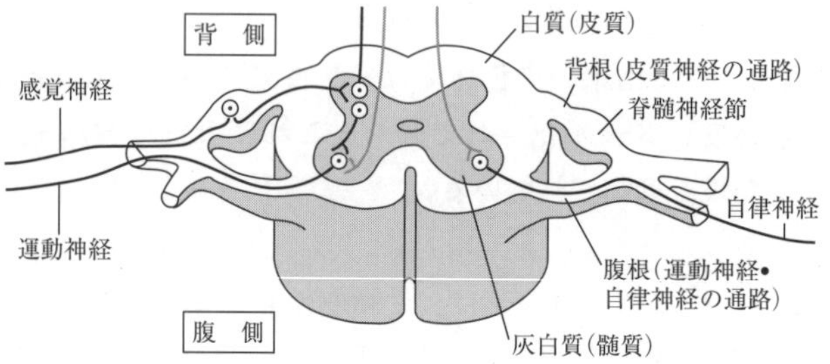

図　脊髄の構造

58.1　次のように示される。

- 集中神経系（脊椎動物）
  - 中枢神経系
    - 脳
    - 脊　髄
  - 末梢神経系
    - 体性神経系
      - 運動神経
      - 感覚神経
    - 自律神経系
      - 交感神経
      - 副交感神経

図

58.2　ヒトの神経系は，中枢神経系と末梢神経系から構成される。さらに末梢神経系は，体性神経系と自律神経系に区別される。体性神経系には，刺激を末梢から中枢へ伝える感覚神経がある。

58.3　感覚は，感覚細胞を通じて脳に到達する活動電位である。いったん脳がその感覚を認識すれば，脳はそれを解釈し，刺激を知覚する。色，匂い，音，味などの知覚は，脳において構築されたものである。感覚受容器とよばれる感覚細胞によって刺激が感知される。

58.4　ヒトの例として，次があげられる。機械受容器：触覚や音，化学受容器：血液中のグルコースや二酸化炭素，電磁気受容器：光，温度受容器：熱や冷たさ，痛感受容器：痛み

58.5

①　感覚変換

感覚受容器が刺激のエネルギーを膜電位変化に変換することを感覚変換という。このときの膜電位変化は

受容器電位とよばれ，その大きさは段階的に刺激の強さによって変化する。

② 増幅

感覚経路中にある細胞によって刺激エネルギーが増強されることを増幅という。たとえば，眼から脳に伝達される活動電位は，それを誘発するわずかな光量子の10万倍大きいエネルギーを持っている。

③ 伝達

刺激のエネルギーが受容器電位に変換されると，活動電位が中枢神経系に伝達される。

④ 統合

感覚情報が受け止められると，情報の伝達と統合がただちに開始される。

59.1 末梢神経系は，体性神経系と自律神経系に区別される。体性神経系は，運動や感覚のような意識に関する神経系である。興奮を中枢から末梢神経へ伝える運動神経と，末梢神経から中枢へ伝える感覚神経がある。大脳の運動中枢から伝えられた刺激は，脊髄から運動神経を経由して随意筋などの効果器に伝えられる。

59.2 ヒトの神経系は，中枢神経系と末梢神経系から構成される。さらに末梢神経系は，体性神経系と自律神経系に区別される。体性神経系には，興奮を中枢（脳と脊髄）から末梢へ伝える遠心性神経系と，末梢（受容器）から中枢へ伝える求心性神経がある。遠心性神経系を運動神経，求心性神経を感覚神経という 。

59.3 受容器から刺激を受けてから効果器で反射が起こるまでの経路を反射弓という。

59.4 反射は大脳以外の脊髄，延髄，中脳が中枢となる反応である。

① 脊髄反射

膝蓋腱反射，屈筋反射などがある。屈筋反射の例として，熱いものに触れたとき，思わず手を引っ込めることがあげられる。屈筋反射では，脊髄の中で介在神経を通して興奮が伝わるため，経路中のシナプスは2個である。

反射弓は次のようになる。

〔刺激〕⟶手などの感覚細胞⟶感覚神経⟶脊髄（背根⟶灰白質⟶介在神経⟶腹根） 運動神経⟶腕の筋肉（屈筋）⟶〔反応〕

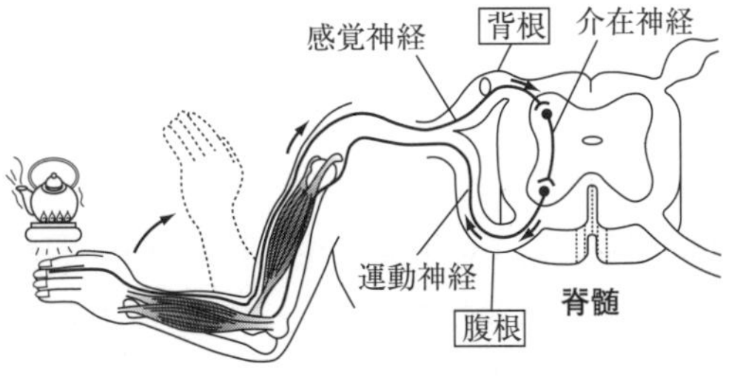

図 屈筋反射の興奮伝達経路

② 延髄反射

だ液の分泌，涙の分泌，せきやくしゃみなどがある。

③ 中脳反射

虹彩による明暗調節，目の前にものが飛んできたときにまぶたが閉じる眼瞼反射などがある。斜めの板にカエルをのせるとからだを水平に保とうとする反射も中脳反射である。

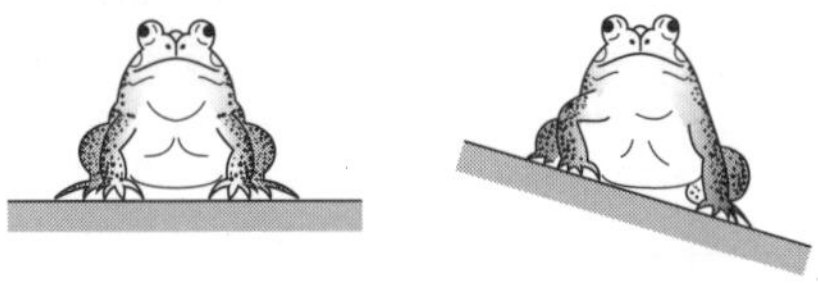

図 かえるの姿勢保持の反射

60.1

表 交感神経と副交感神経のはたらき

組織・気管		交感神経	副交感神経
目	涙腺(分泌)	軽度の促進	促　進
	ひとみ(瞳孔)	拡　大	縮　小
皮膚	汗腺(発汗)	促　進*	——
	立毛筋	収縮(鳥肌)	——
循環	心臓拍動	促　進	抑　制
	体表の血管	収　縮	——
	血　圧	上　昇	低　下
呼吸	呼吸運動	速く・浅く	遅く・深く
	気管・気管支	拡　張	収　縮
消化	だ液腺(分泌)	促進(粘液性)	促進(酵素を含む)
	消化管の運動	抑　制	促　進
	消化液分泌	抑　制	促　進
ホルモン	すい臓	グルカゴン分泌	インスリン分泌
	副腎髄質	アドレナリン分泌	——
生殖	子　宮	収　縮	拡　張
排尿	ぼうこう	弛　緩	収縮(排尿促進)
	ぼうこう括約筋	収　縮	弛緩(排尿促進)
排便	肛門括約筋	弛　緩	弛緩(排便促進)

＊交感神経であるがアセチルコリンを分泌する。

60.2 間脳には多くの感覚の情報が集まっている。間脳の視床下部には自律神経系を統合的に支配する中枢があり，感覚情報に応じた指令を交感神経や副交感神経に送っている。ほとんどすべての器官は交感神経と副交感神経の両方の支配を受けており，この2つの神経系のはたらきを拮抗作用という。

61.1 次のように示される。

光刺激⟶角膜⟶ひとみ⟶水晶体⟶ガラス体⟶視細胞⟶視神経⟶神経中枢（大脳）⟶視覚

61.2 人の目の遠近の調節は，水晶体の屈折率を変えることによっておこなっている。遠くを見るとき水晶体がチン小帯に引かれて薄くなり焦点距離が長くなる。近く

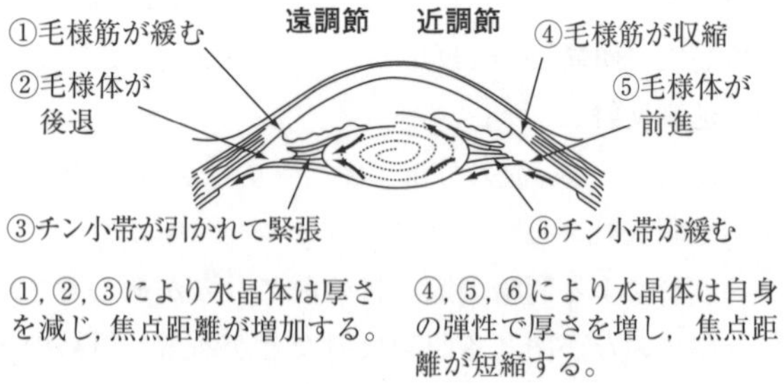

図　ヒトの目の遠近調節

を見るときチン小体がゆるみ，水晶体自身の弾性で厚くなり焦点距離が短かくなる。

61.3　盲斑の部分には視細胞が存在しないので，そこに結ばれる像は視覚として認識されない。次のようにして盲斑があることを調べることができる。

①　下図の＋印が右目の正面にくるように本を持つ。

②　左目を閉じて，右目で＋印を注視したまま，下図を近づけたり遠ざけたりする。

図　盲斑の確認

③　○印が見えなくなる位置を探す。その位置が○印の像が盲斑上に結ばれる位置である。

62.1　聴覚器のうずまき管は，中耳の耳小骨と卵円窓で接し，振動を受けとる。卵円窓の振動は前庭階の外リンパを経て鼓室階の外リンパに伝わり，それによって基底膜が振動する。この振動によって，コルチ器の聴細胞がおおい膜と接触して興奮を起こす。この興奮が聴神経を通じて大脳に伝えられて，聴覚が生じる。

62.2　ヒトの平衡感覚の受容器は前庭と半規管にある。前庭には，通のうとよばれる膨らみがあり，通のうの下面に感覚毛をもつ受容細胞がある。からだが傾くと平衡砂が動いて感覚毛を曲げ，これが刺激となって受容細胞に電位変化が生じる。情報は前庭細胞によって脳に伝えられ，大脳で体位変化の感覚が起こる。

半規管の膨らんだ根もとに感覚毛をもった受容細胞があって，内リンパの動きによって回転の感覚が起きる。この刺激を受容細胞が受容し，その興奮が前庭細胞を経て大脳に伝えられて，前後・左右・水平の3方向の回転や早さの感覚が起こる。

63.1　平滑筋は，消化管などの内臓や血管壁にある筋肉である。ゆるやかな持続的収縮をおこい疲労しにくい。横紋筋には，規則的な横じま（横紋）が見られ，敏速に収縮し疲労しやすい。心筋には横紋が見られるが，例外的に不随意筋である。

63.2　骨格筋の筋原繊維は，アクチンというタンパク質でできた糸（フィラメント）と，ミオシンとよばれるタンパク質でできた糸（フィラメント）が規則正しく平行に配列している。その配列から，骨格筋には明暗の横じま（横紋）が見られる。

63.3　骨格筋の収縮は，ミオシンフィラメントの間にアクチンフィラメントが滑りこむために起こる。フィラメントどうしが滑りあうために，弛緩時と収縮時とで各フィラメントの長さは変わらない。ミオシンフィラメントがアクチンフィラメントをたぐりよせ，サルコメアの距離が短くなって筋収縮が起こる。

64.1　血管は，動脈，静脈，毛細血管に分けられる。心臓から血液が出ていく血管が動脈，血液が心臓にもどってくる血管が静脈である。動脈の壁は静脈より丈夫にできていて，弾力性が高い。静脈には，逆流を防ぐ弁がある。毛細血管は，動脈と静脈をつなぎ，組織と接触する微細な血管である。毛細血管の壁は，1層の内皮細胞の層でできている。

64.2　ヒトの血液の循環では，肺にいく肺循環と，からだの各部にいく体循環とに分けられる。肺循環は，心臓から肺を経由してガス交換後に心臓へもどってくる血液の循環である。酸素含有量が多くて鮮紅色をした血液を動脈血，酸素を失って暗赤色をした血液を静脈血という。肺循環では，肺動脈に静脈血，肺静脈に動脈血が流れる。体循環は，心臓から肺以外のからだの各部を経由して心臓にもどる血液の循環である。

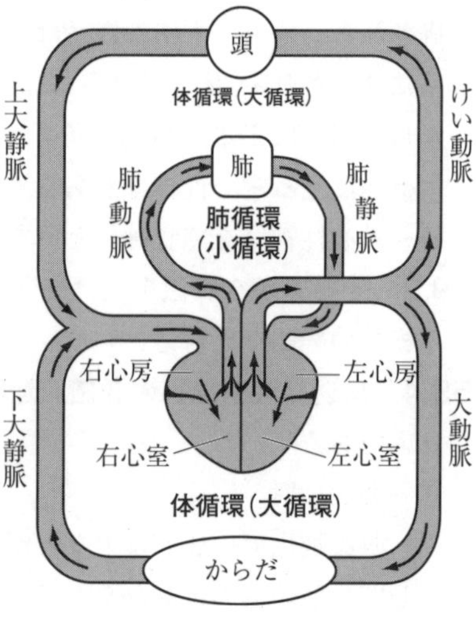

図　肺循環と体循環

65.1　生体内の代謝によってできる産物のうち，生体にとって無用なものを老廃物という。好気呼吸では，ATPと二酸化炭素と水ができるが，このうち二酸化炭素は老廃物である。同じようにアミノ酸が呼吸基質として使われると老廃物としてアンモニアが生じ，これは肝臓で害の少ない尿素に変えられて血液中に放出される。尿素もまた老廃物である。

65.2　老廃物を体外へ排出することを排出，体液中の老廃物をこし取るはたらきをしている器官を排出器という。ヒトの排出器は腎臓である。

65.3　腎臓の糸球体では，血漿中のグルコース・無機塩類・尿素・水などはほとんどボーマン嚢にこし出される。こし出されたものを原尿という。

65.4　原尿が腎細管を通る間に，いったんこし出された成分のうち，グルコース・水・無機塩類は，腎細管を取り巻く毛細血管中に吸収される。これを再吸収という。

66.1　動物には器官が多数あり，共通したはたらきを共同して行ういくつかの器官をまとめて器官系という。内分泌系は内分泌腺で構成され，ホルモンによる調節作用をおこなう。ヒトの内分泌腺には脳下垂体，甲状腺，副甲状腺，副腎，膵臓のランゲルハンス島，精巣，卵巣などがある。

66.2　ホルモンはからだの特定の部分でつくられ血液や体液中に分泌される化学物質である。からだの他の部分に運ばれ，特定の組織や器官の活動に影響を与える。ホルモンは，ごく微量で強いはたらきを示す。成長ホルモン，チロキシン，インスリン，グルカゴンなどがある。

67.1　イネのバカ苗病菌から分離された物質で，次のはたらきがある。

① 茎の細胞の成長を促進し，植物の丈を高くする。（ジベレリンを合成できないために成長できない）矮性植物を正常な丈に成長させる。

② めしべなどでの細胞分裂を促進する。また，未受精の子房壁にはたらいて発育を促進するので，種なしブドウなどの種子のない果実をつくるのに利用されている。

③ 休眠している種子や芽にはたらいて，発芽を促進する。

④ 花芽の分化を促進して，花芽をつくり開花させる。

67.2　オーキシンの存在下で植物培養組織の細胞分裂を促進する物質としてカイネチンが発見された。このカイネチンと構造が似ており，同様に作用を持つ天然物質の総称がサイトカイニンである。サイトカイニンには次のようなはたらきがある。

① オーキシンの存在下で，細胞分裂を促進したり，器官の分化にはたらいたりする。

② オーキシンの頂芽優勢のはたらきを抑え，側芽の成長を促進する。

③ 葉の成長を促進する。色素の分解を抑えて，葉の緑色を保つはらたきがある。

④ 孔辺細胞にはたらいて気孔を開かせる。

67.3　気体の植物ホルモンで，果実の成熟が始まる直前に多量に合成されて果実の成熟を促進する。

67.4　種子・球根・頂芽の発芽を抑制して休眠させるはたらきがある。また水分が欠乏すると急速に合成されて，気孔を閉ざすはたらきがある。植物の光合成の機能が低下すると，アブシシン酸が合成されるようになり，さらにアブシシン酸はエチレンの合成を誘導する。離層形成部位にエチレンがあると，その細胞から細胞壁分解酵素が分泌され，これにより葉を茎にとどめている細胞壁が溶解され，落葉が起こる。

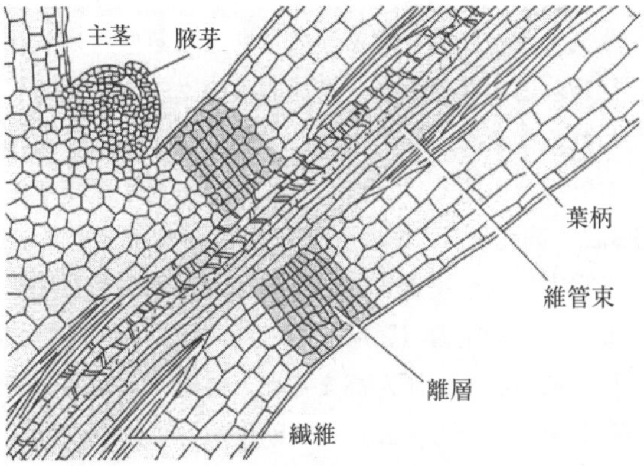

図　葉柄の離層

68.1　秋まきコムギは冬の低温にさらされないと開花結実しない。これは，低温が花芽形成に必要な生理的変化をコムギにおこさせているためと考えられ，このような現象を春化という。また，春に芽生えたものでも，人工的な低温に一定期間おいてから畑に植えると開花結実させることができる。このような処理を春化処理という。

68.2　水は，植物にとって次のことから重要であるといえる。

① 植物体を構成している細胞の膨圧を維持し，植物体の形態を維持する。水が不足すると，細胞の膨圧ができなくなってしおれが起きる。

② 太陽光，二酸化炭素と共に光合成に必要である。

③ 土壌から無機塩類を吸収するためには，水に溶けた状態で根から吸収する必要がある。

④ 葉からの蒸散によって，植物体の温度調節をおこない，さらに根から水を吸収するための原動力を生み出して，体内の水分上昇をおこなう。

68.3　植物体から水が水蒸気となって蒸発する現象を蒸散という。蒸散には，葉の表面のクチクラを通しておこなわれるクチクラ蒸散と，気孔からおこなわれる気孔蒸散がある。光合成や呼吸のガス交換のために，葉肉細胞の表面は常に水でぬれているので，細胞間も水蒸気で飽和した状態にある。ガス交換のために気孔を開くと，水蒸気も気孔から外界へと拡散していく。これが気孔蒸散である。

69.1 植物は，土壌中の水分を根の先端付近にある根毛や根の表皮細胞から吸収する。根からの吸水は，根毛細胞や表皮細胞の浸透圧が外圧よりも高いために起こる。吸収された水は、根の組織細胞のそれぞれの浸透圧の差によって，根毛，表皮細胞，皮層，内皮，道管（仮導管）へとおし上げる。このおし上げる力が根圧である。根圧は根の吸水によって生じる。水分の上昇は，根圧のほかに，水分子どうしが引き合う力である凝集力や蒸散でも起こる。蒸散は植物体から水が水蒸気となって蒸発する現象である。蒸散には気孔から行われる気孔蒸散と，葉の表面のクチクラを通して行われるクチクラ蒸散がある。蒸散によって植物体内の水分が減少することによって水分の上昇が行われる。

69.2 気孔は，2個の孔辺細胞に囲まれている。植物細胞内に水が浸透すると，内部から細胞壁を押し広げようとする圧力（膨圧）がはたらく。孔辺細胞が吸水して細胞内の膨圧が高まると，外側にわん曲して，気孔が開く。一方，孔辺細胞が脱水して膨圧が低下すると，気孔側の厚い細胞壁の弾性でもとの形にもどり，気孔が閉じる。

気孔の開閉には，アブシシン酸とサイトカイニンの2つの植物ホルモンが関係している。植物体が水不足の状態になるとアブシシン酸が合成され，孔辺細胞の脱水を促し，急速に膨圧が低下して気孔を閉じる。サイトカイニンは，気孔を開くはたらきを行う。

69.3 蒸散量は，光や風・湿度などの環境の影響を受けて変化する。光をたくさん受ける晴れの日には光合成が盛んで，気孔を開いて酸素や二酸化炭素を出し入れする。それとともに蒸散が起こり，温度の上昇を防ぐ。風があると，気孔付近の空気が移動し，蒸散量が増加する。空気が乾燥すると，気孔を閉じ，過度の蒸散が防がれる。

7章 免　　疫

70.1　白血球，特に好中球が細菌感染の炎症部の傷に集まり，貪食作用で細菌を取り込み，リソソームで分解する。これら好中球や細菌の死骸が膿であり，細胞と細菌の戦いの表出である。自然免疫，非特異的免疫の例。

70.2　発熱するのも，病原ウイルスと戦うための生体防御の方策の一つとなっている。マクロファージなどがウイルスを捕え，ウイルスの増殖を抑えるため生体に発熱を促す。視床下部の体温調節中枢が，感染に対し，体温を上げようとする。

71.1　取り込まれた異物を含む小胞は，細胞内のリソソームと融合する。異物はリソソーム内の酵素による分解などを受け処理される。

71.2　好中球は白血球の60～70%を占め，食作用を行うが，その後好中球自体が細胞死しやすく，寿命が数日と短い。細菌感染で化膿した傷口には，好中球の死骸が含まれる。たとえれば，好中球は戦って討ち死にをする細胞である。(DNA発見者のミーシャーが，材料に用いたのは膿の付いた包帯であった)

白血球の5%ほどを占める単球から派生したマクロファージは，食作用により分解した異物の一部を，細胞表面に提示して，さらに獲得免疫を賦活《ふかつ》する役割を持つ。好中球よりも多くの異物を貪食可能で，寿命も数日から数カ月，あるいは年単位と，長い。

71.3　風邪は，一種類の病気ではなく，原因はさまざまである。原因がウイルスの場合でも，アデノウイルスやライノウイルスなど多種類であり，それぞれウイルスの型も多数存在する。異なった原因で，類似した風邪の症状を来たす場合がある。

インフルエンザは，インフルエンザウイルスの引き起こす疾病である。インフルエンザウイルスゲノムは，8個の分節の（-）ss RNAからなる。複数の型が存在する上に，ゲノムが分節構造のため，宿主内で異なるウイルス間での分節の交換が起こる可能性があり，また，ゲノムがRNAのために変異しやすい。このため，異なった型のインフルエンザには以前の免疫が効かないことになる。

72.1　白血球の一種でT細胞やB細胞から成る細胞がリンパ球である。

リンパ管はリンパ球が流れる管で，毛細血管から浸潤して組織に留まった血液成分の一部を集めて，静脈へと戻す系である。ヒトの血管は閉鎖系であるが，リンパ管は動脈系がなく，毛細リンパ管の末端は組織に開口している開放系である。最終的にリンパ管は，頸部の静脈に合流する。

リンパ管を流れる液がリンパ液であるが，液体成分とリンパ球両方を指す場合も少なくない。

リンパ節は，リンパ管の各所に存在し，リンパ球を多数含み，病原性微生物や異物に対する免疫反応の場となっている。リンパ節はリンパ液を濾過し，異物を血液循環に入れないための関門としての機能をもつ。リンパ節はリンパ腺とも呼ばれる。

72.2　B細胞は骨髄(bone marrow),T細胞は胸腺(thymus)で分化する。

72.3　B細胞から分化する。

73.1　涙，鼻や喉の分泌液，母乳など。目は外界に無防備に露出しているようだが，涙に抗体が含まれ，感染防御に役立っている。鼻や喉も，呼吸や摂食に伴い，外界の様々な病原微生物などと接する可能性がある。体内に取り込む前に，対処する必要がある。母乳にはIgAが含まれ，哺乳により乳児に移行し，免疫系が未発達な乳児を微生物感染などから守る。

73.2　形質細胞は粗面小胞体が発達し，免疫グロブリンを多量に合成するようになる。

73.3　ヘルパーT細胞。

73.4　T細胞受容体（TCR）；T細胞の表面のタンパク質で，特異的抗原と相互作用する。

サイトカイン産生能；微量で細胞間相互作用を引き起こす，インターロイキンやインターフェロンなどのさまざまな生理活性をもつサイトカインを作る。

サイトカインとは，cyto細胞kine動きの意味で，細胞が作り他の細胞に働きかける物質である。インターは細胞間，ロイキンは白血球leukocyteの意味を含み，インターフェロンinterferonはinterfere干渉阻害するなどの意味に由来する。

73.5　T細胞受容体（TCR）が反応する抗原は，遊離の抗原ではなく，抗原提示細胞にMHC(7.5, 7.6参照）を介して提示された分子である。TCRは，自身のMHCと，提示された抗原の両方を認識して，初めて細胞性免疫が機能する。

74.1　一般に輸血は，赤血球を補給するために行われる。赤血球にはMHCがない。赤血球表面のA，B抗原およびRh式のD抗原と，輸血を受ける側の血液型，血漿の抗体の有無を確認する。

白血球は重篤な拒絶反応やGVH（移植片体宿主）反応を引き起こす可能性があるため，輸血の血液から除去する必要がある。濾過や放射線照射で白血球を除去する。血小板にはMHCクラスⅠが存在する。血液凝固因子の供給を目的とするが，MHCの影響を考慮しなければならない。

74.2 拒絶反応は，非自己の皮膚や臓器などを移植された場合，MHCの相違で免疫反応が引き起こされ，移植片を攻撃する反応。

GVHは，他者の白血球など免疫系の細胞が移植された場合，移植片側が，宿主に対して免疫反応を起こし，移植片が宿主を攻撃する反応。

75.1 どちらも造血幹細胞由来である。

75.2 抗原は7～25個のアミノ酸断片にまで分解され，マクロファージや樹状細胞のMHCによって提示される。

76.1 主要組織適合性抗原MHCの一致あるいは類似。

76.2 患者と移植臓器の間で，MHCの完全な一致が見られるのは稀であり，移植臓器を異物として攻撃することのないよう，免疫抑制の処置がなされる。

76.3 骨髄移植は，白血病などの患者に対して，移植骨髄由来の免疫系細胞が，レシピエントにとって新たな自身の免疫系細胞となるように行われる。そのため本来の患者の免疫系細胞と入れ替えるため，まずもともとの病変免疫系細胞を除去する。

76.4 免疫系細胞が正常に機能しない状態の個体を，病原体の感染から守る。

76.5 移植臓器に対して，免疫寛容の状態を作り，非自己の臓器でありながら，自己の細胞として受け入れるようにする。

76.6 ネガティブ選択と，ポジティブ選択。

77.1 共通点；H鎖L鎖各2本からなるY字型構造が基本構造であり，Yの先端が抗原結合部で，Yの基部が各種細胞機能に関わる。相違点；各Ig分子はジスルフィド結合の位置など，さまざまな相違点がある。IgAは分泌型がYの基部で向かい合った二量体であり，IgMはYの基部でつながった五量体である。

77.2 FabとFcの2種類の部分に分かれる。(Fabは可変部の抗体結合部を含むV字型部分由来の断片であり，Fcは定常部のみから成る結晶化しやすい断片である。Fabのabは抗原結合(antigen-binding）の意味，Fcのcは結晶化(crystallized）の頭文字である。さらに定常域(constant）のcの意味も込められ，アルファベットabcの順になっているとも考えられる。)

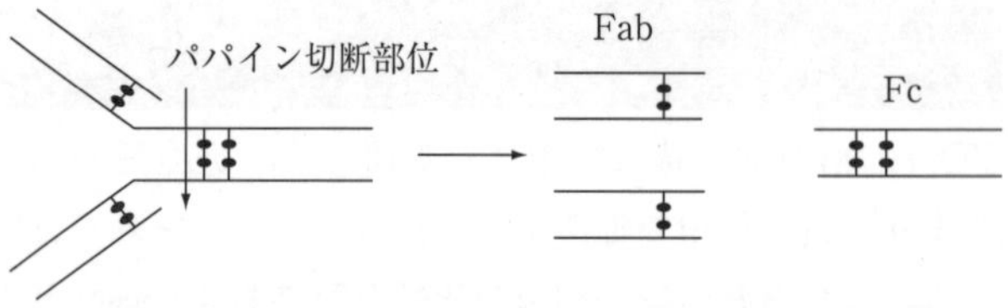

77.3 抗体の4本のポリペプチド鎖の間には，ジスルフィド結合があり，共有結合でつながった分子となっている。それに対してヘモグロビンは4つのサブユニット構造をもつが，各サブユニット間に共有結合はない。

77.4 抗原特異性を維持しながら，DNA再編成やRNAスプライシングで，IgMからIgD，IgGやIgEおよびIgAへと抗体の種類が変わることがクラススイッチである。同じV領域に異なるC領域をつなぐことでクラスが変わる。図はIgEへのクラススイッチの例である。

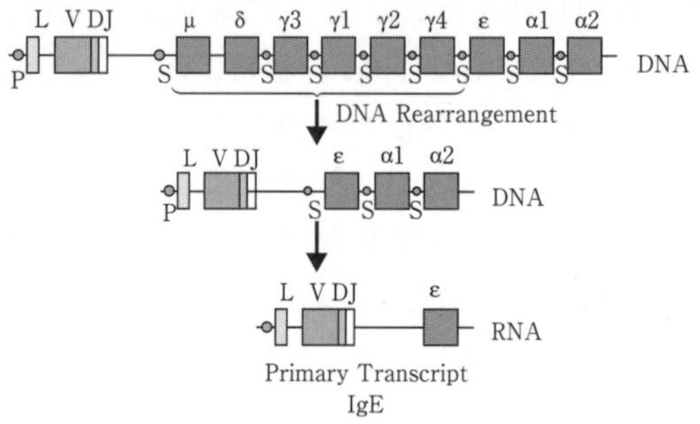

78.1 300 × 5=1500通り。

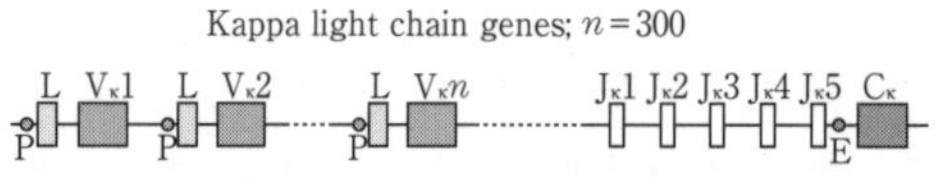

78.2 1000 × 15 × 5 × 5=375000通り（37万5千通り）以上。

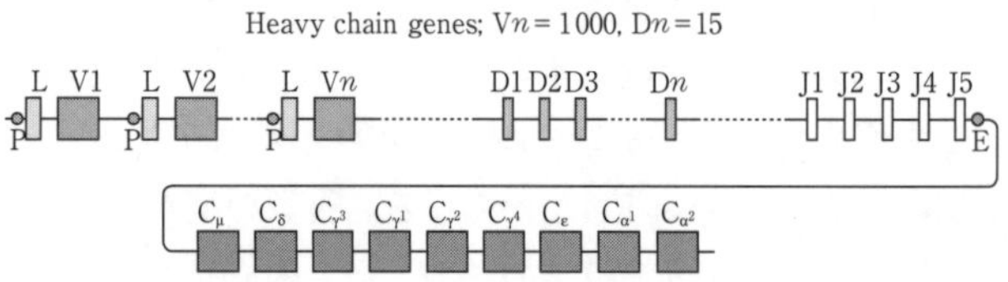

78.3 1500 × 75000=112500000=1.125 × 10^8 通り（1億1千2百5十万通り）。

78.4 C領域の上流にエンハンサーが存在する。もしもJCをDNA再編成でつないでしまうと，エンハンサーが失われ転写効率が低下すると推測される。

79.1 記憶B細胞，記憶T細胞。(記憶と言っても神経細胞ではない。病気になったことを覚えていても駄目。念のため。)

79.2 病原ウイルスや細菌を無毒化，弱毒化したものや，ウイルスや菌体の一部のタンパク質など。接種によって，発病する事のないよう，また強いアレルギー反応などを起こさないように，充分な研究検査を経たもののみを使用し，副作用を最小限に止めねばならない。

79.3 天然痘。

8章　進　　化

80.1　可能である。品種は，同一種のものであるから。

80.2　X線，γ線を用いた突然変異体を利用した品種改良や遺伝子組み換え。

80.3　品種の間で交配されたもの。

80.4　イノシシとブタは，同一種であり，ブタは，イノシシから人為的に作り出された品種であると考えられる。

81.1　彼は，動植物の多様性に驚いた。化石が現存する動物に比べて大きいことを不思議に思った。

81.2　硬い種を割って食べるフィンチは，太いくちばしをしており，昆虫を食べるフィンチは，細いくちばしをしていた。

81.3　実証が困難であるため。

81.4　ア　ダーウィン　　イ　種の起源　　ウ　変異　　エ　適応

82.1　絶滅，適応放散，収斂進化，共進化から２つ。断続平衡，Hox 遺伝子も可。

82.2　大量絶滅により，それまで環境を支配していた生物がいなくなり，新しい生物が生息できる環境が生まれる。新しい生物が増えることにより，変異が蓄積し，種を超えた大進化が可能になる。

82.3　祖先は異なる生物が類似した形質を進化して獲得すること。例えば，サメとイルカは，魚類と哺乳類であり，祖先は異なるが，形態は似通っている。

82.4　複数の種が互いに影響を及ぼしながら進化する現象。ハチドリは，花の蜜を得ようとしてくちばしが細く長くなった。花は，蜜を吸わせまいとして花弁を細長くした。

83.1　同一種内では，個体同士が交配可能である。別種となるためには，個体同士が交配不可能になるように生殖的隔離が生じなければならない。

83.2　生殖時期をずらすことによる時間的隔離

83.3　行動的隔離は，個体同士の交配において，交尾に至るまでの行動が異なることによって起こる隔離であり，地理的隔離は，山や川，大きな湖の形成などにより，同一集団が分断され，交配不可能になること。

83.4　ア　生殖的隔離（行動的隔離，地理的隔離，時間的隔離）　　イ　自然選択

83.5　別の種と考えられる。ウマとロバの遺伝子は交流し，ラバが生まれるが，この交流した遺伝子が子孫に伝えられず，変異が蓄積せず，遺伝子プールを形成しない。

84.1　放射性同位体の半減期

84.2　貝をもつ軟体動物や骨を持つ脊椎動物は，古生代のカンブリア紀に出現しているが，それ以前は，細菌や腔腸動物であり，小型で軟弱なため化石として残っていないからである。

84.3

三葉虫…三葉虫が見つかった地層は，古生代であること。

サンゴ…サンゴが見つかった地層は，海であり，暖かい環境であったこと。

84.4　恐竜は，中生代のジュラ紀に繁栄し，白亜紀に絶滅した。

84.5　新生代，約 6600 万年前

85.1

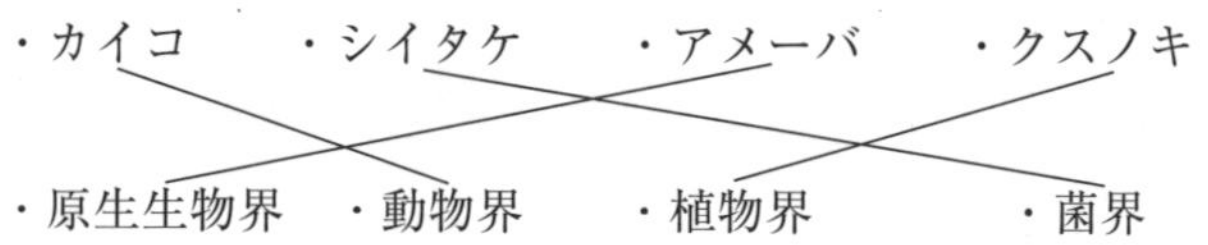

85.2

共通点…移動ができないこと。

相違点…植物界の生物は葉緑体を持っており，光合成を行う独立栄養生物であるが，菌界の生物は，葉緑体を持たず，光合成ができず，従属栄養生物である。

85.3　ライオン *Panthera leo*　　タマネギ *Allium cepa*　ゾウリムシ *Paramecium caudatum*

85.4　個体発生は，進化の道筋に従っているという考えであり，系統樹に沿うかのように，発生が進んでいくという意味である。

86.1　突然変異によるＤＮＡの塩基配列の変化，それに伴うアミノ酸配列の変化，そうして生じるタンパク質の機能や構造の変化など，ＤＮＡやタンパク質のような分子のあらゆる性質や挙動に関する変化が，生物の進化に伴って生じる。このような，ＤＮＡやタンパク質などの分子の進化が，分子進化である。

86.2　酵素Ｂである。分子時計には，一定の速度で塩基配列やアミノ酸配列が変化していくことが求められるからである。

86.3　80 (万年) × 14 ÷ 2 = 560 (万年)

トマトとナスはそれぞれ別個に突然変異を起こすことを

考慮に入れなければならないので，2で割る必要がある。

87.1 ダーウィンが唱えた自然選択説では，多くの突然変異は生存に不利であるが，ときどき有利なものが生じ，それが選び出される。いってみれば有利と不利との間は厳密に一線が引かれている。一方，木村が唱えた中立説では，有利と不利との境目がきっちり決まっておらず，有利でも不利でもない中立的な突然変異が広く生じ，これが遺伝的浮動によって偶然集団内に固定されると，生物進化をもたらす。

87.2 ある生物の集団（個体群）が短い期間のうちに激減すると，遺伝子頻度が変化する現象をいう。

87.3 答えは③である。このような条件の下では，子孫世代の集団内での遺伝子頻度は「変化しない」。

88.1 ある遺伝子のコピーが作られ，それが元のオリジナルの遺伝子の場所と隣接した部分に挿入される重複のことを縦列重複という。数塩基から十数塩基という非常に短い塩基配列の重複もあれば，遺伝子レベルの重複もある。重複した遺伝子に突然変異が蓄積していくと，オリジナルの遺伝子とは異なる機能を獲得する場合も出てくる。したがって，遺伝子重複は生物進化と大きく関わっていると考えられる。

88.2 倍数性とは，ある生物の染色体が，基本となる数の3倍以上の整数倍に増える現象のことである。原因の一つとしては，ゲノムが複製された後，細胞分裂が起こらない場合に生じると考えられ，植物ではよく見られる現象である。この現象を，一つの生物種のゲノムが倍加したという意味で同質倍数性という。一方，異なる種の交雑の結果，染色体数が倍数化することがあり，これを異質倍数性という。どちらも生物の進化に密接に関わっている。

88.3 答えは④と⑤である。①は，染色体重複は個体に重篤な影響をもたらすことが多いため，生物進化につながる集団中での維持はほとんどないので，誤りである。②は，オリジナルもコピーも共に独立してランダムに突然変異が蓄積すると考えられるため，誤りである。③は，別の染色体ではなく，オリジナルの遺伝子に隣接して重複が起こるため，誤りである。

89.1 イ　ランダムな交配

理由…ランダムな交配により，どの個体の遺伝子も均等に子孫に受け継がれることが可能になるため。

89.2 マラリアが発生しない地域では，鎌状赤血球貧血症の遺伝子の利点がないので，鎌状赤血球貧血症の遺伝子の頻度は，今後減少していくと考えられる。

89.3

① 嚢胞性線維症の患者の割合が0.048％なので，遺伝子頻度をqとすると，

$q^2 = 0.00048 \qquad q = \sqrt{0.00048} = 0.022$

② $p + q = 1$であるから，$p = 1 - 0.022 = 0.978$

よって，嚢胞性線維症の保因者の割合は，

$2pq = 2 \times 0.978 \times 0.022 = 0.043$

となり，4.3％となる。

9章　生態系・生物と環境

90.1　$12H_2S + 6CO_2 \rightarrow 12S + C_6H_{12}O_6 + 6H_2O$

　したがって，紅色硫黄細菌では，硫化水素と二酸化炭素からグルコースと硫黄と水を生成するが，酸素は生成しない。

90.2　西オーストラリアの海岸近くでは，ストロマトライトと呼ばれるシアノバクテリアや堆積物から成る化石を見ることができるが，その表面は，現在もシアノバクテリアが生息しており，光合成を行っている。これは，27億年ほど前のストロマトライトの化石の起源がシアノバクテリアであることを示唆する。

90.3　酸素濃度が上昇した証拠は地層中にある。増加した酸素 O_2 は，たとえば，海洋中にあった鉄イオン Fe^{2+} を酸化して酸化鉄 Fe_2O_3 となり，赤鉄鉱床を形成したことが明らかになっている。

90.4　宇宙から飛んでくる宇宙線や放射線は，生物の細胞内のDNA分子に有害な影響を与えることが分かっている。そこで，生物が陸上に進出するには，地球上に達する宇宙線や放射線が減少しなければならない。幸い，地球上空に強い地球磁場であるバンアレン帯が現れ，宇宙線が遮られ，減少するようになった。また，太陽光からの紫外線もオゾン層により減少し，現在のように生物が陸上でも生存できるようになった。

91.1　海では，富栄養化による植物プランクトン（微細藻類）の異常発生（赤潮）や，湖沼では，藍藻ミクロキスティスなどの異常発生（アオコ）などが見られる。

　さらに増え続けると，酸欠状態が生じ魚介類の大量死滅を招くことがある。

91.2　ニホンザルの群れの場合は，ある地点に餌付けでおびき寄せ，群れの個体数や年齢構成を確認することができる。また，各個体に名前を付け，個体識別をして，個体数や年齢の年間変化を調べることもある。

91.3　例えば，野鳥のヒバリは，特に繁殖期になると鳴き声でなわばりの範囲を他のヒバリに知らせ，生息域を守っている。また，川魚のアユは，渓流の中でなわばりを決め，他のアユがなわばり内に入らないようにしている。その習性を利用してアユの友釣りが行われている。

91.4　例えば，ニホンリスとタイワンリスが同じ森に生息しているとすると，どちらかが共通の餌をすばやく食べてしまうと，他方のリスは餌に困ることになり，個体数が減少することになる。もし，餌を得る能力に差がなければ，両種とも共存できることになる。

91.5　イワナはヤマメより川の上流域の比較的水温の低い場所に棲み，ヤマメはイワナよりやや水温の高い下流域に棲んでいる。このような場合は「すみわけ」（棲み分け）といい，お互いに競争関係になることを避けている。

91.6　昆虫類のアブラムシは食草に集まりその汁を吸っているが，自身の出す排泄物は甘い液体でアリの好物である。アリは甘い汁を貰う代わりにアブラムシの周りに集まり，テントウムシなどの天敵から守っているので，互いに共生関係にあるといえる。

92.1　植物の分布は気候区分と密接な関係があり，簡単には変化しないが，動物は気候の変動により移動しやすく，群系の分類が困難なため。

92.2　冷温帯夏緑広葉樹林は，日本の東北地方や中部山岳地帯地に分布し，おもにブナなどの落葉広葉樹で構成されている。暖温帯常緑広葉樹林は，関東地方から中部，関西，四国，九州の平地に広く分布し，シイやカシなどの常緑広葉樹（照葉樹）で構成されている。

92.3　東京などの大都市は，開発する以前は森林があったはずである。つまり，東京も潜在的には暖温帯常緑広葉樹林である，という考え方で，これを潜在植生という。潜在植生は，その土地の寺や神社などに残されている社寺林を調べることにより，ある程度明らかにすることができる。

92.4　窓から光が当たり，20℃程度の水温という無機的環境で，水草や植物プランクトンが生産者，金魚や動物プランクトンが消費者，餌（タンパク質や脂肪を含む）や糞の残りは，バクテリアやカビなどの分解者が分解していると考えられる。

92.5　ある地域の生態系の安定性は，植物である生産者がどの程度，有機物を生産しているか，また，消費者である動物がどの程度，植物を摂取（消費）しているかによって規定されている。例えば，ある地域の生体量で比較すると，生産者が最も多く，消費者はその10分の1程度が安定しているといえる。

92.6　植物群落は，火山の噴火など大規模な自然の変異があり，土壌中の種子まで失われると，生物のいない荒原となり，その後，コケや地衣類などが生え，次にシダ類やススキなどの草原，さらに低木林，高木林へと変化して行く。これを一次遷移という。

93.1　若い樹木では，幹の大きさに比べて葉のついた枝が多いので，呼吸量に比べて光合成量が多くなり純生産量が大きい。それに対して老木では幹が大きく，葉が少なくなるので，呼吸量が多く光合成量が少なくなり，純生産量は小さくなる。

93.2 例えば，北海道の釧路湿原や宮城県の伊豆沼，新潟県の瓢《ひょう》湖などの湿地では，ヨシやススキなどイネ科の植物や水草などが多いうえ，植物プランクトンやそれを食べる魚や貝類が繁殖し，さらに多くの水鳥が集まって来るため栄養塩類が豊富になる。したがって，生産者としての植物や藻類の種類や生物量が多くなり，純生産量も多くなると思われる。

93.3 日本の東北地方は夏緑樹林（落葉樹林）地帯なので，夏は樹木が活発に光合成を行い，大気中のCO_2濃度は減少するが，冬は光合成が不活発なのでCO_2濃度は増加する。岩手県の綾里《りょうり》における実際の観測結果によりグラフを作成すると，季節とややズレがあるが，ジグザグに変化していることがわかる。

93.4 刺胞動物サンゴの硬い組織や貝類の貝殻は炭酸カルシウム$CaCO_3$で出来ており，死んでも分解せず蓄積し，ほとんど循環しない。長期的には石灰岩となる。

93.5 太陽のエネルギーにより植物が光合成を行い，有機物を合成し化学エネルギーとして利用する。動物は植物の生産した有機物を食べて化学エネルギーを得る。さらに，動物や植物は死ぬと，微生物により分解され，最終的には無機物となる。その間，熱エネルギーとしても失われる。したがって，エネルギーは循環しないことになる。

94.1 樹木の樹液や野草の葉をダニやクモ，ガ，チョウなどが食べ，それらを小型の鳥が食べ，それを大型の鳥が食べる。同様にネズミは樹木の種子や果実，ヘビ類はネズミなどを食べ，さらにそれらをイタチが食べる，という食物網が考えられる。

94.2 ミカズキモ，ハネケイソウなどの植物プランクトンをワムシやミジンコなどの動物プランクトンが食べ，緑藻アオミドロや水草などはフナやナマズなどの魚が食べ，さらにドジョウやフナなどをコサギが食べるというような食物網が考えられる。

94.3 明治時代以前はシカの天敵はニホンオオカミであったが，オオカミが絶滅し，シカの天敵はいなくなった。しかし，その後も，人間は毛皮や肉を取るためにシカを獲ってきたので，ヒトもシカの天敵であった。近年はその需要もなくなったため，野生のシカが増えるようになったものと考えられる。

94.4 移入されたマングースは，ハブをあまり食べず，ニワトリやアヒルなどの家禽類や天然記念物のヤンバルクイナなどの野鳥を襲うようになった。このように，外来生物の移入は，在来の食物連鎖の関係に重大な影響を与えることがある。マングースは，現在は，特定外来生物として駆除の対象になっている。

94.5 生産者である樹木や草が枯れ，動物が死ぬと，バクテリアやカビ，キノコなどにより分解され，最終的には窒素Nやリン P，カリウムKを含む無機物になる。無機物は，再び生産者である植物に吸収され，消費者である動物の生存を支えることになる。

95.1 戦後，トキの棲息していた新潟県，佐渡の田畑や里山が，開発により減少すると共に，農作物への化学肥料や農薬の使用により，有機塩素化合物などの汚染物質が増え，餌である昆虫やドジョウなどが激減した。その結果，トキは野生状態では絶滅したと考えられる。

95.2 まず，チッソ水俣工場の排水に含まれていた有機水銀（メチル水銀，CH_3HgX，X=OH，Clなど）が水俣湾に広がり，バクテリアや海産プランクトンに吸収された。次に，それを餌として食べた魚介類に蓄積し，さらに，それらをヒトが食べ，神経を侵す水俣病が発生した。このような食物連鎖を通じて，単位生物量当たりの有機水銀の濃度が上昇するという，いわゆる生物濃縮が生じた。

95.3 上流にある神岡鉱山の排水からカドミウムCdが神通川に流れ出し，農業用水を通って，米，大豆などの作物に吸収された。このような汚染された米や大豆を食べ続けた人たちにカドミウムが蓄積し，骨や腎臓を害し，イタイイタイ病という公害病が発生した。

95.4 BOD値は，一定期間に微生物が消費する酸素量で表し，河川にはどの程度バクテリアなどの微生物が含まれているかを示す。数値が大きいほど微生物が多いことを意味し，富栄養化・汚染が進んでいることを示す。同様に，COD値は湖沼や海域における過マンガン酸カリウムの消費量で溶存有機物量を表し，数値が大きいほど富栄養状態であることを示す。

95.5 日本では，第二次大戦後，DDTはノミやシラミなどの害虫を駆除する殺虫剤として使用されたが，発がん性が指摘され，現在は使用禁止となっている。PCBは変圧器やコンデンサなどの絶縁体として使われたが，皮膚や内臓傷害との関連が示唆され，さらに，1968年，食用油への混入による「カネミ油症事件」が起こり，製造が禁止された。

96.1 樹木や草本植物は可視光で光合成を行うが，紫外線は利用できないばかりか，強い紫外線は細胞を構成するタンパク質やDNAなどを損傷するので，動物と同様に有害である。しかし，ある種の植物や藻類は紫外線吸収物質を持つものがあり，紫外線に対して防御機能をもっているといわれている。

96.2 大部分の紫外線は海面近くで吸収されてしまうので，海水中に生息している海水魚や海藻は，紫外線の影響をほとんど受けないといわれている。

96.3 フロン類は，二酸化炭素やメタンガスなどと共に温室効果ガスに属している。したがって，フロンガスの増加は地球温暖化を加速する原因になることが懸念されている。また，オゾン自身も温室効果ガスの一種である。

96.4 各種日焼け止めクリームには，紫外線をカット（UV カット）する成分が含まれているので，皮膚に塗ることによって，ある程度，紫外線の影響を弱めることができる。また，眼を保護するためには，UV カットレンズを付けた眼鏡やサングラスの着用が勧められている。

96.5 おもに波長 254nm の紫外線ランプは，微生物の DNA を損傷し殺菌効果があるので，水槽の水の殺菌や医療器具や実験器具などの殺菌に利用されている。また，ブラックライトと称する波長 375nm 付近のランプは，蛍光物質への照射による偽造証書の確認や不良品の確認，照明などに利用されている。

97.1 α 線は透過力が弱いが，生物体の内部に入る（内部被ばくする）と細胞への障害の程度は大きい。β 線は α 線より透過力が強いが，障害の程度はやや小さい。γ 線は透過力が大きく，細胞への影響も大きい。

97.2 空間線量率を測るシンチレーション式と，表面の汚染を測定するガイガーミュラー（GM）管式，それに積算線量や空間線量率を測る半導体式があり，測定条件や位置，それに機器を定期的に校正するなど，それぞれ注意が必要である。

97.3 これまでの研究から，致死線量は，動物ではヒトを含む哺乳類が最も低く，およそ数グレイで死ぬものもあるが，魚類，両生類，甲殻類になるとやや高く，昆虫類や原生動物ではさらに高くなり，100 から 1000 グレイでも死なない種類もある。高等植物は比較的低い種類から高い種類までいろいろあり，さらに，コケ類や藻類，細菌類には数千グレイという高い線量でも生存できるものもいる。

97.4 原子力発電所の事故により放出された放射性物質は，大気中や海洋中に拡散し，河川，湖沼，土壌中に蓄積した後，食物連鎖（網）により微生物や草や木，昆虫や鳥類，魚介類，ネズミやシカ，イノシシなどの野生動物の生体内に吸収される。放射性ヨウ素の半減期は 8 日間，放射性セシウムの半減期は 30 年と異なるので，生物に対する影響もそれぞれ異なると思われる。

97.5 コバルト 60 による γ 線照射は，病原菌などの微生物に対する殺菌効果があるので，注射器などの医療器具や，ジャガイモの発芽抑制などに利用されている。

98.1 氷河期では海面が氷床でおおわれ，マンモスなどの動物が海を渡り，アジア大陸から日本へも移動していた。氷河期では動物や植物には絶滅したものもあったが，気温が上昇すると動物の陸地間の移動は困難となり，寒冷期に適応した動物は，逆に絶滅する例も現れたと思われる。

98.2 二酸化炭素，メタン，オゾン，フロンなどの温室効果ガスの中で，量も多く気温の上昇に最も寄与しているのは二酸化炭素である(寄与率は約 60%)。また，その他のガスは，フロンを除いて自然起源の発生がほとんどで，排出量のコントロールは困難なためである。フロンはオゾンホールの原因物質として，製造や使用規制の対象となっている。

98.3 森林の減少は，人間による都市や農地の開発，木材資源の大量消費のため，森林を伐採したことが主な要因である。森林が減少すると，大気中の二酸化炭素を増加させ，温暖化をもたらすばかりでなく，野生動物の棲みかを奪い，希少動物の絶滅を早め，生物多様性を失う結果となる。

98.4 海水温の上昇は，魚介類の分布の変化，サンゴや海藻類など移動が困難な生物の絶滅などが心配されている。また，海水温の上昇は，海水の体積増加による海水面の上昇をもたらし，島や低い土地の浸水，都市の水没などが懸念されている。

98.5 大気中の二酸化炭素濃度が増加すると，海水中に溶解する CO_2 量が多くなり，海水が酸性化（pH 値が低下）し，石灰分（炭酸カルシウム）を含むサンゴなどの死滅が心配されている。例えば，日本近海では，過去 20 年間で pH8.17 から pH8.13 に低下しているという報告がある。

10章　人間生活と生物学

99.1

① サンガー，ギルバートらにより開発されたDNAの塩基配列決定法により，遺伝子の塩基配列を解読することが可能となった。

② マリスにより開発されたPCR法により，目的とする遺伝子を簡単に増幅し，実験室で簡単に取り扱うことが可能となった。

99.2 細胞融合は，1955年に岡田善雄によって発見された現象で，別の細胞の細胞同士が融合し，多核細胞が生じるものである。ウイルス，ポリエチレングリコールなどさまざまな物質を細胞に添加することで見られるもので，現在ではモノクローナル抗体を生産するハイブリドーマの作製，品種開発における雑種細胞の作製など，医療，研究，産業の幅広い分野で用いられている。

99.3 答えは④である。通常，細胞融合では核は融合せず，核も融合する場合と融合しない場合もある多核細胞を生じる。

100.1 制限酵素は，大腸菌などの原核生物が，ウイルスなどに対応するために進化させたと考えられる酵素であり，ある特定の塩基配列のみを切断する。遺伝子組換え実験では，特定の塩基配列のみを切断して，ある決まった塩基配列の“のりしろ”を作ることができる性質を利用して，二種類の異なるDNAを同じ制限酵素で処理し，のりしろ同士を結合させて簡単に結合させ，組換えDNAを作製するのに用いられている。制限酵素が異なれば切断する塩基配列も異なるため，目的に応じてさまざまな制限酵素を組み合わせることができる。

100.2 PCR法は，反応温度を自動的に上げ下げすることで，目的遺伝子の増幅を行う方法である。この温度の上げ下げの際に，DNAの二本鎖を自動的に一本鎖に引きはがす時に96℃前後にまで温度を上げる必要があるため，耐熱性のDNAポリメラーゼでなければ失活してしまうからである。

100.3 答えは③と⑤である。①は,「ゲノムＤＮＡ」→「Tiプラスミド」が正しい。②は，根の細胞を用いなければならないわけではなく，植物の細胞には全能性があるため，どの組織の細胞を使っても遺伝子組換え作物を作ることができる，というのが正しい。④は，⑤が正しいために誤りである。

101.1 がん遺伝子は，正常細胞に存在する原がん遺伝子の突然変異によって生じる遺伝子で，細胞のがん化を促進する方向にはたらく。一方がん抑制遺伝子は，正常細胞に存在して細胞のがん化を抑制する遺伝子であり，突然変異によって機能が低下したり欠失したりすることにより，細胞のがん化が促進される遺伝子である。したがって，対立遺伝子座における様相は，がん遺伝子はその突然変異が優性であるのに対し，がん抑制遺伝子は劣性である。

101.2 答えは③である。細胞の存在部位に関係なく，ＤＮＡの突然変異はランダムに起きると考えられている。

101.3 タンパク質をコードする原がん遺伝子やがん抑制遺伝子に突然変異がなくても，これらの遺伝子のｍＲＮＡをコントロールするmiRNA遺伝子に突然変異が生じることで，mRNAのコントロールに変化が生じ，細胞ががん化したことが考えられる。

102.1 体内の損傷遺伝子との相同組換えが起こることが最善であるが，おそらく，挿入場所を指定できずに，ランダムに挿入されると予想される。

102.2 治療に用いる遺伝子が，患者の正常な遺伝子や制御配列に挿入され，正常だった部分が異常を来たす事を避ける。また，発癌遺伝子を発現させることや，癌抑制遺伝子の働きを阻害することなどで，患者に癌を発病させる事態を避ける。

遺伝子を挿入する方法をとる限り，これらの確率をゼロにすることはむずかしい。

103.1 c-Mycは，トリ骨髄細胞腫のウイルス由来遺伝子（myelocytomatosis viral oncogene, v-Myc）の正常細胞ホモログ（相同配列）の意味からの名称。接頭語のc-とv-はそれぞれ細胞の（cellular）およびウイルスの（viral）という意味である。バーキットリンパ腫で発現している遺伝子として解析された。Mycタンパク質は，塩基性ヘリックス－ループ－ヘリックス（bHLH）およびジンクフィンガー構造があり，DNA結合能および二量体形成能を有する転写因子の一種である。Mycの過剰発現が癌化に結び付くことも知られている。

Oct3/4は八量体結合転写因子（octamer-binding transcription factor）で，ホメオドメインをもつ。卵母細胞や着床前の胚で発現している。

Sox2は，SRY（sex determining region Y）-box 2の略。哺乳類の性決定に関わる，Y染色体の遺伝子である。HMG（high-mobility group）ボックスドメインと称される80個ほどのアミノ酸の共通配列をもつ転写調節因子である。

Klf4 (Kruppel-like factor 4) はC末端側にジンクフィンガーのある転写調節因子で，CREB結合タンパク質である。なおKruppelはドイツ語由来で，本来スペルのuの上にウムラウトという2つの点がついた表記üである(Krüppel)。キイロショウジョウバエの発生に重要なギャップ遺伝子の一種である。

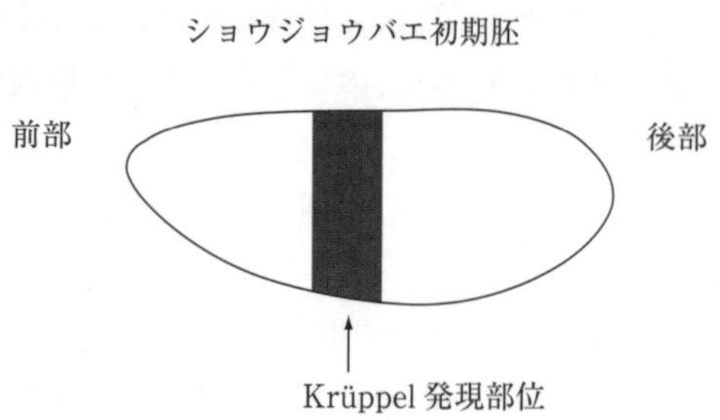

CREBはcAMP-response element-binding protein サイクリックAMP対応結合タンパク質である。

つまり，4種の遺伝子産物は皆，転写調節因子である。

103.2 ES細胞は初期胚（内部細胞塊）由来である。ヒトの場合は胎児を対象とすることになるので，倫理的問題を解決する必要がある。継代培養で樹立するため，外部からの遺伝子の導入は無い。また，樹立細胞由来の個体認識となるため，再生医療でのMHC（主要組織適合抗原）の一致が難しい。

iPS細胞は，皮膚など体細胞由来であり，倫理面の問題はES細胞ほど大きくない。樹立細胞は体細胞提供者の個体認識となり，再生医療に応用するには，適している。癌との関連が示唆されているc-Mycの使用が懸念されたが，その後c-MycなしでのiPS細胞樹立に成功している。しかし，外部から遺伝子導入を行う作製方法には，導入遺伝子や，ゲノムDNAに挿入された場合の部位の影響を排除しきれない。

編　著
川村　康文（東京理科大学）

執筆者（アイウエオ順）
秋吉　博之（大阪教育大学）
木谷　宝子（中部大学・非常勤講師）
武村　政春（東京理科大学）
長島　秀行（東京理科大学・非常勤講師）
森本　弘一（奈良教育大学）

ドリルと演習シリーズ
基礎生物学

2015年8月15日　第1版第1刷発行

編　著　川　村　康　文
発行者　田　中　久米四郎

<発　行　所>
株式会社　電　気　書　院
振替口座　00190-5-18837
〒101-0051
東京都千代田区神田神保町 1-3 ミヤタビル 2F
電　話　03-5259-9160
F A X　03-5259-9162
http://www.denkishoin.co.jp

ISBN978-4-485-30233-0 C3345　印刷：松浦印刷㈱
Printed in Japan

乱丁・落丁の節は，送料弊社負担にてお取替えいたします．
上記住所までお送り下さい．